高等院校素质教育通选课教材

大气概论

方彪 编著

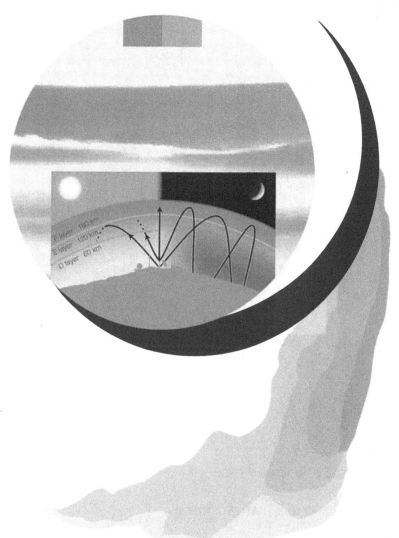

北京大学出版社
PEKING UNIVERSITY PRESS

图书在版编目(CIP)数据

大气概论/李万彪编著. —北京：北京大学出版社，2009.3
（高等院校素质教育通选课教材）
ISBN 978-7-301-14939-3

Ⅰ．大… Ⅱ．李… Ⅲ．大气科学—高等学校—教材 Ⅳ．P4

中国版本图书馆 CIP 数据核字（2009）第 016594 号

书　　名	大气概论
	DAQI GAILUN
著作责任者	李万彪　编著
责 任 编 辑	王树通
标 准 书 号	ISBN 978-7-301-14939-3
出 版 发 行	北京大学出版社
地　　　址	北京市海淀区成府路 205 号　100871
网　　　址	http://www.pup.cn　新浪微博:@北京大学出版社
电 子 信 箱	zpup@pup.cn
电　　　话	邮购部 010-62752015　发行部 010-62750672　编辑部 010-62764976
印 刷 者	北京虎彩文化传播有限公司
经 销 者	新华书店
	787 毫米×980 毫米　16 开本　14 印张　306 千字
	2009 年 3 月第 1 版　2019 年 5 月第 2 次印刷
定　　　价	25.00 元

未经许可，不得以任何方式复制或抄袭本书之部分或全部内容。
版权所有，侵权必究
举报电话：010-62752024　电子信箱：fd@pup.pku.edu.cn
图书如有印装质量问题，请与出版部联系，电话：010-62756370

内 容 简 介

本书是作者多年来讲授通选课"大气概论"教学经验的结晶。内容几乎涉及大气科学的各个方面,但侧重强调基本的大气科学概念和原理。全书共分十四章,从地球大气起源和组成讲起,接着讲授温度、湿度、云、降水、气压、风等大气的基本要素;在介绍了全球大气环流后,描述了一些常见天气过程,如雷暴和台风等;随后是对人类活动影响大气环境、天气预报和气候变化的讨论;最后将大气中发生的一些光学现象一起介绍给大家。

本书从大气科学的基本概念和原理入手,由浅入深地描述。即使没有数学的微积分知识,也能理解本书涉及的各个方程和公式。尽管如此,读者应侧重了解大气科学的基本概念和原理。为了便于教学,每章末附有习题,书的附录部分附有常用物理常数表。

本书主要供大学本科生作为素质教育通选课教材使用,但也可作为中学生的参考书,或大气科学专业大学生、研究生的专业参考书使用。

前　言

"大气概论"作为北京大学素质教育通选课已经讲授了多次。开设此课的目的就是把大气科学最基础的知识和原理介绍给非大气科学专业的文、理、工、医等学科大学生，以引导大家了解周围大气变化、大气各种现象、天气变化的原理，并能学以致用、正确指导日常生活；促进大家关心天气、关心生态与人文环境的健康，养成注意天气变化和观察大气现象的习惯，为人类可持续发展、认识未知世界作出新贡献。

在作者的教学实践中，不断涉猎到中国古代对大气科学研究的贡献，也注意到课程教学不仅要学习国外许多数学家、物理学家和气象学家等建立的大气科学基础理论，更重要的是要和中华文化中的科学传统衔接起来，引导学员培养认真求实的科学精神。中华文化中科学文化的传统，十分注重"实践"，而这恰恰是大气科学学科所要必须面对的。看看北宋沈括所著的《梦溪笔谈》的记载，可以领略中国传统的脚踏实地的科学精神。这种精神在我们当前社会中，恰恰是许多学者、知识分子所缺乏的。

此外，作者也喜欢涉猎一些与大气科学发展有关的科学名人的轶事，融合在课程中。在进行较广泛的了解之后，也不禁对他们肃然起敬。这些科学名人包括国内外数学、物理、化学和气象等学科专家，他们个别人的一生如同大气中的一些现象，例如一些人如闪电耀眼迅忽，生命短暂，使人扼腕叹惜。另外，有的人在生前就看到自己的成果得到证实，也使我们这些后来人同样感到欣慰。在学习大气科学和了解这些科学家的同时，也深切感受到大气的风云变幻如同我们个人的经历、如同人世间的沧桑变化一样，需要我们在认识大气的同时，也去思考和认识人生人世，培养正确的人生观，为社会进步贡献力量。

正是有了这些感触，才触发作者写此教材的想法。恰逢北京大学近年来对素质教育课的大力支持和资助，得以在北京大学出版社立项出版。

本书共分十四章。第一章介绍大气科学的研究简史，大气演化、组成和结构。第二至七章，介绍大气现象的气象要素，即辐射和温度、水汽、云、降水及风等，包括基本能量传输和平衡过程、大气热力学过程和风形成的理论。第八章描述全球性的大气运动，即大气环流，这是各种我们常见天气现象活动的舞台。第九至十一章介绍一些影响我们日常生活常见、剧烈的天气现象和过程，包括锋与气旋、雷暴、龙卷风和台风。第十二章告诉大家人类活动影响了我们所处的大气环境，以及人类对天气进行预测活动，即天气预报。第十三章涉及我们地球的气候变迁，说明人类文明的发展已经影响到气候的变化。最后一章，即第十四章大气光象，将大气中发生的一些光学美景的现象的形成原理介绍给大家，探索它们如何形成，了解它们出现的地方，并鼓励大家到大自然去找寻并欣赏这些美景。

本书力求通俗易懂,满足包括高中以及以上大众学习和参考,为了说明大气科学中的一些理论问题,也用到了一些不涉及微积分的计算公式。但懂得微积分的读者,也不难从这些计算公式中进行简单变化,而得到积分式。希望读者能够从简单的计算中理解大气的一些概念,掌握新的知识和思想观点。

由于现代大气科学分门别类太多,一个人的能力有限,很难像古人所说的"上至天文,下至地理,三教九流,诸子百家,无所不通;古今兴废,圣贤所传,无所不览。"(见《三国演义》第八十六回。)本书涉猎较为广泛的大气学科内容,并涉及物理、化学和中国古代对大气科学的研究等方面的内容,因此谬误也自然在所难免,请读者给予批评指正。

编　者

2009 年 1 月

目 录

第一章 绪论 ··· (1)
   1.1 大气演化和组成 ··· (1)
   1.2 大气热力状态 ··· (4)
   1.3 大气结构 ··· (6)
   1.4 研究简史 ··· (9)

第二章 能量与温度 ··· (12)
   2.1 热力学基本概念 ··· (12)
   2.2 辐射 ·· (14)
   2.3 太阳辐射在大气中的传输 ··· (17)
   2.4 辐射平衡 ·· (20)
   2.5 空气温度 ·· (23)

第三章 水汽 ·· (27)
   3.1 水汽的特性 ··· (27)
   3.2 湿度的表示方法 ··· (29)
   3.3 露、霜、雾天气 ··· (33)
   3.4 湿度测量 ·· (36)

第四章 看云 ·· (39)
   4.1 云状分类 ·· (39)
   4.2 特殊的云 ·· (44)
   4.3 云的观测 ·· (45)
   4.4 云的尺度分布和维数 ··· (49)

第五章 云的形成 ··· (52)
   5.1 基本热力学过程 ··· (52)
   5.2 大气静力稳定度 ··· (55)
   5.3 云的生成与演变 ··· (60)
   5.4 看云识天气 ··· (64)

第六章 降水 ·· (67)
   6.1 降水理论 ·· (67)
   6.2 降水类型 ·· (72)

  6.3 降水测量 …………………………………………………………… (78)
  6.4 人工降水 …………………………………………………………… (79)

第七章 气压和风 ………………………………………………………… (81)
  7.1 气压 ………………………………………………………………… (81)
  7.2 影响大气运动的力 ………………………………………………… (84)
  7.3 风与气压的关系 …………………………………………………… (86)
  7.4 风的测量和应用 …………………………………………………… (91)

第八章 大气环流 …………………………………………………………… (96)
  8.1 运动尺度 …………………………………………………………… (96)
  8.2 地方性的风 ………………………………………………………… (97)
  8.3 全球性的风 ………………………………………………………… (99)
  8.4 海气相互作用 ……………………………………………………… (108)

第九章 锋与气旋 …………………………………………………………… (112)
  9.1 气团 ………………………………………………………………… (112)
  9.2 锋 …………………………………………………………………… (115)
  9.3 锋面气旋 …………………………………………………………… (121)

第十章 雷暴和龙卷 ………………………………………………………… (129)
  10.1 雷暴分类及形成 ………………………………………………… (129)
  10.2 普通雷暴和强雷暴 ……………………………………………… (131)
  10.3 雷暴的运动 ……………………………………………………… (135)
  10.4 雷电现象 ………………………………………………………… (136)
  10.5 龙卷 ……………………………………………………………… (141)

第十一章 台风 …………………………………………………………… (145)
  11.1 剖析台风 ………………………………………………………… (145)
  11.2 在热带洋面上诞生 ……………………………………………… (148)
  11.3 生命史 …………………………………………………………… (150)
  11.4 形成机制 ………………………………………………………… (154)
  11.5 台风灾害和预警 ………………………………………………… (155)

第十二章 人类活动 ……………………………………………………… (160)
  12.1 大气环境变化 …………………………………………………… (160)
  12.2 天气预报 ………………………………………………………… (168)

第十三章 气候变迁 ……………………………………………………… (175)
  13.1 全球气候的形成和分类 ………………………………………… (175)
  13.2 气候监测与重建 ………………………………………………… (177)

13.3　变化的气候 …………………………………………………………… (179)
　13.4　气候变化的可能原因 ………………………………………………… (182)
　13.5　未来气候的可能变化 ………………………………………………… (187)
第十四章　大气光象 ……………………………………………………………… (190)
　14.1　光学物理基础 ………………………………………………………… (190)
　14.2　大气分子引起的光学现象 …………………………………………… (196)
　14.3　水滴和冰晶引起的光学现象 ………………………………………… (202)
　14.4　气溶胶与云雾 ………………………………………………………… (206)
　14.5　大气能见度 …………………………………………………………… (209)
参考文献 ………………………………………………………………………… (211)
附录 ……………………………………………………………………………… (212)

第一章 绪 论

  大气是包围地球的空气的总称。它同阳光和水一样是地球上一切生命赖以生存的重要物质之一。许多人经常说起"人生在世",可我们从来都没有真正想一下"在世"究竟在哪里。正确地说,大气是我们的家,是我们"在世"的地方。

  生活在大气圈中,我们看不见大气,也摸不着它。但可以感受到它无时无刻不在变化,无时无刻不在显示它的存在。有时蓝天白云阳光明媚,有时乌云滚滚狂风暴雨——大自然展示出一幕幕变化万千的景象,陪衬着人间演绎的一幕幕悲喜闹剧。通过了解大气,既可以静观天下风云,又可体味人间冷暖。与我们休戚相关、荣辱与共的大气层,你能不尝试去了解、欣赏和探索它吗?

1.1 大气演化和组成

  地球从诞生到现在,已经经历了巨大的沧桑变化,地球早期大气与我们现在呼吸的大气也完全不同。古代中国就认为空间由气组成,《列子·天瑞》中说:

    天,积气耳,亡处亡气。

"亡"是无的意思。又说:

    虹霓也,云雾也,风雨也,四时也,此积气之成乎天者也。

可见,"虹霓"、"云雾"和"风雨"等皆由气组成,至于气究竟是什么就不知道了。

  我们现在的地球大气以氮、氧为主,这样的组成在太阳系中是唯一的。与地球邻近的金星和火星大气,主要组成成分是氧化物 CO_2,而外层行星(木星、土星、天王星和海王星)的大气主要是还原成分,例如 CH_4。另外,从太空看,地球是蔚蓝色的,这是因为液态水和空气分子的散射造成的。

  地球大气随着地球的形成而出现和演化,现在已无法获得近46亿年的漫长阶段的大气样本,因此对大气演化问题的研究难度很大,只能用逻辑推理方法进行研究。现在大家认可的地球大气的演化大体上可以分为原始大气、次生大气(还原大气)和现代大气(氧化大气)三个阶段。

  参考现在宇宙中的发现,地球原始大气(第一代大气),由氢、氦和氢的化合物如甲烷和氨组成。多数科学家相信,初期地球炽热的地表,使这些气体获得较高能量,它们从地球逃逸。估计到45亿年前或晚些时候,地球上是没有大气的。

  尽管如此,第二代更厚的大气逐渐覆盖地表,这主要是由熔岩、火山和蒸汽孔冒出的气体(设想与现在地球喷发一样),有约80%的水汽、约10%的二氧化碳以及氮气等。这些气体(主要是水汽和CO_2)构成了次生大气(还原大气)。

随着时间的流逝,数百万年过去了,丰富的水汽形成云,雨下了数千年,形成河、湖和海洋。现在科学家还相信,地表上的一些水是年轻地球与无数流星或彗星碰撞生成的。这段时间,CO_2溶入海洋,通过生化过程,很多CO_2变成含CO_2的水成岩如石灰石等。水汽减少、二氧化碳减少,而氮气在大气中变得丰富起来,且化学性质不活泼。氧气可能是经过缓慢的增长,高能量射线使水汽光分解成氢气和氧气,氢气较轻逃逸到宇宙空间。这些缓慢增加的氧气提供了早期生物的演化(约20~30亿年前),植物生长又加速了氧气的增加(通过光合作用,即植物、太阳光、水汽和二氧化碳等的共同参与,生成氧气)。因此,植物进化后,大气中氧气快速增加。可能在数亿年前,达到了现在的组成,称为现代大气(氧化大气)。

关于地球大气的起源和演化有多种学说,尽管都有许多不清楚的地方,但都有一个共识,就是把大气看成是地球系统中的一部分。地球系统是由大气圈、水圈、岩石圈和生物圈组成的,这些圈层是相互联系,并可以互相转化的。现代大气中的N_2、O_2和CH_4等,比正常平衡浓度高,它们没有处于化学平衡状态。而较多的氧气或许与大气中其他成分燃烧产生化合物,但这却没有发生。通过研究发现,现在地球大气中的4种主要成分(氮、氧、氢和碳)也属于生物圈的最丰富的前5种组成成分。这显示生态过程在大气演化中起了主要的作用,或许也是造成现在大气化学不平衡状态的原因。

盖娅假说(Gaia hypothesis)支持了上述观点,它是英国大气化学家拉夫拉克(Lovelock,1919—)在1972年创立的学说。盖娅假说认为生物圈对大气的影响是有目的性的。生物圈和大气圈一起可以看成是一个生态系统,通过生物群落的新陈代谢和发展进化,这个系统维持了在化学组成和地球气候最适宜条件下的生物圈状态。被广泛接受的达尔文理论(Darwin,1809—1882,英国)的观点是生物群落适应环境,与盖娅假说是矛盾的,因此,盖娅假说具有争议性。不管怎样,由于生物活动的影响,大气完全被重塑成现在这个模样了。

按各种组成在大气过程的作用,现代大气可分为:① 混合气体——干洁空气,主要组成为氮气、氧气、氩和二氧化碳;② 共存的水的三种相态(水汽、水粒、冰粒)——云雾,对大气热力过程相当重要;③ 固态或液态之其他小颗粒子——气溶胶,对大气化学、云、降水和大气辐射较重要,但对于大气热力过程可以被忽略。表1.1列出近地面的现代大气组成成分、含量和摩尔质量值。

表1.1 近地面的现代大气组成

不变成分			可变成分		
名称	体积百分比/(%)	摩尔质量/g·mol^{-1}	名称	体积百分比/(%)	摩尔质量/g·mol^{-1}
N_2	78.084	28.013	H_2O	0~4	18.015
O_2	20.948	31.999	CO_2	0.0365	44.010

续表

不变成分			可变成分		
名称	体积百分比/(%)	摩尔质量/g·mol^{-1}	名称	体积百分比/(%)	摩尔质量/g·mol^{-1}
Ar	0.934	39.948	CH_4	0.000 17	16.04
Ne	0.001 818	20.183	N_2O	0.000 03	44.01
He	0.000 524	4.003	O_3	0.000 004	47.998
Kr	0.000 114	83.80	微粒(尘、烟灰等)	0.000 001	
Xe	0.000 008 7	131.30	CFCs(氯氟烃)	0.000 000 02	

干洁大气是除去水的三相物质和气溶胶以外的纯净大气,由多种气体混合组成,其中主要成分有约 78% 的氮气和约 21% 的维持生命的氧气,这个比例在 0~90 km 的大气层几乎不变。N_2、O_2 和 Ar 三种气体就占了空气体积的 99.966%,如果再加上 CO_2,剩下的微量成分(浓度在 1~20 ppm①,如 CH_4)和痕量成分(浓度在 1 ppm 以下,如 O_3 等)所占的体积是极微小的。表 1.1 中大气不变成分是指平均寿命大于 1000a(年),各成分之间大致保持固定的比例。可变成分平均寿命为几年到十几年,它们在大气中所占的比例随时间和地点而变。另外,平均寿命短于 1a 的变化很快的气体成分,如碳、硫和氮的化合物,含量微少,但在某些局部地区浓度可能很大,造成灾害。

在地球表面,大气成分维持动态平衡,即生成速率与消亡速率相等。例如,土壤细菌靠生物过程耗费氮气,但是动植物腐烂放出氮气回到大气。对于氧气来说,与其他物质生成氧化物或呼吸作用放出 CO_2 都使 O_2 耗减,但太阳光使 CO_2 和水经过植物的光合作用使 O_2 增加。

可变的水汽和 CO_2 在天气和气候变化中作用很大。水汽在空气中变化幅度很大,只有在空气中发生相变后,变成云雾时它才是可见的。水是地球表面正常情况下唯一三态存在的东西。大气中因为水汽的作用,不仅可成云致雨,而且在过程中,从汽态到液态水或固态冰时,释放热量(潜热)。另外,水汽是温室气体,强烈吸收地球放射能量的一部分(类似温室的玻璃一样,阻止了里面热量出去和外面空气混合),在维持地球能量平衡方面起了重要作用。

CO_2 也是温室气体,尽管占的体积比小,但很重要。它通过植物腐烂、火山喷发、动物呼气、燃料(如石油、天然气等)燃烧、毁林(燃烧、遗弃腐烂)等过程生成,通过光合作用,CO_2 储存到植物体内得以清除。此外,海洋是个 CO_2 的大储库,浮游植物吸收 CO_2 进入组织器官,溶入海表水,再通过混合进入到深水层。估计海洋 CO_2 的储量是大气总量的 50 多倍。美国夏威夷观测站从 1958 年开始观测,发现海洋中 CO_2 的含量到现在已增加 15% 以上。还发现 CO_2 含量还有季节变化,冬夏可相差 6 ppm(由于北半球大陆上的植被冬枯夏荣的结果,也就是植物在夏季大量吸收 CO_2 因而使大气中 CO_2 浓度相对降低)。从 1800 年至今 CO_2 含量增加了

---

① ppm 是体积分数,指在相同的温度和压强下,大气中某种气体对空气的体积之比,1 ppm=10^{-6}。

25%以上,年平均增加0.4%左右,以此增加率,科学家估计,21世纪末CO_2含量会从2001年的374 ppm增加到500 ppm以上。许多数学模型,考虑了包括CO_2在内的温室气体的增加,估计到2100年全球平均温度会上升1.4~5.8℃(与1990年比较),直接影响到天气变化。

水汽和CO_2不是唯一的温室气体。其他的温室气体还包括:CH_4、N_2O和CFCs等,当前也受到了重视,主要是因为它们的浓度也在增加。

1.2 大气热力状态

大气在物理特性上属于流体,除具有一般流体的连续性、流动性和黏滞性等特点外,还具有可压缩性。这是因为大气密度ρ的空间分布与压强p和温度T有关,所以大气的运动与热量传递(例如从温度高向温度低传)有关。ρ、p和T不同,就构成了大气的状态变化。

密度是单位体积中空气的质量,取决于组成空气的元素质量和数目,例如分子质量和分子数。大气是可压缩的,意味着使大气分子靠近来增大密度。地球表面空气受到的压缩比大气上部要大,因此地球表面大气密度最大,随高度增加而减小。压强是单位面积上受到的压力(常用单位为hPa,1 hPa=100 Pa,1 Pa=N·m^{-2}),有两种压强,一种是流体静压强(hydrostatic pressure),是由于上方空气的重量引起的,另一种是动压强(dynamic pressure),因为空气的运动引起。在气象上,动压强通常很小,所以一般假设大气压强只取决于流体静压。

气温表征空气的冷热程度,它标志空气分子无规则运动的剧烈程度,温度越高就表示平均来说分子热运动越剧烈。温度是大量分子热运动的集体表现,单个分子没有意义。温度T与分子无规则运动平均速度v的关系为

$$T = \alpha \cdot \mu \cdot v^2 \tag{1.2.1}$$

其中,$\alpha=4.01\times10^{-2}$ K·m^{-2}·s^2,是一个常数,μ是单位为g·mol^{-1}的分子摩尔质量值。

气体被加热时,分子运动快,分子之间由于碰撞强度大会远离一些,因此空气变稀。相反,分子被冷却速度就变慢,彼此靠紧。所以,常说热而稀疏、冷而密集的空气。对我们个人的行为常常有"冷静"一说,这可从温度与运动的这种物理关系解释。温度高的时候,分子处在纷扰不安的状态,就是吵闹,如同仪器的"杂音"。人若是心平气和,则相当于低温状态,微弱的信号皆可感知,对周遭的环境和健康状况,渐渐能够明察秋毫,因为"灵敏度"提高了。因此,我们才能"冷静"地去处理所面临的事情。

不考虑大气中的液态和固态成分,大气在自然状态下,可看成理想气体。分子之间无相互作用力,大气体积只依赖于温度、气压和分子数,这样的气体就是理想气体。干空气的状态变化可用状态方程来描述,即

$$p = \rho R_d T \tag{1.2.2}$$

其中$R_d=287.05$ J·kg^{-1}·K^{-1},是干空气的气体常数。

此外,根据道尔顿分压定律(Dalton,1766—1844,英国),气体总压强是组成气体的各

成分的分压强之和。水汽在自然状态下可看作是理想气体,因此从水汽和干空气的状态可以确定湿空气(由干空气和水汽组成)的状态。水汽的状态方程类似干空气的方程,只需将气压 p 密度 ρ 和气体常数换成水汽的分压力 e、密度 ρ_v 和气体常数 R_v 即可,其中 $R_v =461.5\,\mathrm{J\cdot kg^{-1}\cdot K^{-1}}$。

考虑静止的大气,某一截面积为 A 的气柱,对 z 高度上厚度为 Δz 的某一气层,在垂直方向上受到三个力的作用(如图1.1):向下的重力 $mg=(\rho\cdot\Delta z\cdot A)g$、向上的压力和向下的压力。其中,向上和向下的压力的差异是气压梯度力 $F=p_b\cdot A-p_t\cdot A=-\Delta p\cdot A$,它与气块重力在垂直方向上平衡,称为流体静力平衡。这里 p_b 和 p_t 分别是气层下底面和上底面的压强,$\Delta p=p_t-p_b$。由此,得到流体静力方程为

$$\frac{\Delta p}{\Delta z}=-\rho g \tag{1.2.3}$$

其中,g 是重力加速度($9.8\,\mathrm{m\cdot s^{-2}}$)。

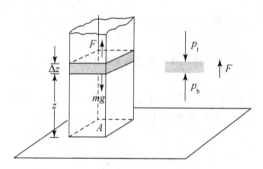

图1.1 静力平衡大气中垂直方向力的平衡

从(1.2.3)式出发,可以获得气压随高度的变化关系,这是高度表测量高度的基础。对于等温大气(温度随高度不变的大气),气压随高度的变化方程,即压高公式为

$$p(z)=p_0\exp(-z/H) \tag{1.2.4}$$

其中气压标高 $H=\dfrac{R_d T}{g}$ 是压强降低到表面压强 p_0 的 $1/e=1/2.71828\approx 37\%$ 时的高度。对于密度,也有类似的表达式。

虽然实际大气并不是等温大气,气压仍然随高度接近指数变化(见图1.2),根据与美国1976年标准大气的比较,可以按标高 $H=7.29\,\mathrm{km}$ 近似(与之这相对应的平均温度约为280 K),而密度标高为 $8.55\,\mathrm{km}$。一个经验规则是,气压大概每 $5.5\,\mathrm{km}$ 高度降低为原来的 $1/2$。

对于单位截面积垂直气柱,从某一等压面 p 到大气上界之间的气柱质量为 $m\approx p/g$,因此,对于以等压面 p_2 和 p_1 为上下界的气层,单位截面积气柱的质量 m 占整个气柱质量 m_0 的百分比为

$$\frac{m}{m_0}=\frac{p_1-p_2}{p_0} \tag{1.2.5}$$

大气概论

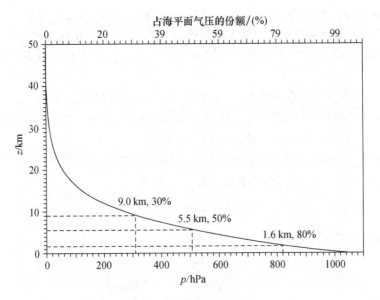

图 1.2 气压随高度的变化

其中 p_0 为海平面气压。接近珠穆朗玛峰高度,气压为 300 hPa,已处于约 70% 质量的大气上面。到 50 km,为 1 hPa,约 99.9% 质量的大气在这个高度以下。

1.3 大气结构

大气与地球尺度比起来,非常薄。如果假设地球是一个篮球,大气也就是一张纸那么厚。大气向外延伸数百千米,逐渐变得越来越薄,因此大气顶部没有明显的边界。如同麦克阿瑟(MacArthur,1880—1964,美国)说的"老战士不会死,他们只是慢慢地消逝"一样,大气也是慢慢消逝的,最终与外太空融为一体,不会忽然截止。

上面已经知道大气压强和密度随高度接近指数减小,这种单调的变化无法反映大气垂直结构。温度的垂直变化则要比气压和密度复杂许多。定义大气减温率表示温度随高度变化的大小,数学上表示为

$$\Gamma = -\frac{\Delta T}{\Delta z} \tag{1.3.1}$$

定义时加了一个负号,这样如果温度随高度减小,减温率就是正值。如果温度随高度增加,减温率是负值,称为逆温。

按照温度垂直分布(即减温率的正负)特征,大气可分为 8 层(见图 1.3),类似 8 层高楼,其中我们人类活动在最底层。这 8 层为对流层、对流层顶、平流层、平流层顶、中层、中层顶、热层和外逸层。其中对流层顶、平流层顶和中层顶属于过渡气层。

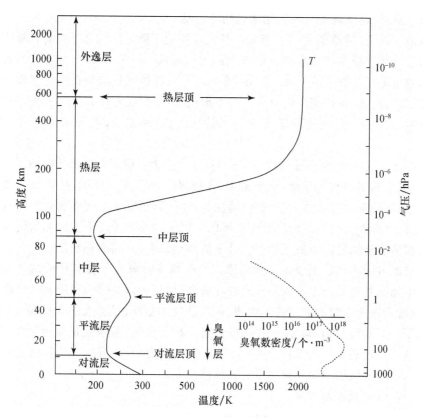

图 1.3　按温度垂直分布特征进行的大气垂直分层图(美国标准大气,1976)

对流层平均范围 0~11 km,厚度随季节和地域而变,例如在热带夏季对流层高。对流层中温度随高度减小,减温率平均为 $6.5℃ \cdot km^{-1}$,这个减温率也随多种因素而变化,甚至有时出现逆温情况。温度减小是因为阳光加热地面,而地面又加热它上面的空气。在飞机及大型气球尚未发明之前,人类的活动只限于对流层,因此,诗人苏东坡(1036—1101,宋)也感慨,

我欲乘风归去,又恐琼楼玉宇,高处不胜寒。

对流层内集中了大气的 3/4 质量和 90%以上的水汽,有强烈的垂直运动,而且气象要素(例如:温度、气压等)的水平分布也不均匀。对流层内包含了地球上我们熟悉的所有天气,因为对流层的特点为云和降水的形成以及天气系统的发生、发展等提供了有利条件。

平流层范围是 11~50 km,气温随高度开始不变,然后是逆温。层内对流微弱、气流平稳、水汽极少,因此平流层是平静的气层,天空晴朗,能见度很好。平流层内的臭氧层吸收紫外太阳能,使平流层温度增高,出现逆温。而在 50 km 处,吸收的能量只加热很少的分子,因此达较高的温度。因为空气稀薄,能量从平流层上层到下层的传输速度非常慢。有时,对流层中发展旺盛的雷暴积雨云的顶部可以伸展到平流层下部。在高纬地区有时在日出前和日

落后,会出现贝母云(或珠母云),其组成仍然不清楚。

中层(或中间层)的范围为 50~85 km,气温随高度下降。因为几乎没有臭氧吸收太阳辐射,氮和氧等气体能吸收的太阳能也已被上层大气吸收。这样造成大气分子失去的能量比得到的多,温度随高度变得越来越低。在 85 km 处,大气达到它的最低平均温度 −90 ℃。中层有强烈的垂直对流,也称高空对流层。由于水汽少,几乎没有什么天气发生。只是有时在高纬地区的黄昏时候,在该层顶部附近,看到银白色的夜光云,有可能是浮尘反射阳光所形成。

热层在 85~550 km,气温随高度再次升高,这是因为氮原子和氧原子吸收了大量的太阳短波辐射。因为热层内空气稀薄,分子稀少,即使吸收很少的太阳能,也可以导致温度的巨大增加。但这里的温度只有动力学意义(温度是分子、原子等运动速度的量度),这里温度资料的获取是依赖废弃卫星轨道的降低而获得的。因为空气分子对卫星的撞击使得卫星轨道降低,通过探测卫星轨道的高低获取空气分子的运动速度,从而获得热层温度。在极地附近的热层中,夜晚可观测到极光现象。这是因为太阳高速带电粒子使高层稀薄的空气分子或原子激发,继而这些分子或原子再通过发射辐射(发出的光,即极光)回到原来的稳定状态。

热层温度趋近于常数的高度是热层顶,热层顶以上是外逸层,大约 550 km 以上,空气非常稀薄,原子、分子可脱离地球引力逃到外太空。观测表明,外逸层的高度可以从 2000 km 向外伸展,这可以代表我们大气的上界(天的高度)。外逸层之下的大气直到地面有时也统称为气压层,在此大气层中流体静力学公式尚能成立。

根据计算,气体逃逸速度为

$$v_e = \left(\frac{2 \cdot G \cdot M}{r+h}\right)^{1/2} \approx 10\,732 \text{ m} \cdot \text{s}^{-1} \quad (1.3.2)$$

其中,G 为万有引力常数,$G = 6.67 \times 10^{-11}$ m³ · s⁻² · kg⁻¹,M 是地球质量 5.975×10^{24} kg,r 是地球平均半径,$h = 550$ km。

根据温度与分子平均速度的关系,可以计算在此逃逸速度为平均速度情况下,H_2 需要约 9000 K 的温度,而比较重的 O_2 则需要约 147 000 K 的温度。外逸层没有这么高的温度让 H_2 或 O_2 逃逸,而 O_2 对我们生命至关重要。但是,仍会有高于平均速度的一些原子会逃逸。

除了通过温度垂直分布特征分层外,还有其他分层类型。

一种是考虑热层以下,大气组成保持均一(78%的氮气,21%的氧气),称为均质层。在这层中,干空气摩尔质量为 28.9644 g · mol⁻¹。此以上的稀薄空气成分则不均匀,扩散使很重的分子(如 N_2 和 O_2)、原子集中到这一层的低部,轻的(如 H_2 和 He)浮到上层。从约 90 km 到大气顶的这一区域常称为非均质层。

另一种是在 60~1000 km 之间,由于高空大气的分子、原子等在太阳短波辐射等作用下电离而形成离子和自由电子,故称为电离层。自下而上根据电性结构不均匀,称为 D、E 和 F 区。电离层对调频电波无影响,但会吸收和反射调幅电波,因此影响电波传播和无线电通讯。

1.4 研究简史

　　人类生活在地球之上，大气之中，气象与人类息息相关。在世界上，尤其在中国，气象学是发展最早的自然科学。中国是文明古国，从大量的民谣、诗歌、文、史、志等资料，足以说明我国人民对气象规律和气象灾害的启蒙和认识较早，具有悠久的历史，如从《诗经》、24 节气到《农政全书》，强调对天气的认识源于实践。在公元前 14 世纪，殷墟甲骨文上有风、雨、云的记录；公元前 1217 年，中国甲骨文中有连续 10 天的气象记录。最早根据气象实践制定的日历——夏历是阴阳合历；根据气象与物候的关系，划分出 24 节气，这都是基于对气象的认识。封建王朝也制定了较完整的仪器制作、观测、记录和上报制度。公元前 3 世纪，中国就有倪、相风鸟等风向器。张衡（78—139，东汉）发明的候风地动仪早于西洋候风鸡一千年。宋朝就制造出铜雨量器，至 15 世纪前叶的明代这种仪器颁发到县级，甚至国外如日本、朝鲜，比西方早两个世纪。

　　在西方世界，从现在发现的公元前 2000 年前的黏土片上的天气谚语，可以推断古巴比伦人已能根据云的变化和易见的规律来预测天气，也强调了"看"（观测）是第一位的，然后才有对规律的解释。大约公元前 340 年，希腊亚里士多德（Aristotole，公元前 384—公元前 322）写了一本关于自然哲学的书《气象汇论》（*Meteorologica*），系统总结了古希腊的气象知识，内容包括天气、气候、天文、地理和化学等，一些话题涉及云、雨、雪、风、雷电、飓风（台风）。现在看来，亚里士多德当时的许多观点是错误的，但其后两千多年西方世界还是完全接受了这些观点。

　　显然，随着社会的发展，对大气单纯的"看"和一些主观的讨论，令人怀疑，于是对大气的定量观测逐渐出现。1593 年，伽利略（Galileo，1564—1642，意大利）发明温度计；随后在 1643 年，伽利略的助手，托里拆利（Torricelli，1608—1647，意大利）发明了气压计。而华伦海特（Fahrenheit，1686—1736，荷兰）发明了玻璃温度计。这样，1653 年，意大利斐迪南二世首次创建欧洲气象观测网。使得气象的研究建立在观测事实的基础上，驶上了科学的轨道。1844 年，电报的出现使气象信息传递加快。

　　与此同时，人们也在积极研究对付气象灾害的办法。在 1752 年，富兰克林（Franklin，1706—1790，美国）把金属钥匙绑在风筝线端，追逐闪电，证明了闪电的本质是电，而不是"从天神的眼睛发出的"，并发明了避雷针。这是人类避免灾害的一个进步。

　　对地面观测进行研究后发现，在进行天气预报时，大气上部的状况远比地面重要，于是人们开始重视高空探测。在 20 世纪初，释放气球进行探测，无线电的发明则提高了观测效率。根据观测，在 1920 年，皮叶克尼斯（Bjerknes，1862—1951，挪威）提出"锋"的概念，指出冷暖气团相遇，如同战争双方僵持或推进一样。他认为可以建立数字方程式，进行天气预测。1922 年，理查森（Richardson，1881—1953，英国）建立了比较完整的数学方程式，首次进行了天气数值预报,但缺乏足够的数据,在进行天气预测时惨遭失败。

二次世界大战期间,飞机开辟了新的观测领域,气象雷达这一技术始于 1941 年。雷达不仅可侦察飞机,也可侦察暴风雨甚至风速。一般的气象雷达可探测云层和雨滴密度,但 20 世纪 70 年代发明的多普勒雷达,可追踪暴风雨的基本元素,如雨滴、尘埃的变化情况和风向风速。

1960 年 4 月 1 日,美国发射了第一颗极轨气象卫星,意味着对大气的观测进入了一个新阶段,以前在地面无法发现的天气事件都可通过卫星发现。卫星上观测的地球图像发回地球,观测图像越来越好、越来越清晰。1974 年,第一颗地球同步静止气象卫星,在地表以上 35800 km 的高度对地球进行观测。装载有可见光、红外探测器的卫星观测不能认识大气内部的状况,而目前装载微波仪器或装载雷达的先进卫星,可探测暴雨的垂直结构。卫星的垂直探测装置可探测大气垂直气象要素,如温度、湿度垂直廓线等。

借助观测获得的大量气象资料,并应用在计算机上运行的大型气象模型中,人们正在全面认识大气的内部状况和运动规律,并作出精确的天气预报。

现在,"气象学"已发展为范围更为广泛的"大气科学"。大气科学是一门兼容实验、理论与应用的学科,是地球环境科学领域中重要的环节。其研究在于了解大气的物理和化学等性质,包括大气的状态、现象与变化,并利用这些科学知识对大气环境进行预测及改造。此外,大气科学还包括大气与地面、海面及生物圈之间的相互作用。

大气科学研究的基础是要定量表征大气的宏观物理状态,这些表示大气中的物理现象和物理变化过程的物理量,统称为气象要素。如气温、气压、湿度、风速、风向、能见度、降水量、云量、日照和辐射等。大气随时间变化的宏观物理状态就是我们日常生活中常说的天气,而气候是大气状态长时期的表现(即长时期的平均状况),或天气的极端情况。所谓长时期,有旬、月、季、年、千年等等的计算方式。

总之,大气科学是认识和研究大自然的一门严肃科学,只要气象灾害存在,人类对大气观测和大气科学研究的兴趣就会一直持续下去。

习 题

1. 地球是目前所知太阳系中唯一有生命演化和高度文明的行星,它具有什么独特条件? 它的大气演化有什么特点?

2. 现代大气的组成成分中,哪些成分对大气热力过程起作用? 哪些对大气化学、云、降水和大气辐射起作用? 最丰富的 4 种成分是哪些? 哪种变化最大,它为什么重要?

3. 从理想气体方程 $pV=nRT$ 出发,计算在压强 1013.25 mb(1 mb=100 Pa)、温度 15℃时,1 cm^3 的空气中有多少氧气分子? 其中 V 为体积,n 为摩尔数(mol),1 mol 物质中的分子数为 6.022×10^{23} 个,称为阿伏伽德罗(Avogadro)常数,$R=8.3145$ J·mol^{-1}·K^{-1}。

4. 从干空气和水汽的状态方程推导湿空气的状态方程。并解释在相同温度和压强下,为什么湿空气比干空气轻?

5. 假设气压标高为 8 km,在气压为 500 mb 的高度上,1 cm³ 的空气中有多少氧气分子? 并解释为什么民航飞机要加压?

6. 地面温度 20 ℃,大气从地面到 10 km 高度的减温率是 6℃·km^{-1},随后大气变成逆温,减温率为 -5℃·km^{-1}。求大气在 15 km 高度处的温度。

7. 如果大气密度不变,即为不可压大气,已知大气厚度为 10 km,地面气压为 1000 mb,在哪个高度气压会变为 500 mb? 绘制这种情况下气压随高度变化的图像,并与课程中的等温大气进行比较讨论。

8. 设想现代大气中没有臭氧层,按温度垂直减温率划分大气垂直结构,请分层并为每层命名。就你所知,太阳系中的行星有这样的大气结构吗?

9. 热层几百 K 的温度是如何探测得到的? 设想没有航空服保护的正常人身处这样的环境,会发生一些什么状况?

10. 说明天气和气候的定义和区别,并指出下面哪些说法是天气? 哪些是气候?

(1) 因学生多,到下课时,教室内温度升高到 25℃;

(2) 中国北方的夏季现在变得越来越闷热;

(3) 本站历史最高日降雨量为 200 mm;

(4) 北京明天天气晴转多云;

(5) 今天最高温度达到 35℃。

第二章 能量与温度

小到个人日常生活中的饮食,大到人类探索宇宙的卫星飞船,我们的世界离不开能量。人类经过多年的努力,才知道能量是物体做功能力的量度,而因为物体之间的温度的差异,造成能量从高温物体传递到低温物体,这种传递着的能量就是热量。热量进而改变了物体的温度状态。

对我们地球和大气整个系统而言,太阳辐射的能量是最重要的热量能源。太阳是在宇宙"芸芸众星"之中,极其普通、目前处于星体演化的中年阶段的安详稳定的恒星,它通过核心产生的热核反应向外放出能量。通过辐射传递过程,地气系统获得能量,改变了大气状况,出现了各种天气现象,也影响了地球上人类和万物的生存与变化。温室效应即是大气辐射能量影响地球气候的一个重要结果。

2.1 热力学基本概念

大气混合数以亿计的分子原子,它们在作无规则的自由运动,像发怒的蜜蜂一样,彼此碰撞,每个速度都不一样。大气的这种状态可用温度来表述,温度就是大气分子、原子平均动能的量度。

为了得到确定的大气温度,在科学计算中,必须用温标对温度进行数值表示。目前在世界上共采用三种温标:开尔文(Kelvin,1824—1907,英国)温标 K、摄氏(Celsius,1701—1744,瑞典)温标℃和华氏(Fahrenheit)温标℉。开尔文温标因无负值,在科学计算中很方便,它的绝对零点 0 K 为 -273.15 ℃,标志着分子停止运动。摄氏温标以纯水结冰时为 0℃,海平面纯水沸腾时为 100℃,中间分成 100 等份,每份 1℃。华氏温标在 32℉结冰,212℉沸腾,之间分成 180 等份,每一等份 1℉。这些温标之间的换算关系为

$$T(K) = t(℃) + 273.15 \tag{2.1.1}$$

$$t_F(℉) = 32 + \frac{9}{5}t(℃) \tag{2.1.2}$$

其中,T、t 和 t_F 分别表示开尔文温度、摄氏温度和华氏温度。

大气中分子、原子的平均动能是能量的一种形式。能量是物体做功能力的量度。例如用力推动物体一段距离,前进方向受的力和这段距离的乘积就是功,如果不计摩擦耗散,我们就给予物体运动能量,即动能(单位 J,1 J=1 N·m)。动能是运动物体包含的运动能量,对于每个大气分子原子,其动能为

$$E_k = \frac{1}{2}mv^2 = \frac{3}{2}kT \tag{2.1.3}$$

这样分子原子的动能就和温度联系在一起了。其中,m 为分子或原子的质量,$m=\mu/N_a$,N_a 为阿伏伽德罗常数(6.022×10^{23} mol^{-1}),μ 为分子或原子的摩尔质量(见表1.1),v 为运动速度,k 为玻尔兹曼(Boltzmann,1844—1906,奥地利)常数,$k=1.3806\times10^{-23}$ J·K。而势能是潜在的能量,蕴涵着潜在的功,也是能量的一种形式。其中重力势能

$$E_p = mgh \tag{2.1.4}$$

其中 g 为重力加速度,h 为物体离地面高度。上升的气块比地面附近的气块有较多的势能,即上升的气团有潜在的作用:通过下沉可加热经过的气层。

大气具有动能和势能,但从天气气候角度讲,最重要的能量是潜热和来自太阳的辐射能。

潜热是潜藏的热能,这里是指水的相态(汽态、液态和固态)改变过程中所需要的能量。蒸发过程,能量大、速度快的水分子逃出水面,留下速度慢的分子,这样水的温度降低,因而蒸发是冷却过程。液态水蒸发被带走的能量锁在水汽分子中,能量因此处于储存或潜藏的状态,故名汽化潜热。如果质量为 m 的水全部蒸发,从周围环境吸收带走的能量为 Q,则汽化潜热为

$$l = \frac{Q}{m} \tag{2.1.5}$$

当水汽再凝结回液态时,释放热量(凝结潜热)加热大气,因而凝结过程(蒸发的逆过程)是加热过程。给冰加热破坏冰分子的晶体结构,使冰变成水,这个热量是熔解潜热,相反是冻结潜热。冰变为水汽吸收的热量,是升华潜热,相反的过程,就是凝华潜热(见图2.1)。如果物质不发生相变,但因与环境温度不同而吸收或放出热量,称为感热(或显热)。通过某一单位面积的潜热能或感热能,称为潜热通量或感热通量(单位为 W·m^{-2})。

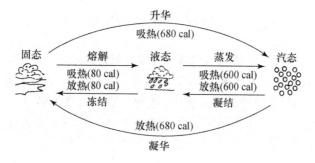

图 2.1 水的相变与每 g 水物质的相变潜热(1 cal=4.186 J)

潜热是大气能量的重要来源,当水汽离开地面,上升到高空冷却,水汽变成液态水或冰晶粒子。这个过程中,会释放巨大的能量到环境中,是风暴、台风维持和发展的能源。

热量是温度不同的物体间传递的能量,结果储存为内能(动能和势能)。热力学中用比热 c 表示物体在一定过程中(如等压强、等体积)储存能量的能力,即比热是单位质量物质升高温度一度需要的热量

$$c = \frac{1}{m} \cdot \frac{\Delta Q}{\Delta T} \qquad (2.1.6)$$

其中,ΔQ 是质量为 m 的物体在某一过程中升高温度 ΔT 所获得的能量。在等压过程中的这个比热就是定压比热,等容过程中则为定容比热。

例如,纯水(比热为 $1\,\text{cal}\cdot\text{g}^{-1}\cdot\text{℃}^{-1}$)比土壤(比热约为 $0.2\,\text{cal}\cdot\text{g}^{-1}\cdot\text{℃}^{-1}$)和海平面干空气(比热 $0.24\,\text{cal}\cdot\text{g}^{-1}\cdot\text{℃}^{-1}$)有较大的比热($1\,\text{cal}=4.185\,\text{J}$)。$1\,\text{g}$ 水升温 $1\,\text{℃}$,需 $1\,\text{cal}$ 的能量,而干土为 $0.2\,\text{cal}$。即如果升高相同温度,水需 5 倍于干土所需的能量。水对天气和气候有强大的调节作用,如海边天气冬暖夏凉,正是此因。

能量的传递方式主要有传导、对流和辐射。

传导是物体内分子到分子的能量传递。空气是不良的热导体,平静的天气下,灼热地面靠传导也只能加热几厘米厚的气层。因而,传导不是大气主要能量传递方式。

对流是大气在垂直方向的热交换过程(上升和下沉)。热天情况下,灼热地表上的暖气泡(热力泡或热泡)向上浮升并向上传递能量,高层冷而重的空气流向地面取代上升热泡的位置,这就是对流。对流是大气热量输送的重要机制,意味着热空气上升,冷空气下沉。

辐射是电磁波能量的传递,这种电磁波能量就是辐射能。来自太阳的辐射能,是地球最重要的能源,因此辐射过程是最重要的能量传递过程。

总之,对于大气来说,温度是气体分子、原子平均动能的量度;动能是能量的一种形式;其他形式的能量还有潜热能和太阳辐射能;辐射过程是大气中最重要的传递形式,它将太阳辐射能传递给大气,造就了地球大气中丰富多彩的天气状况。

2.2 辐 射

在夏天当我们面对太阳时,脸上会感到热,因为阳光在通过大气时,大气对它作用很小,我们的脸吸收太阳能并转化为热能,因而阳光温暖了我们的脸,但没有温暖周围的大气。这种能量叫辐射能或辐射,它以波动形式传播,这种传播方式称为辐射。当被物体吸收时,波释放了能量。因为它有电场和磁场的性质,也叫电磁波。它不需要通过物质分子传播,在真空中,以光的速度传播。

2.2.1 辐射基本特征

电磁波可以用频率 ν、波长 λ、波数 $\tilde{\nu}$ 和波速 c 来描述,其间的关系为

$$\tilde{\nu} = \frac{1}{\lambda}, c = \lambda \cdot \nu \qquad (2.2.1)$$

其中,波长 λ 的单位常用 μm(10^{-6} m),波数 $\tilde{\nu}$ 单位常用 cm^{-1},表示在 1 cm 的空间距离有几个波长,频率的用赫兹(Hz),表示 1 s 内振动的次数。真空中电磁波的传播速度以光速 c 进行。

迄今为止,已发现的电磁辐射的波长范围,含从波长 10^{-16} m 的宇宙射线到波长几千米的无线电波。这中间包括 γ 射线、X 射线、紫外线、可见光、红外线、微波和无线电波,组成了一个电磁波的大家庭,就是电磁波谱(见图 2.2)。图 2.2 中给出了各种辐射波长对应的能量[1]和绝对温度大小,这个波长是对应温度的黑体辐射能(一定温度下的物体会向外放射不同波长的辐射)最大值时的波长(见 2.2.2 节的维恩位移定律)。

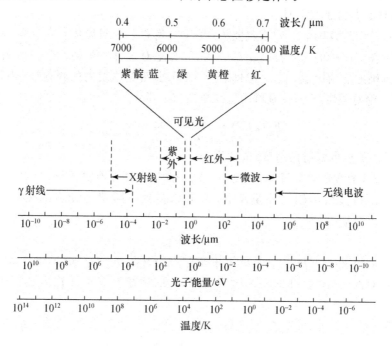

图 2.2 电磁波谱

除了波动性外,电磁波还具有粒子性,即辐射是由具有不连续能量的光子流组成的。一个光子携带的能量 E 为

$$E = h\nu = \frac{hc}{\lambda} \tag{2.2.2}$$

其中,$h = 6.6261 \times 10^{-34}$ J·s,是普朗克(Planck,1858—1947,德国)常数。因此,长波带有较少的能量,紫外光子比可见光光子带有更多的能量。

---

[1] eV:电子伏特,是能量的单位。1 eV = $1.602176462 \times 10^{-19}$ J,代表一个电子经过 1 伏特的电场加速后所获得的动能。

2.2.2 辐射基本定律

宇宙中的任何物质,只要它的温度高于绝对零度,都能以电磁波的形式放射辐射能,同时也接收来自周围的电磁波。这个物体吸收的辐射能与射至其上的辐射能之比就是吸收率,同理,这个物体反射掉的辐射能与射至其上的辐射能之比就是反射率,例如地气系统对短波辐射的反射率,即行星反射率,目前的平均值是 0.3。

任何物体对辐射的放射能力和接收(吸收)能力是相同的,这是基尔霍夫(Kirchhoff, 1824—1887,德国)定律。物体的放射能力用发射率来表示,那么发射率就等于吸收率。因此,好的吸收体也是好的发射体。

为了表示任何物体的辐射和吸收能力,科学家确立了绝对黑体辐射作为参考标准。如果某一物体对任何波长的辐射都能全部吸收,称为绝对黑体。物体的发射率就是物体放射辐射能与黑体辐射能的比值。单位时间、单位面积表面黑体发射的辐射能(辐射通量密度)与辐射波长 λ、绝对温度 T 的关系可用普朗克定律表示:

$$F_B(\lambda, T) = \frac{2\pi c^2 h}{\lambda^5}(e^{\frac{hc}{\lambda kT}} - 1)^{-1} \tag{2.2.3}$$

$F_B(\lambda, T)$ 是黑体的单色辐射出射度,单位为 $W \cdot m^{-2} \cdot \mu m^{-1}$。

对(2.2.3)式的数学分析可知,温度高、波长短时,黑体具有高的辐射能力。平常我们感觉到的往往是所有波段的辐射能量总和,这个总能量用斯蒂芬-玻尔兹曼(Stefan,1835—1893,奥地利)定律给出,即

$$F = \sigma T^4 \tag{2.2.4}$$

其中 F 为总发射辐射($W \cdot m^{-2}$),(为斯蒂芬-玻尔兹曼常数,$\sigma = 5.6704 \times 10^{-8}$ $W \cdot m^{-2} \cdot K^{-4}$,$T$ 为黑体的绝对温度(K)。可见,总辐射能量 F 与绝对温度 T 的 4 次方成正比,温度越高,辐射越强。

最强辐射能力与波长的关系,用维恩(Wien,1864—1925,德国)位移定律说明

$$\lambda_{\max} = \frac{2897.8}{T} \tag{2.2.5}$$

其中 $\lambda_{\max}$ 是黑体辐射($F_B(\lambda, T)$)最大值时对应的波长(μm),T 为绝对温度(K)。可见,物体温度越高,辐射最强对应的电磁波波长越短。

以上三个定律把黑体辐射与绝对温度、波长联系了起来,对于我们研究的大气,通过基尔霍夫定律,只要确定了大气的吸收率,就可以确定大气的辐射了。

2.2.3 短波辐射和长波辐射

为了方便研究问题,对与我们联系密切的太阳辐射和地球大气辐射分开处理,这是由于太阳表面的温度和地球大气的温度差别实在太大,两者辐射能量集中的光谱段是不同的(见图 2.3,是根据普朗克定律绘制的黑体辐射曲线)。太阳表面温度约为 6000 K,地球温度约

为 255 K，所以太阳辐射远大于地球大气辐射。用维恩位移定律，得到它们放射最多能量所对应的波长，太阳辐射对应 $\lambda_{max} = 2897.8/6000 = 0.48\ \mu m$（蓝色光），地球大气辐射对应 $\lambda_{max} = 2897.8/255 \approx 11\ \mu m$（红外线）。这也说明，温度足够大的物体才能发光，而地球大气温度太低，就不能发出可见光了。从图 2.3 上也可看到，太阳辐射主要集中在 $0.17 \sim 5.0\ \mu m$ 波段内，地球大气辐射主要集中在 $4.0 \sim 100\ \mu m$ 波段内，二者基本不重合。

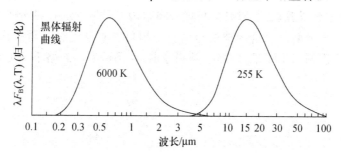

图 2.3　太阳和地球的黑体辐射分布

因此，在大气科学中，以 $4.0\ \mu m$ 为分界线，把太阳辐射称为短波辐射，以可见光和近红外为主；把地球大气辐射称为长波辐射或热红外辐射，以红外波段为主。

太阳辐射中，$0.4 \sim 0.7\ \mu m$ 的可见光辐射眼睛可以感受到，这个区域的能量占太阳能量的 44%；小于 $0.4\ \mu m$ 的紫外线辐射占太阳辐射 7%；大于 $0.7\ \mu m$ 的是红外辐射，人眼看不到，这部分能量占 49%。总的能量由太阳常数 S（单位 $W \cdot m^{-2}$）表征，即到达地球大气上界，日地平均距离处，在单位时间内，与日光垂直的单位面积上接收到太阳辐射能。目前，太阳常数的值 $S = 1366\ W \cdot m^{-2}$。

地球大气辐射几乎全部在红外波段，只有用仪器才可以测到。气象卫星可观测地球、云和大气的反射的可见光和发射的红外辐射，前者与物体反射率有关，后者则与物体温度有关，因而卫星可见光云图可区分不同反射率的地表，而卫星红外云图可区分不同温度的地表。但是，可见光云图只在白天才能得到，而红外云图就没有时间限制了。

2.3　太阳辐射在大气中的传输

照射到大气层顶的太阳辐射，经过地球的大气层才能到达地面，因而辐射在大气中的传输过程是一个必须研究的问题。到达地表的辐射包括太阳直接辐射（太阳平行光辐射）和天空散射辐射，因此，要研究的是大气对太阳短波辐射的散射和吸收作用，因其自身温度太低，大气的短波辐射忽略不计。

2.3.1　大气对辐射的散射作用

电磁辐射在遇到大气中的气体分子以及悬浮粒子时，会使一部分入射波能量改变方向射向四面八方,而入射方向的辐射能被削弱,这就是散射现象。

太阳辐射经过大气到达地面时,由于散射作用,太阳的直接辐射比大气上界有一定程度的减弱,但同时却使整个大气层变得明亮(天空散射辐射)。这些光是空气分子和大气气溶胶颗粒散射太阳辐射的结果。

图 2.4 给出了太阳辐射在分子大气中散射的示意图。太阳平行辐射照射到空气分子上,一部份辐射能被分子散射,散射光的角度分布也画在了图上。这种分子对太阳直接辐射的散射过程称为一次散射。但这些被散射出去的辐射能被其他分子再一次散射,这种过程称为多次散射。多次散射不断重复,强度越来越弱,直到最后可忽略不计为止。

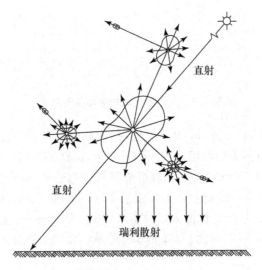

图 2.4　太阳辐射在大气中的散射(Igbal,1983)

在这种散射中,空气分子尺度比可见光波长小,它们对短波(蓝光)比长波(红光)是更有效的散射体,即波长短的辐射被散射掉的能量远大于波长长的辐射。因此当我们看远离太阳方向的天空时,从各个方向散射的蓝光进入我们的眼睛,白天天空呈现蓝色。而在看日出日落时,太阳光线必须经过很长的大气路径,蓝光被散射掉,只剩下红、橙和黄光,这样就看到一个红黄色的太阳。

太阳光还可从一个物体反射回去,一般来说,反射和散射的差别是反射有更多的光被返回。云的平均反射率为 60%;雪面的反射率可达 95%,且大部分位于可见和紫外波段;水面反射很小,平静水面一天平均约为 10%。当太阳接近地平线,水面有小的波浪起伏,反射率变大。

2.3.2　大气对辐射的吸收作用

所谓吸收,就是指投射到介质上面的辐射能中的一部分被转变为物质本身的内能或其他形式的能量。辐射在通过吸收介质向前传输时,能量就会不断被削弱,介质则由于吸收了辐射能而加热,温度升高。

图2.5是地球大气层顶与地球表面所观测的太阳辐射光谱。从图可以看到,由于到达地表的太阳辐射被大气中气体分子等粒子吸收和散射了一部分,地表面所观测到的辐射光谱要比大气层顶的光谱弱。在可见光波段,主要是大气气体分子散射的结果,而紫外波段波长小于 $0.3\,\mu m$ 的辐射,被高层大气的 O_2 和 O_3 完全吸收掉了。除此以外,大气所吸收的部分最明显的是波长大于 $0.7\,\mu m$ 的近红外光谱部分,这里有 H_2O 的强烈吸收区,波长大于 $1.4\,\mu m$ 时,除 H_2O 吸收外,也有 CO_2。大气对可见光波段几乎不吸收,因此 $0.4\sim0.7\,\mu m$ 是大气对太阳辐射的可见光窗区,太阳辐射的大部分从此窗区到达地表。

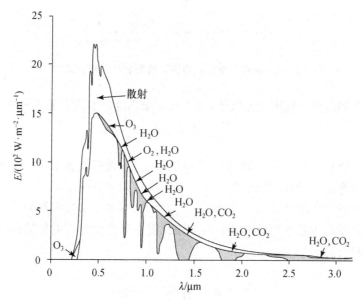

图 2.5　大气层顶和地球海平面上观测到的太阳辐射谱
(Air Force Cambridge Research Laboratories, 1965)

2.3.3　大气的辐射传输

因为大气的散射和吸收,辐射能在传输时就减少了。因此,需要计算某一方向传输的辐射能经过一段路径 $\Delta s(m)$ 后的衰减情况(见图2.6),比尔(Beer,1825—1863,德国)定律给出了入射辐射能 $E_{in}(W \cdot m^{-2})$ 与出射辐射能 $E_{out}(W \cdot m^{-2})$ 的关系,即当辐射在一均匀大气中,经过有限路径 Δs 传输后,辐射能的变化为

$$E_{out} = E_{in} \cdot e^{-(\beta_a + \beta_s) \cdot \Delta s} \tag{2.3.1}$$

其中 β_a 和 β_s 分别是大气吸收系数和散射系数 (m^{-1}),它与大气中的吸收和散射气体成分的

密度有关。对应有限路径,在微小虚拟 Δs 路径上大气吸收辐射(ΔE_a)或散射辐射(ΔE_s)与吸收系数或散射系数的关系为

$$\Delta E_a = \beta_a \cdot E_{in} \cdot \Delta s$$
$$\Delta E_s = \beta_s \cdot E_{in} \cdot \Delta s \tag{2.3.2}$$

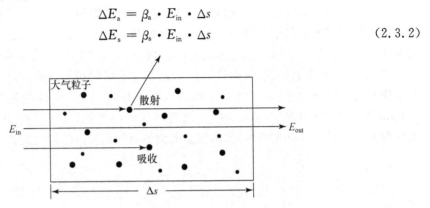

图 2.6　辐射传输过程中因吸收和散射导致的衰减

如果辐射能的改变仅仅因为是吸收,那么可以求出这段有限路经大气层的吸收率为

$$a = \frac{E_{in} - E_{out}}{E_{in}} = 1 - e^{-\beta_a \cdot \Delta s} \tag{2.3.3}$$

可见一个气层的吸收率与吸收距离的长短不是成正比,而是指数关系。当然,因为 $\beta_a \cdot \Delta s$ 与吸收物质的量有关,因而,吸收率也不与吸收物质的多少成正比。

比尔定律是辐射传输最基本的定律,在实际大气中,吸收系数和散射系数往往与波长有关,另外,辐射几乎都不是平行辐射,因此,应用此定律研究大气辐射传输问题就是专业性问题了,这里不再讨论。

2.4　辐射平衡

从全球长期平均温度来看,地气系统的温度多年基本不变,所以全球是达到辐射平衡的。若把地球和大气作为一个整体,它是运行于宇宙空间的一个星体。这个星体受到太阳的照射,除了被反射掉的以外,地气系统吸收了一部分太阳辐射能量。同时,地气系统也向外辐射着长波辐射。这两个过程最终会达到辐射平衡。

2.4.1　温室效应

设地球大气系统是一个半径为 r(约为地球半径 r_e)的球,对短波辐射的反射率(行星反照率)为 $R = 0.3$,则其接收的太阳短波辐射为 $S \cdot \pi r^2 (1-R)$,其中 S 是太阳常数。设地气系统可看作黑体,其温度为 T_e,它向宇宙空间发射的长波辐射能为 $4\pi r^2 \sigma T_e^4$。因为能量守恒,在地气系统达到辐射平衡时,有

$$S \cdot \pi r^2 (1-R) = 4\pi r^2 \sigma T_e^4 \tag{2.4.1}$$

由此算出 $T_e = 255\,\text{K}(=-18\,^\circ\text{C})$。这就是地气系统的辐射平衡温度。与实际地球表面平均温度 $T_s = 288\,\text{K}(=15\,^\circ\text{C})$ 相比,整整差了 33 ℃,这是大气"温室效应"作用的结果。

与太阳短波辐射不同,地表发射的长波辐射能量有很大部分被大气对流层中的 CO_2、H_2O、O_3 和其他微量气体所吸收(图 2.7)。一些气体能够选择吸收和放射热红外辐射是大气的特性,称为大气效应(atmospheric effect),也称为温室效应(greenhouse effect)。这些气体称为温室气体,是因为温室上的玻璃几乎与大气类似,但实质是不同的。真正的温室效应,即花房效应,主要是由于温室顶上的玻璃或塑料薄膜罩子阻止了内外空气的交换,从而达到了保温的效果。而温室气体是将部分吸收的辐射放出返还给地表,由此,地表的温度要比辐射平衡温度高。定义温室效应的有效高度 H,表示温室效应的强弱,

$$T_s = T_e + \Gamma \cdot H \tag{2.4.2}$$

其中,Γ 是美国 1976 年标准大气对流层温度递减率,$\Gamma = 6.5\,\text{K} \cdot \text{km}^{-1}$。根据计算,目前 $H \approx 5\,\text{km}$。显然,有效高度越高,温室效应就越强,地表温度就越高。

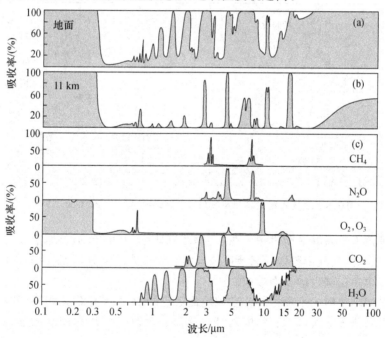

图 2.7 大气的吸收谱

(a) 整层大气的吸收谱;(b) 11 km 高度以上大气的吸收谱;(c) 整层大气中不同气体的吸收谱。

从图 2.7 可以看到,在 8~11 μm 波段,H_2O 和 CO_2 吸收小,地球辐射能可通过这一波段向外太空辐射出去,这个波段称为大气窗区。也正是因为从大气窗区辐射能量出去,才能与从可见光窗区进入的太阳辐射能平衡。

若夜间有低云笼罩,云吸收大气和地表的辐射,甚至吸收 8～11 μm 窗区的辐射,就像把大气窗关掉一样,因而,多云的夜晚气温偏高,云在这种情况下起到了增强温室效应的作用。诗人李商隐(约 813—858,唐)的诗句无意中道出了这种情形:

　　秋阴不散霜飞晚,留得残荷听雨声。

2.4.2　地气系统的辐射平衡

热力学第一定律,或能量守恒定律,表述为能量有多种形式,可以由一种转化为另一种,但不能产生和消失。同样,用到年度平均辐射能量上,地气系统本质上没有得到或失去能量,地球平均温度是每年基本保持常数,地气系统在较长时间中维持平衡(守恒)状态。图 2.8 给出地气系统总的辐射平衡框图,图中的数字已作归一化,即把入射的太阳辐射(太阳常数)作为 100 个单位。

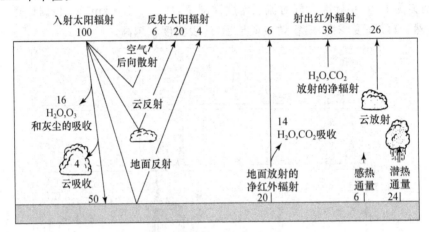

图 2.8　地气系统的辐射平衡(J. P. Peisoto 和 A. H. Oort,1992)

图左边是太阳辐射的平衡过程。在入射太阳辐射这 100 个单位中,有 20 个单位被平流层臭氧、对流层水汽和气溶胶以及云所吸收,30 个单位被空气分子、云及地面散射或反射回太空,只有 50 个单位被地球表面吸收。

图右边是地球辐射的平衡过程。在被地面吸收的 50 个单位的太阳辐射中,20 个单位以长波辐射的形式进入大气,30 个单位则经过湍流和对流以感热和潜热的形式传输至大气。在 20 个单位的地球长波辐射中,14 个单位被大气(主要是水汽和二氧化碳)吸收,6 个单位则直接进入太空。

所以,对于大气而言,它吸收了 20 个单位的太阳辐射,14 个单位的长波辐射,以及 30 个单位的感热和潜热形式的能量,再以长波辐射形式向太空发射 64 个单位,达到平衡。

地面也一样,维持着辐射能量平衡。这种平衡并不意味地面平衡温度不变,只是变化很小(小于 0.1℃),通过数年的测量才可得到显著的变化。

2.5 空气温度

空气温度(简称气温)在地面气象观测中测定的是离地面1.5 m高度处的温度。气象台站测量的气温有:定时气温、日最高气温和日最低气温。如果有温度计,可以做气温的连续记录。测量使用的温度、湿度仪器放置于百叶箱中。百叶箱的作用是阻挡风、雨和雪,以及太阳辐射对仪器的影响。它的内外部为白色,百叶窗保证通风,使仪器感受的温度和湿度与外界空气的相同。通常放在草地上,周围空旷,箱门朝正北。

2.5.1 气温的变化

1. 气温日变化

当天空晴朗无云时,日出后太阳辐射逐渐增加,到正午达到最大,但因此时地表吸收太阳辐射能量仍然多于其辐射出去的能量,气温仍在增大,气温最大大致出现在午后2点前后。如果空气湿润,有霾或云,则会降低最高温度,因为阻挡了到达地面的太阳能。

日落后没有太阳辐射,地表因持续辐射红外能量,气温连续下降,地面附近形成逆温,即辐射逆温,大概在日出后不久达到最低气温。大气平静、无风、夜长、干燥和无云的情况,会出现强逆温。

夜晚降温对植物影响很大,特别是早春果树开花季节,必须防止逆温造成的霜冻(习题8)。

2. 气温年变化

地球绕日以椭圆轨道运行,地轴的倾斜是形成地球上四季的主要原因(见图2.9),日地距离的差异影响很小。这样因为地轴的倾斜,导致气温变化的主要原因是:日光入射角(与地面垂线的夹角)和昼长(日出到日落之间的时间)(见图2.10)。

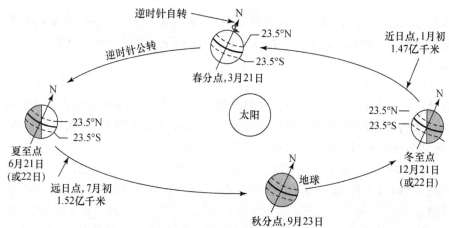

图2.9 地球自转轴的倾斜造成地球四季的变化

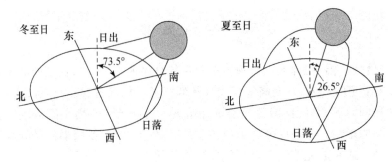

图 2.10　北纬 40°，冬至日和夏至日太阳的位置变化（显示日长和正午时分的太阳入射角）

从日光入射角的角度来讲，角度越小，地面接收到的太阳辐射越多。这样夏至日（6月21—22日）太阳辐射最强，冬至日（12月21—23日）太阳辐射最弱。于是，从夏至日到冬至，由于日光入射角的逐日增大，地面热量的收入将逐日减少。从昼长的角度来讲，如果昼愈长于夜，就愈有利于地面热量收入大于支出。夏至昼最长，而冬至昼最短。因此夏至前后的昼长夜短有利于地面热量收入大于支出，而冬至前后的昼短夜长有利于地面热量收入小于支出。

综合日光入射角和昼长两个因子，在北半球，从春分（3月21日）到夏至，日光入射角逐日减小，昼长逐日增加，因此两个因子均有利于地面热量收入大于支出，气温不断增加。从夏至到秋分（9月23日），地面热量收入大于支出的幅度在减小，但热量收入仍然大于支出，气温仍在上升，只是上升幅度不断减小。在夏至日数周以后的7月或8月，地面热量收支才达到平衡，这时温度才最高。之后温度开始逐渐下降，最冷时是在冬至日数周后的1月或2月，这时气温最低。

2.5.2　影响地面气温的支配因子

气温的变化的主要原因是日光入射角和昼长，其实这两个因素都是纬度的函数，因此，纬度是影响气温变化的最大原因。除此之外，对气温有重大影响的因子还包括：海陆差异、洋流和海拔高度等。

（1）海陆差异表现在海水和陆地的不同受热特性，从而影响气温。水的比热要比陆地土壤的比热大三倍左右，水体能储存更多的热能，造成水体比陆地增温或降温都缓慢。太阳辐射加热很薄的土层，也可以加热海洋很深的水层，并且因水的循环，可使热量传递得更深。另外，太阳能还导致水面的蒸发，也导致水温不宜升高。

（2）洋流表现在冷、暖洋流会对其流经的临近陆地的气温产生不同的影响。在同一纬度，受暖洋流影响的地方，其气温要比受冷洋流影响的高；相反，受冷洋流影响的地方的气温相对就要低。

（3）海拔高度的影响表现在随高度增加，气温将下降。因为在对流层中气温平均按 $6.5℃·km^{-1}$ 的温度递减率下降。这样也造成了植物在不同海拔高度花开时间的差异，诗

人白居易(772—846,唐)这样写道:

　　　　人间四月芳菲尽,山寺桃花始盛开。

由于不同高度的温度无法比较,因此,在进行温度对比或绘制等温线图时,温度值要订正到同一高度即海平面上。

2.5.3　气温测量

测量温度的原理是,利用处于被测环境中的某些材料热胀冷缩或电阻变化等物理特征来指示温度改变。卫星仪器是通过感应地气系统的向上辐射来估计温度的。

1. 利用热胀冷缩特征的测温仪器

液体温度表:使用酒精(−130℃凝结,79℃沸腾)和水银(−39℃凝结,357℃沸腾)作为感应液,在大气温度变化范围内可观测。最高温度表和最低温度表是特殊的液体温度表。

最高温度表:它的感应部分内有一玻璃针,伸入毛细管,使感应部分和毛细管之间形成一窄道(见图2.11)。当温度升高时,感应部分的水银体积膨胀,挤入毛细管;而温度下降时,毛细管内的水银,由于窄道不能缩回感应部分,因而能指示出上次调整后这段时间内的最高温度。体温表就是最高温度表。

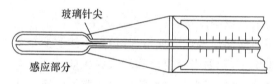

图2.11　最高温度表

最低温度表:它的感应液为酒精,毛细管内有一哑铃状游标(见图2.12)。当温度下降时,酒精柱便相应下降,由于酒精柱顶端表面张力的作用,带动游标下降;当温度上升时,酒精柱经过游标周围慢慢上升,而游标仍停在原来位置上。因而能指示出上次调整后这段时间内的最低温度。

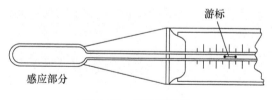

图2.12　最低温度表

温度计:采用双金属片测温。双金属片由两种热膨胀系数差异很大的金属片热压而成,不同的气温对应着双金属片不同的弯曲程度。双金属片一端固定,一端自由移动,可以驱动一定的机械装置,从而指示或记录温度值。

2. 利用电阻变化特征的测温仪器

热电偶温度表(计)：用两金属片组成一闭合回路,两个焊接点,一点的温度已知,另一点测温度。两焊接点的温差由回路中的电动势来确定。

金属电阻温度表：利用金属导体(如铂、镍)的电阻值随温度升高而增加的特征进行测量。

热敏电阻温度表：测温材料是某些金属氧化物的混合物,电阻随温度升高而降低。

3. 其他测温仪器

超声测温仪：根据接收的声信号的变化来反推气温变化。

卫星的红外或微波感应器、辐射计：通过遥测向上的辐射,和某些气体在某些波段的最大辐射,可估计气温以及某一大气层的温度。

习 题

1. 蓝色光的波长为 $0.48\,\mu m$,它的频率、波数是多少？
2. 假设地球大气为一等温气层,温度为 T_a,它透过太阳辐射但吸收所有的热红外辐射。证明地表温度为 $T=2^{1/4}T_a$。如果地气系统反射率为 30%,太阳常数为 $1366\,W\cdot m^{-2}$,求地表温度。
3. 大气温室和农业生产中的温室(花房)有什么不同？
4. 为什么温室效应增强会使地表温度增大,但它不能改变辐射平衡温度？
5. 如果地球上云量增多,辐射平衡温度和地表温度如何变化？
6. 考虑长波辐射时,可以忽略大气对长波辐射的散射效应。波长为 λ 的长波辐射能(其辐射通量密度为 E_{in}),在均匀且温度为 T 的等温大气中沿某一直线路径传输了微小距离 Δs,辐射能在这段距离内的变化为 ΔE。已知大气吸收系数 β_a,写出 $\Delta E/\Delta s$ 的表达式。
7. 在高山上滑雪时,人们常常带着眼镜,为什么？
8. 请找寻有关预防霜冻有哪些方法？原理是什么？

第三章 水 汽

水汽在大气中所占的比例很小,不到 4%;如果与全球总水量比较,仅占其中的 0.001%,即不到十万分之一,相当于覆盖全球表面厚度为 2.5 cm 的水层。尽管水汽很少,它却是大气中最活跃的成分。

水汽的 15% 来源于陆地蒸发蒸腾,海洋蒸发占 85%。这些水汽上升凝结形成云以后,又以降水的形式返回到陆地和海洋上。降到陆地上的水供给河流和湖泊、渗入地下或蒸发,河流和地下径流再将水带入海洋。海洋上的蒸发量大于降水量,蒸发的水分被带到空中再次成云降雨,如此不断循环。这种高效的水分循环过程,影响并改变着地球和人类的命运。

3.1 水汽的特性

水分在地球环境中以汽态、液态和固态三相存在,对于宇宙的组成来说是个异类。而水在地球大气条件下的三相变化,使水汽不同于大气中的其他气体。

水分子和冰晶的结构如图 3.1 所示。水分子是由一个氧原子和两个氢原子组成,氢原子到氧原子中心的夹角为 105°。水汽中,水分子自由运动并与周围环境混合。它是不可见的,如果水汽转化为云雾滴或冰晶,就成为我们可见的云雾。这种水分三相之间的互相转化就是相变。对于水,其水分子挤的很紧,并彼此撞击,就没有水汽分子那么自由。冰中的水分子则排列为一定的方式,通常组成六边形的冰晶结构。其中的水分子只能在其位置附近振动,不能自由移动。

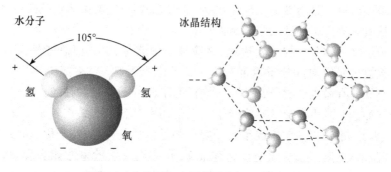

图 3.1 水分子和冰晶的结构(Ahrens,2003)

冰如果受热,冰中的水分子振动加快,到一定程度就进入无序状态,冰晶结构就被破坏,于是冰就熔解为液态水。因此熔解过程要吸收热量。相反的过程是,水失去热量,水分子运动变慢,并逐渐与周围水分子结合组成固定的六边形结构,成为冰晶,这是冻结过程。如果冰的晶体结构被破坏后,水分子直接变为自由运动的水汽分子,就是升华过程,相反就是凝华过程,水汽经相变变为冰晶。

冰晶的六边形结构是我们常见的冰的组成结构(见图3.1)。现在已经发现其他结构的冰晶体,例如在高压环境下,实验室发现有冰Ⅱ、Ⅲ、Ⅴ、Ⅵ、Ⅶ和Ⅷ(常见的冰命名为冰Ⅰ)。这些冰的晶体结构和物理特性与常见的普通冰完全不同。水汽和液态水只有一种,固态冰却有很多种。因为实验室只发现到八号冰,小库尔特·冯尼格特(Kurt Vonnegut Jr,1922—,美国)1963年写出以九号冰(ice nine)为主角的科幻小说《猫的摇篮》(Cat's Cradle)。

对于水面来说,如果假设水面上没有空气,某些运动速度大的水分子脱离周围水分子的吸引,可以脱离水面成为水汽分子,这个过程是蒸发过程,因为分子运动速度与温度有关,因此,速度大的分子脱离后,水中会剩下速度相对较小的分子,水温就会下降。相反的过程就是凝结,某些水汽分子与水面碰撞被水面的分子俘获。在一定的温度下,分子蒸发和凝结的速度相等时,水面上的水汽含量就达到最大并维持不变,这个平衡状态就是饱和状态,或者说水汽饱和了,此时如果有多余水汽加入,就会发生凝结,直到重新达到平衡。某些情况下,尽管蒸发和凝结的速度相等,但水面上的水汽量超过饱和状态的水汽量,这就是过饱和。

如果水面有风,蒸发的水分子就被风带走,平衡被破坏,于是蒸发加快。如果水面温度高,就会有更多的速度大的分子逃出水面,这样蒸发也越大。

如果水面上有空气,一方面,空气分子与水面碰撞,水面的一些分子会获得多余的能量,这样水面的蒸发就变大,因此,水汽饱和时空气中的水汽会多些。另一方面,空气撞击水面,部分空气分子会溶入水中,这些溶入水中的分子对水分子有吸引力,使得水面水分子逃离的难度略为变大,这样降低了蒸发效率,盐水溶液也有同样的效果。总的来说,空气的作用效果是水汽饱和时空气中的水汽会比没有空气时真空的情况多些,当然这个量很小,可以忽略不计。对于这两方面的研究,坡印亭(Poynting,1852—1914,英国)给出了饱和水汽压随大气压的变化关系,但对学过物理的人来说,坡印亭矢量最有名;法国化学教授拉乌尔(Raoult,1830—1901)从实验研究了溶液的饱和水汽压。

水汽进入空气中后,分子间互相碰撞,碰撞过程中能量交换,但总能量没有变化。如果空气较暖,则碰撞弹回后水汽分子速度就变大。空气较冷时,经碰撞弹回后水汽分子慢下来,如果这时空气里有微尘、盐粒或其他粒子,慢的水汽分子就会粘在粒上发生凝结,特别是吸湿性的粒子(如盐粒),更易俘获水汽分子。上亿的水汽分子凝结在粒子上面,可形成可见的液态云滴。因此,水汽在空气中凝结时需要一些悬浮粒子,这些粒子称为凝结核。

如果没有凝结核,则水汽必须是过饱和很多时(只有在实验室才能实现,水汽量可达饱和时水汽量的数倍),才会发生凝结。这时水汽分子之间距离已经很近,水汽中的分子随机运动有可能使得速度较小的水分子相互聚合成团发生凝结。

3.2 湿度的表示方法

大气中水汽含量用空气湿度(简称湿度)表示,它是表示空气中水汽含量的多少或空气干湿程度的物理量。湿度由多个物理量来表示,包括混合比、比湿、水汽压、相对湿度、露点温度和绝对湿度等。在实际处理问题中,不仅要区分空气中水汽饱和或未饱和状态,还要区分水汽是相对水面或冰面,甚至要对这些表面区分平面还是曲面(参见第6章)。

3.2.1 混合比和比湿

一定体积的湿空气(干空气和水汽组成)中含有 m_v 克水汽,m_d 克干空气,则混合比 w 定义为水汽与干空气的质量比,比湿 q 定义为水汽与湿空气的质量比,即

$$w = \frac{m_v}{m_d}, q = \frac{m_v}{m_v + m_d} \tag{3.2.1}$$

它们是有单位的量,都是 $g \cdot g^{-1}$ 或 $g \cdot kg^{-1}$。

对于某一团空气,当它发生上升或下沉运动,只要其中水汽不发生相变,不论这团空气体积如何变化,其混合比和比湿都保持不变。

如果空气饱和,则相应称为饱和混合比和饱和比湿。

3.2.2 水汽压

根据道尔顿分压定律,大气的总压强 p 是水汽压 e 和干空气的分压强 $(p-e)$ 之和。大气中水汽的分压称为水汽压(单位为 hPa),即空气中水汽部分作用在单位面积上的压力。它与混合比和比湿的关系为

$$w = 0.622 \frac{e}{p-e} \approx 0.622 \frac{e}{p}$$

$$q = 0.622 \frac{e}{p-0.378e} \approx 0.622 \frac{e}{p} \tag{3.2.2}$$

可以看到,混合比正比于水汽压 (e) 和干空气分压 $(p-e)$ 的比值。如果在给定温度下,水汽达到饱和,其饱和水汽压可用纯水汽的饱和水汽压 e_s 表示。从前面分析可知,干空气加入后,对饱和水汽压的影响很小,一般情况下忽略不予考虑。纯水汽的饱和水汽压是指一定温度下,纯水汽与水(或冰)处于相态平衡时的水汽压,它仅与温度有关(表3.1)。饱和水汽压随温度的变化关系是由克拉珀龙(Clapeyron,1799—1864,法国)1834年发现的,将近40年后,克劳修斯(Clausius,1822—1888,德国)经过系统研究,完善了克拉珀龙的工作。

表 3.1 相对于平液面或平冰面上的饱和水汽压

温度 $t/℃$	平液面 e_{sw}/hPa	平冰面 e_{si}/hPa
30	42.427	
20	23.371	
10	12.271	
0	6.107	6.107
−10	2.862	2.597
−20	1.254	1.032
−30	0.5087	0.3797

饱和水汽压的近似计算公式为

$$e_s = e_0 \cdot \exp\left[\alpha\left(\frac{1}{T_0} - \frac{1}{T}\right)\right] \tag{3.2.3}$$

其中,$T_0 = 273.15\,\text{K}$ 对应的饱和水汽压为 $e_0 = 6.11\,\text{hPa}$,对于平水面,$\alpha = 5423\,\text{K}$,而对于平冰面,$\alpha = 6139\,\text{K}$。图 3.2 是根据此公式作出的饱和水汽压随温度的变化图,图中的左上方的嵌入图显示了水面和冰面饱和水汽压的差异。纯水可在低于零度时不会冻结,这是过冷水,图中给出了低于 0℃ 时的对平过冷水面的饱和水汽压。由图可知,随温度增大,空气容纳水汽的能力呈指数增长,另外,水面饱和水汽压高于冰面饱和水汽压,在 −12℃ 时差异最大。这些特征对云雾降水的形成有重要的作用。

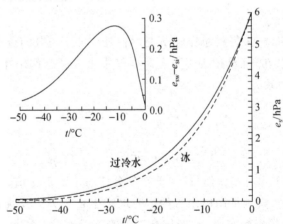

图 3.2 相对于纯平水面(过冷水)和冰面的饱和水汽压
左上方的嵌入图是水面和冰面饱和水汽压的差异

当饱和水汽压与空气气压相同时,会发生水的沸腾现象。在海平面上,沸腾时的水的温度,称为沸点温度,这个温度为 100℃。在近地面,平均沸点温度垂直递减率约为 $3.3\,℃ \cdot \text{km}^{-1}$。沸点随高度降低的现象与我们生活有关,在海拔高的地方如山上,因为沸点温度低,煮饭会需要较长的时间。

3.2.3 绝对湿度

绝对湿度就是水汽密度,即单位体积空气中水汽的质量。应用水汽的状态方程可以从水汽压(e)和温度(T)求取绝对湿度 ρ_v(单位为 $g \cdot m^{-3}$),

$$\rho_v = \frac{e}{R_v \cdot T} \tag{3.2.4}$$

其中 $R_v = 461.5 J \cdot kg^{-1} \cdot K^{-1}$。如果一空气块上升过程中,没有发生凝结,水汽含量不变,但体积增加,因此水汽密度(或绝对湿度)减小,对应的空气密度也减小。空气饱和时的绝对湿度就是饱和绝对湿度。

3.2.4 相对湿度

相对湿度表示是在一定的温度和压强下,实际水汽含量与空气所能容纳的最大水汽量(即空气饱和时的水汽含量)的比值,以 r 表示,单位为%。相对湿度是最常用也最易误解的一个水汽变量。它不能告诉我们实际水汽量,只能告诉接近饱和的程度。因为实际水汽压可以反映实际水汽含量,而饱和水汽压反映空气中水汽容量,因此相对湿度也可以表示为在一定温度和压强下,实际水汽压和饱和水汽压的比值。相对湿度与其他一些湿度量的关系可表示为

$$r = \frac{w}{w_s} \approx \frac{q}{q_s} \approx \frac{e}{e_s} \approx \frac{\rho_v}{\rho_{vs}} \tag{3.2.5}$$

其中,下标"s"表示空气饱和时的状态。$r = 20\%$ 时,表示空气还需 80% 的水汽量才能达到饱和($r = 100\%$),如果 $r > 100\%$,就称为过饱和。

改变空气中实际水汽量,或者改变空气温度(就是改变饱和水汽压),可以改变相对湿度。

很多地方,一天中的总水汽量变化很小,因而主要由温度变化来调节相对湿度。夜晚,温度下降,相对湿度上升,到早晨最冷的时候相对湿度最大,因此农田灌溉多选择在晚上。白天,气温升高,相对湿度下降,下午最热的时候相对湿度达到最小。

冬天室内干燥,是因为室内空气绝对湿度基本上与室外相同(不考虑室内其他水汽来源),但室内温度高,因此相对湿度就低,我们就觉得干燥,可能出现皮肤会因蒸发快而干裂等问题。所以,冬天需要通过加湿器给室内增加水汽,从而增大相对湿度。在湿度高的南方地区,则需要室内冷凝器,通过凝结空气中的水汽,减少实际水汽量,从而达到降低相对湿度的目的。夏天室内空调可以降低室内温度,但室内实际水汽量没有变化,因此室内相对湿度会增大,人在此湿冷环境中时间呆长了就不舒服,这就是夏日的"空调病"的重要原因。

人体通过新陈代谢产生热量,通过排汗蒸发等方式使身体降温,这样维持一个相对稳定的体温。炎热的天气空气相对湿度大的时候,汗珠就不易蒸发掉,我们就感到闷热不舒服。

但如果在相同温度时,相对湿度小,汗易蒸发,我们就感到舒服。气象上可以用两个量即湿球温度和热指数温度,来表示在湿热天气中人的舒服程度。

湿球温度可以度量人体出汗蒸发快慢程度。它是在一定压强下,蒸发水使空气达到饱和,冷却达到的最低温度。如果在热的天气,湿球温度低,出汗蒸发就快,皮肤就感到凉爽。当湿球温度接近皮肤温度时,蒸发变慢。而当湿球温度超过皮肤温度,就没有蒸发,体内生化反应放出的热量不能有效散去,体温会快速增加。到40℃以上或更高的温度,则可能发生中暑甚至死亡。另外的例子是夏天室内洒水降温,当洒的水蒸发使室内水汽饱和,就可能达到最低室温,即是湿球温度。

热指数温度(heat index,HI)是考虑人体对温度和相对湿度的共同作用,表示的平均感觉温度,它是一种视示温度(apparent temperature),即表示实际感到的冷热程度(见图3.3)。另一种视示温度是考虑风的影响定义的风寒温度(参见第七章)。

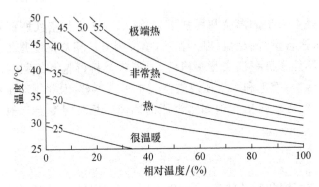

图 3.3 随温度和湿度变化的热指数温度(图中线中所标数字为热指数温度)

3.2.5 露点温度和霜点温度

一定质量的未饱和空气,当气压不变时,令其降低温度,那么在此过程中,w、q 和 e(见式(3.2.5))都不变,只是因为温度的降低,使得 e_s 降低,当 $e_s = e$ 时,空气达到饱和($r = 100\%$),这时的温度就是露点温度(T_d,单位为℃或K)。也就是说,相对于水面,当水汽含量和气压不变时,空气冷却达到饱和时的温度就是露点温度,而相对于冰面,则是霜点温度(T_f,单位为℃或K)。

通过饱和水汽压的计算公式反解温度就是露点温度或霜点温度,例如从(3.2.3)式可得

$$T_d = \left[\frac{1}{T_0} - \frac{1}{\alpha} \cdot \ln\left(\frac{e_s}{e_0}\right)\right]^{-1} = \left[\frac{1}{T_0} - \frac{1}{\alpha} \cdot \ln\left(\frac{e}{e_0}\right)\right]^{-1} \tag{3.2.6}$$

露点完全由空气中的水汽压(实际水汽量)决定,在等压冷却过程中水汽压不变,露点也不变。因此,露点反映了空气中的实际水汽含量,露点高的时候水汽含量高,增加水汽露点就会升高,反之亦然。沙漠和极地比较,沙漠露点温度和气温都高,相对湿度却很低,这表示

沙漠上空空气中含有很多水汽;而在极地,露点温度和气温相同,而且都很低,因此极地空气饱和,但因为露点温度低,极地空气中水汽含量就没有沙漠空气多。

气象上多用温度露点差($T-T_d$)表示人对高温和潮湿的适应程度,温度露点差越大,空气越干燥;而温度露点差越小,即温度露点越接近,空气越潮湿,人就不舒服。所以,问气象专家今天的舒适度,他会告诉你温度露点差,而不是相对湿度或单独的露点温度。

3.3 露、霜、雾天气

水汽达到饱和时即可产生凝结,可产生于地表或空中,我们常见的天气现象有露、霜、霾、雾和云等。露和霜是由于地面及近地面物体在夜间辐射冷却降温形成,如果在地面上或地面上空凝结,这可能出现霾、雾和云。

3.3.1 露和霜

晴朗少风湿度大的夜间,地表温度在0℃以上,水汽在地面及近地面物体上冷却凝结而成可见的小水珠,这就是露。

露的降水量很少,但却是可贵的水源。中纬度地区夜间露的降水量约相当于0.1～0.3 mm的降水量,年平均约相当于12～50 mm厚的降水。在干热天气,夜间的露可以维持植物生长发育。

形成露以后,如果温度持续下降到0℃以下,小水珠冻结成冰珠,称为冻露。当温度降至霜点时,水汽直接凝华生成白色松脆的冰晶,称为白霜。一个实际的例子如冬天窗内玻璃上的霜,它是室外冷空气使房子玻璃处温度降低形成。有白霜时农作物不一定受到伤害,因为水汽凝华时会释放热量,不至于使温度降得更低。如果空气非常干,温度降低达不到霜点,没有可见的霜出现,这时称为黑霜。因为温度会降得很低,黑霜对农作物非常有害。冻露、白霜和黑霜统称为霜。

在农作物生长季节,要预防霜冻(即使作物伤害或死亡的低温)而不是预防霜,一般采用灌溉、喷洒和覆盖等措施。

3.3.2 霾和雾

霾和雾(包括云)形成的凝结过程不那么简单,像露和霜形成时需要表面一样,水汽需要悬浮粒子才能形成凝结的液滴。这些悬浮粒子就是凝结核。实际上,它们都归属于大气气溶胶。

在观测云雾等天气现象时,常使用能见度来判断。水平能见度表示的是,视力正常的人,在当时天空条件下,能够从天空背景中看到和辨出目标物(黑色、大小适度)的最大水平距离。单位用公里。通常以测站为中心,不同距离(固定能见度)为半径画圆圈,预先确定在这些圈上的高大建筑等目标物,根据看到的最远目标物确定能见度。

1. 凝结核

习惯上，按尺度将凝结核分为三类，表 3.2 列出了凝结核和云雾滴的大小。最适宜产生云雾滴的凝结核(云凝结核)大小为半径为 $0.1~\mu m$ 左右。部分大核、巨核则可以产生一些大水滴，有利于形成降水。这些核主要来自地面，包括自然现象产生、人类活动产生甚至是宇宙尘埃。进入大气的方式也不同，例如火山等喷发的尘埃、工厂产生的粉尘、海浪溅起的盐粒，甚至海洋浮游植物喷出的硫酸盐等等。因为这些都是从近地面释放的，因此，最大浓度出现在地面附近的低层大气处。

表 3.2 凝结核和云雾滴的尺度和浓度

凝结核类型	尺度(半径)/μm	浓度/cm^{-3}	
		范围	典型值
爱根核(小粒子)	<0.1	100~10 000	1000
大核(大粒子)	0.1~1.0	1~1000	100
巨核(巨粒子)	>1.0	0~10	1
云雾滴	>2.0	10~1000	300

一些核具有吸湿性，在相对湿度小于 100% 时，水汽也可在其上凝结，这是吸湿性核或亲水性核。这些核包括盐(NaCl)粒子和硫酸盐粒子等。另外一些是非吸湿性核，如油滴，即使相对湿度大于 100%，水汽也不能在其上凝结。但当相对湿度远大于 100% 时，甚至非吸湿性核也能产生凝结。

在实际多数情况下，大气并非饱和或过饱和，但有很多核同时存在时，霾、雾和云在接近或低于 100% 的相对湿度时仍然可以形成。

2. 霾和轻雾

霾是均匀浮游在空中的，大量极细微的干尘粒组成的灰尘层，它使空气普遍混浊，能见度小于 10 km，在一天中的任何时候它都可出现，出现的天气条件一般是大气稳定而干燥。

这些霾粒选择散射太阳光，对波长短的光(如蓝光)要比波长长的光(如红光)散射强，因此，它会散射掉波长短的光，而使波长长的光线通过。在暗的背景上会看到霾带有蓝色(就如同在地球外太空暗的背景下看到蓝天一样)，因为看到霾粒子散射的蓝光，而暗背景的光线太弱到不了我们眼睛。而在亮背景上尽管也有霾粒子散射的蓝光，但亮背景通过霾透过的黄光更强，因而总的效果是霾带有黄色。气象观测记录时，霾这种天气现象的符号为"∞"。

轻雾是由微小水滴或已湿的吸湿性粒子所构成的灰白色的稀薄雾幕，水平能见度大于等于 1 km，小于 10 km。轻雾出现的时间早晚最多，空气潮湿稳定。轻雾天气现象的符号记为"="。

夜晚地面辐射冷却降温，即使大气不饱和，水汽也会凝结在一些活跃的吸湿性核上。到早晨时分，相对湿度变大，多形成微小水滴，几乎所有可见光波都被散射掉，因此轻雾看起来为灰白色。

因太阳照射,上午近地面层附近逐渐升温,轻雾中微小水滴或吸湿性粒子上的水逐渐蒸发变少,轻雾的灰白色调减弱。到了下午,粒子上的水几乎蒸发殆尽,相对湿度很小,也不能发生凝结。浮粒已变得很小,半径不大于 $0.1\,\mu m$,这时就是霾。

到了傍晚,相对湿度开始增加,霾粒子中的吸湿性粒子开始吸收水汽,小凝结核则会凝结成为小液滴,于是霾变成轻雾。

美国将霾分为干霾和湿霾,干霾对应上面介绍的霾,而湿霾对应轻雾。

3. 雾

轻雾形成后,如果相对湿度接近 100%,粒子就变得很大,在不活跃的核上也会出现凝结。当能见度小于 1 km 时,空气中有大量微小的悬浮水滴(高纬度地区可出现悬浮冰晶),常呈现为乳白色,这时就形成了接地的雾。雾天气现象的符号记为"≡"。

根据能见度的不同,雾分为三个等级:

雾:能见度 0.5~1.0 km;

浓雾:能见度 0.05~0.5 km;

强浓雾:能见度小于 0.05 km。

雾是因为空气饱和凝结而形成的,需要近地面空气中水汽充沛并有凝结核。可以通过三种方式来实现,即冷却使温度降到露点以下饱和凝结,如辐射雾;蒸发使水汽增多达到饱和;以及混合湿空气和干空气,可使空气饱和,如蒸发雾。

雾的种类较多,常见的有辐射雾、平流雾、上坡雾、蒸发雾和锋面雾。

辐射雾是在夜晚因地面辐射冷却使贴地气层变冷而形成的,也叫地面雾。天气晴朗少云的夜晚,近地面水汽层较薄,这样地球向外太空辐射出去的红外能量就多,形成辐射逆温,气温降低,空气就达到饱和。如果夜长,冷却时间长,雾生成的机会就大。另外一个条件是风力微弱($1\sim3\,m\cdot s^{-1}$),这样会使更多的水汽与冷的地面接触冷却饱和。强风使近地面湿空气与上部的干空气混合,限制雾的生成。冬天大的高压区域出现晴朗风轻的天气,辐射雾可连续几天产生。

平流雾是暖湿空气流经冷的地表面而逐渐冷却形成的。海洋上的暖湿空气流到冷的陆地上或冷的洋面上,都可以形成平流雾。如果地表已经辐射冷却,叫平流辐射雾。

上坡雾是空气沿高地或山坡上升时因冷却而形成的。

蒸发雾是冷空气流经暖水面时产生的,产生的原因是暖水面的蒸发形成的暖湿空气,和冷空气的混合达到饱和凝结形成的。著名诗人李白(701—762,唐)已注意到水面蒸发的水汽在空中冷却凝结成云和雾这一道理,在《梦游天姥吟留别》中写下这样的句子:

云青青兮欲雨,水澹澹兮生烟。

锋面雾是指在冷暖气团交界面(即锋面)附近,因降水蒸发、冷暖气团混合或平流冷却原因形成,它可能是蒸发雾或平流雾,必须视情况具体分析。根据锋面类型(参见第九章)的不同和生成的雾在锋面附近的位置的不同,可划分多种锋面雾,例如暖锋前雾、暖锋雾和暖锋后雾。

雾的天气对我们的生活有很多坏处,如能见度降低,会导致高速公路汽车追尾,洋面轮船相撞,甚至飞机误航与空难等;如果雾的形成中伴有大量污染物,则会使广大地域的人受害,如著名的洛杉矶光化学烟雾和伦敦煤烟型烟雾事件(参见第十二章)。但是,雾也有对人类有益的一面。目前,有许多国家开展收集雾水的工作,以解决水荒问题。植物春天开花时,雾形成时释放潜热,并吸收地球放出的能量,可抵消降温对植物造成的伤害。另外,雾还可以作为预报天气的先兆,一些天气谚语如"十雾九晴"、"昼雾阴,夜雾晴;早雾晴,晚雾雨"等都是有一定科学道理的。

目前经过研究,人类已经能预报雾的出现,并采取有效的消雾和防雾措施。特别是机场的消雾工作已经取得很大成效。机场人工消雾的方法主要有:

吸湿法:向雾中播洒吸湿性粒子,吸收雾内水分使雾滴蒸发,成雨滴落到地面。

加热法:直接燃烧燃料加热大气,使空气变成不饱和状态,雾滴蒸发,促使雾消散。由于消耗燃料太大,难以实际使用,同时试验效果也不是很有效。

混合法:利用直升机飞行产生的下沉气流,使雾顶上面的未饱和空气混合到雾中,减少雾的相对湿度,雾滴蒸发,促使雾消散。

3.4 湿度测量

我国是最早发明测湿仪器的国家。在《史记·天官书》中曾提到把土和炭分别挂在天平两侧,以观测挂炭一端天平升降的仪器。这种仪器根据天气干燥时炭轻、天气潮湿时炭重的原理来判断天气的干湿。

目前,测量水汽含量最基本的方法是称重法,即直接测量一定体积中的水汽质量和干空气质量,得到最基本的湿度参量——混合比和比湿,然后可以导出其他湿度量。因为称重法在实际应用起来困难,所以实际湿度的测量不使用称重法。气象上测量的湿度参量有水汽压、相对湿度和露点温度。

气象台站和野外观测经常使用的是干湿球温度表,可用来测量温度和湿度。它由两支温度表组成。在气象台站,两支温度表分开悬挂在百叶箱里的一个固定支架上,球部向下。在野外要使用通风干湿表(见图3.4)。干球测量气温 T,湿球包裹着由蒸馏水浸润的纱布,它测量的温度是湿球温度 T_w。由于蒸发,湿球表面不断消耗潜热,使湿球温度下降;同时由于四周与湿球的温差产生热交换。在达到平衡时,湿球温度蒸发放出的热量等于与四周空气热交换的热量,根据这一条件,获得对于水面计算水汽压的公式:

$$e = e_s(T_w) - A \cdot p_h(T - T_w)$$

其中 A 为干湿表系数,对于百叶箱球状干湿表 $A = 7.95 \times 10^{-4} \text{°C}^{-1}$,对于通风干湿表 $A = 6.62 \times 10^{-4} \text{°C}^{-1}$,$p_h$ 为测站地面气压(称为本站气压)。

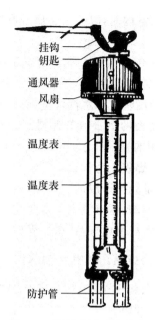

图 3.4 通风干湿球温度表

干湿球温度表可以追溯到 250 年前,瑞典人首先发现温度表沾水后引起所表示的温度值降低。1799 年英国物理学家赖斯利(Leslie,1766—1832)最先制成仪器,靠干和湿球温度比较测算空气湿度。1815 年法国物理学家盖吕萨克(Gay-Lussac,1778—1850)导出计算公式。1825 年德国人奥古斯特(August,1795—1870)给这种仪器命名为干湿球温度表。1891 年德国人阿斯曼(Assmann,1845—1918)制造通风干湿表。

毛发湿度表用来测定空气的相对湿度,它是一种老式的但目前仍然使用的仪器。在 1783 年,瑞士人索修尔(Saussue,1740—1799)根据纤维组织对于干湿的伸缩特性就发明了毛发湿度表。人的毛发经脱脂后,当相对湿度由 0% 变化到 100% 时,毛发的长度增长 2.5%,由此制成毛发湿度表。

湿度计是自动记录相对湿度连续变化的仪器,它的感应部分就是毛发,然后经机械传动进行自记。测量相对湿度的原理与毛发湿度表相同。

露点仪是一种可以自记的、比较精密的测量露点或霜点的仪器。其工作原理是,在一光洁的金属镜面上,当等压降温至空气的露点温度时,镜表面出现露珠凝结,镜面所处温度就是露点。当气温低于 0℃时,则可能出现露珠或冰晶,因此可以测露点或霜点。

习 题

1. 湿空气气压为 1013.25 hPa,在室温 20℃时 1 m³ 的体积中含有 10 g 水汽。求水汽压、相对湿度、绝对湿度、混合比、比湿和露点温度。

2. 从很冷的室外进入温暖的室内时,眼镜上会出现凝结现象。为什么从温暖室内到很冷的室外,眼镜上却没有凝结?

3. 平水面的饱和水汽压是在纯水和纯水汽的情况下得到的,在实际情况下,常常是考虑湿空气的饱和水汽压。纯水和纯水汽中加入干空气后,饱和水汽压如何变化?

4. 请解释为什么露点温度能反映实际水汽含量,而相对湿度不能?

5. 气象台站使用干湿球温度表的测量值如何得到相对湿度和露点温度?如果干湿球温度表在观测时,湿球纱布上使用的是稀盐水,得到的相对湿度和露点温度如何变化?

6. 形成露和霜的天气条件有哪些?为什么?

7. 列举一些雾,并解释它们是如何形成的。在什么地方或时间我们能发现这些雾?

8. 雾在夜晚生成,如果继续冷却,露点温度怎么变化?

9. 请推导湿空气(干空气和水汽组成)的状态方程为 $p=\rho R_\mathrm{d} T_\mathrm{v}$,其中 p、ρ 为湿空气的气压和密度,$T_\mathrm{v}=T\dfrac{1+1.608w}{1+w}$,称为虚温。其中 w 为水汽混合比。

10. 如果湿空气中包含有水汽和液态水滴,其中它们相对于干空气的混合比分别为 w 和 w_w,请推导虚温 $T_\mathrm{v}=T\dfrac{1+1.608w}{1+w+w_\mathrm{w}}$。

第四章 看 云

云是悬浮在大气中的小水滴、过冷水滴、冰晶或它们的混合物组成的可见聚合体;有时也包含一些较大的雨滴、冰粒和雪晶,其底部不接触地面。

地球上平均有 1/3～1/2 的地区覆盖着云层。云的飘忽和幻灭,曾经引发了人类无穷的遐想和诗兴、向往与困惑:"千形万象竟还空,映山藏水片复重"、"望云惭高鸟,临水愧游鱼"、"玉垒浮云变古今"等等。认识云的特性一直是人类的追求。

现在已经知道,云是天气过程的重要扮演者,也是气候演变的重要参与者。一定的天气现象总是同一定的云联系在一起,云便成了天空的招牌,有什么样的云就会出现什么样的天气,有什么样的云就会下什么样的雨,所以看云可以识天气,这是众所周知的事。同时。云还对气候的变化起着举足轻重的作用,云强烈得左右着太阳与地球的辐射。云对太阳短波的反射对气候具有冷却作用,即"阳伞效应",而云对地球长波的吸收则对气候具有加热作用,即"温室效应",并且这种作用随云的类型不同而表现出差异:广阔而持久的低云(如层云),主要起冷却作用;相反,稀疏短瞬的高云(如卷云),主要起加热作用。许多研究表明,云对气候的综合影响为冷却作用。由此可见,判定云的类型,了解云的分布,认识云的辐射特性,对于天气预报的准确性、气候监测的有效性,以及建立气候模型的科学性,都是至关重要的。

4.1 云状分类

为了辨认云,需要对云进行分类并绘图,绘制的图称为云图。在《吕氏春秋·有始览·有始篇》中,已经把云按形状分为"山云"、"水云"、"旱云"和"雨云"四种。马王堆三号墓出土的《天文气象杂占》(西汉帛书)中的云图,曾在 1979 年十月《中国文化》中刊出,是为军事需要卜占吉凶而用的,这可以说是目前发现的最早云图。西方世界直到 1802 年,法国博物学者拉马克(Lamarck,1744—1829)才首先提出对云进行区分。虽然没有得到公众认同,但毕竟迈出了第一步。一年后,英国博物学者霍华德(Howard,1772—1864)建立的云分类系统得到了公众的接受。根据地面观测,他先确定了 4 种基本云形,并以拉丁字命名,这 4 种基本云形是:

层云:Stratus,拉丁文的意思是薄层状的云;

积云:Cumulus,拉丁文的意思是类似泡沫状的云;

卷云:Cirrus,拉丁文的意思是纤缕状的云;

大气概论

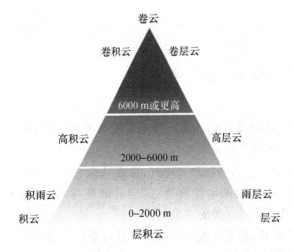

图 4.1 根据四种基本云型组成的十属云的金字塔结构

雨云：Nimbus，拉丁文的意思是下雨的云。

然后根据这四种基本云形的不同组合，来命名天空各种各样的其他云类。图 4.1 显示的金字塔结构，是目前国际普遍采用的十属云，由 4 种基本云型组成。后来，在 1887 年，英国气象学家 Abercromby (1842—1897) 和瑞典气象学家 Hildebrandsson (1838—1920) 在此基础上，建立并发表了云图。以后贝吉龙 (Bergeron, 1891—1977，瑞典) 在 1934 年根据云的形成把云分成积状云、波状云和层状云。为了使全世界统一观测和使用云的观测资料，1956 年世界气象组织（WMO）把云归纳为四族十属二十九类（表 4.1），并组织出版了国际云图，给每一种云都配上填图符号和简写的拉丁文名字，供国际通用。族是根据云底高度和发展程度来区分，即高、中、低云和直展云。直展云是云在发展过程中，垂直方向比水平方向强的云族。在每族中，根据云的外形来区分不同的属。对每属云按不同云的具体特征，命名为不同的类。图 4.2 是对流层内各类云的高度分布图。图上还绘有两种特殊的云：平流层珠母云和中间层夜光云。

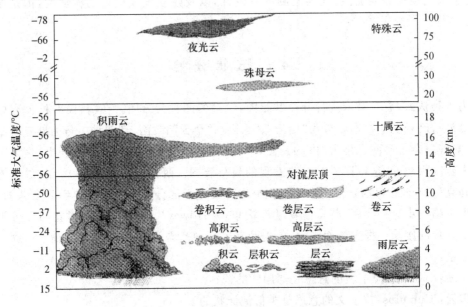

图 4.2 各类云的高度分布图（J. R. Eagleman, 1985）

我国直到1972年,参照国际云图规范,由当时的中央气象局发表了《中国云图》。在我国的分类标准中,将直展云属归为低云属,因为这两属云的云底基本处在同一高度。这样,我国云的分类规范是按云底高度分为三族,按外形特征再分为十属,最后按其结构特征详细分为二十九类(见表4.2)。

表 4.1 国际分类中的云族和云属

云族	出现高度 / m			云属
	极地	中纬度	热带	
高云	3000～8000	5000～13 000	6000～18 000	卷云、卷积云、卷层云
中云	2000～4000	2000～7000	2000～8000	高积云、高层云
低云	0～2000	0～2000	0～2000	层云、雨层云、层积云
直展云				积云、积雨云

表 4.2 中国的云状分类表

云族(3族)	云属(10属)		云类(29类)	
	中文名	简写	中文名	简写
低云<2500 m	积云	Cu	淡积云	Cu hum
			碎积云	Fc
			浓积云	Cu cong
	积雨云	Cb	秃积雨云	Cb calv
			鬃积雨云	Cb cap
	层云	St	层云	St
			碎层云	Fs
	层积云	Sc	透光层积云	Sc tra
			蔽光层积云	Sc op
			积云性层积云	Sc cug
			堡状层积云	Sc cast
			荚状层积云	Sc lent
	雨层云	Ns	雨层云	Ns
			碎雨云	Fn
中云 2500～5000 m	高层云	As	透光高层云	As tra
			蔽光高层云	As op
	高积云	Ac	透光高积云	Ac tra
			蔽光高积云	Ac op
			荚状高积云	Ac lent
			积云性高积云	Ac cug
			絮状高积云	Ac flo
			堡状高积云	Ac cast

续表

云族(3族)	云属(10属)		云类(29类)	
	中文名	简写	中文名	简写
高云＞5000 m	卷云	Ci	毛卷云	Ci fil
			密卷云	Ci dens
			伪卷云	Ci not
			钩卷云	Ci unc
	卷层云	Cs	薄幕卷层云	Cs nebu
			毛卷层云	Cs fil
	卷积云	Cc	卷积云	Cc

4.1.1 低云族

低云族中的积云和积雨云，在国际规范中属于直展云族。它们与别的云不同，由于对流作用，云体垂直发展旺盛。它们的形成，是气块上升，水汽凝结所致。一般先由底部开始凝结，然后逐渐向上凸起增厚。它们的底部比较平坦，底部离地面较低，一般几百米，最多也只有二千多米。但它们的顶部会向上发展。

积云是顶部呈圆弧形或圆弧形重叠凸起云块，这也显示不是很大的上升气流。它一般由水滴和过冷水滴组成。积云云块是分开的，会露出很多天空。云体颜色和明暗程度，因观测和太阳照射方向不同而有较大差异。例如，如果与太阳处在同一侧，中部显得黝黑但边缘带着鲜明的金黄色。晴天常见的垂直发展不旺盛的扁平积云，是淡积云，在阳光下呈白色，厚的云块中部有淡影。比淡积云小，形状多变、边界模糊的不规则的积云块（片）是碎积云。积云进一步发展，可以变成花椰菜状的浓积云，这时云体个体臃肿、高耸，在阳光下边缘白而明亮，有时可产生阵性降水。

积雨云是在垂直发展极盛时，由浓积云发展而来。起初比较短的时间内，浓积云花椰菜形的轮廓渐渐变得模糊，顶部开始冻结，形成白色毛丝般的丝缕结构，这是秃积雨云。继续发展到成熟阶段时，云顶有明显的白色毛丝般的丝缕结构，高空风使云顶向水平方向延展成砧状，这是鬃积雨云。积雨云个体浓厚庞大，远看如耸立的高山。云中低部暖的地方只由水滴组成，再往高，水滴和冰晶共存，在云顶附近，只有冰晶存在，形成白色毛丝般的丝缕结构。积雨云云底阴暗混乱，起伏明显，有时呈悬球状结构。经常伴有闪电、雷暴和冰雹发生，甚至在云底产生龙卷风。

低云族中还包括层云、层积云和雨层云3属。它们云底较低，在2000 m以下，云体大多由水滴组成。天气冷的时候，云体内也有冰晶和雪花。

层云是灰色或灰白色，均匀的云层，如同不接地的雾。实际上，雾层缓慢抬升可形成层云。除直接生成外，层云也可由层积云演变而来。正常情况下无降雨，但有时伴有轻雾或毛毛雨。由层云分裂而成的不规则的松散碎片,而形成的形状多变的云是碎层云。

层积云是介于层状云和积状云之间的一种云,由较大的块状、片状或条状云块组成,结构不大均匀,常成群出现,不像晴天出现的三三两两的积云。云块个体较大,如果伸开胳膊指向云,云体有拳头的大小。云层常呈灰色和灰白色,有若干部分比较阴暗。降水很少发生,即使有也很微弱。

雨层云是厚而均匀、颜色灰暗,水平分布范围大,看起来湿的气层,常伴随有连续性降水。云底部的雨蒸发后与周围的空气混合,使得云下方的能见度差。如果混合后出现饱和情况,在原来云的低部就会形成一层较低的云。如果再有风吹动云,这些雨层云下面的云就会破碎成不规则如棉絮状的碎片,这种云称为碎雨云。

4.1.2 中云族

中云族包括高积云和高层云2属。它们出现的高度在低云和高云之间,在中纬度地区,云底高度为2000～7000 m,云体主要由水滴组成,上部也经常出现冰晶和雪花。

高积云由白色或暗灰色块状或片状的小个体组成,有时呈波状或带状排列。其个体比卷积云云块大,比层积云云块小。大多数云块的视角宽度在1～5度。与卷积云不同的是,高积云云体通常一部分比另一部分暗。透过薄高积云看太阳或月亮,常会看到有一围绕太阳或月亮的光环,这是华的光学现象。日华是彩色的,而月华是白色的。日华或月华是我们识别高积云的一个重要线索。

高层云由带有条纹或纤缕结构的云幕组成,呈灰色或蓝灰色,经常覆盖整个天空,使得地物无影。在薄的云层部分,可以看到太阳或月亮朦胧的圆盘,像隔了一层毛玻璃。厚的云层比较阴暗,看不到日月。

4.1.3 高云族

高云族包括卷云、卷积云和卷层云。它们出现高度较高,在中低纬度形成在5000 m以上,因此,它们几乎都是由冰晶组成,云层相当薄,一般情况下颜色洁白。在日出日落前后,云体反射阳光,卷云底边常呈鲜明的黄色或橙色。

卷云具有柔丝般光泽,分离散乱,呈丝条状、羽毛状、马尾状、钩状、团簇状、片状和砧状等结构。卷云一般遮不住太阳和月亮的光芒。卷云的走向可显示高空风向,一般预示未来是晴朗舒适的天气。

卷层云常呈薄纱状的云幕,覆盖整个天空。透过云幕,可以清楚地看到日月,地物有影,云中冰晶可产生日晕、月晕和假日等光学现象。有时云的组织薄得几乎看不出来,只能通过晕的出现判断。晕有风圈一说,即风圈出现后,就要刮风和下雨了。这不完全对,只有当薄卷层云发展为呈乳白色的厚卷层云,则有可能是未来降水的前兆。

卷积云是圆形细小、白色隆起的云块,常排列成行或成群,通常比卷云出现频率小。当成行时，很像轻风吹过水面所引起的小波纹，也极像鱼鳞一样，故有"鱼鳞天"的说法。高积云也常会出现鱼鳞状分布，但它高度低，鱼鳞块大，且常有华出现。

除了以上较详细的分类外，在云物理学中，通常按云的物理特征进行分类。按云形成的物理过程和动力特征，分为积状云（即直展云、对流云）和层状云；按云体温度分为暖云（>0℃）和冷云（<0℃）；按云的微物理结构，分为水云（由水滴组成）、冰云（由冰晶组成）和混合云（由水滴和冰晶混合组成）。也有人将完全由过冷水滴组成的云称为过冷云。

4.2 特殊的云

还有一些特殊的云，不能划入前面已经介绍过的十属云里面。

珠母云（或贝母云），出现在平流层，仅在北欧等高纬度地区 20 km 以上高度处，在早晚出现，薄而透明，外形呈波状或荚状，由大气波动形成。估计这种云由大量十分均匀的直径为 $2\sim 3\ \mu m$ 的水滴或冰晶组成。太阳在地平线以下照射这种云，因阳光的衍射作用，使其具有蚌壳内部的光泽，非常明亮，并能按光谱中的所有颜色连续转变。

夜光云，出现在中层，是出现在夏季高纬地区的日出前和日落后，在 75~90 km 高空有时出现的薄而带银白色光亮的云，常呈波状结构，极为罕见。由于高、低层大气已见不到阳光，而中层大气还被照射。这时，对于观察者，这种云在暗的天空背景里显示亮的颜色，因而叫夜光云。研究表明，这种云由微小冰晶组成。形成冰晶的水可能来自流星碎裂物，或者是火山爆发喷射到高空的水分，以及高层大气中甲烷的化学反应等。

尾迹云，常见的是喷气飞机尾气与环境空气混合凝结而成的云。排出热尾气与环境冷空气混和，而其中的粒子充当凝结核生成冰晶粒子。最早在 1919 年德国出现关于飞机尾迹的报告，发现在飞机排气装置后面有一狭长云条。因为在战争中容易暴露目标的问题，关于它的成因有许多解释。例如成云粒子的排放使得高空出现凝结，排放水蒸气使空气饱和，释放热量触发了高空的对流形成云等等，这些都不是合理的解释。直到 1941 年，德国科学家 Schmidt 才给出理论解释，到 1953 年，美国科学家 Appleman 进一步用理论和图示的方式解释了尾迹云。

近年来，因影响气温和加速全球变暖，尾迹云又被人们提起。在 2001 年 9 月 11 日遭到恐怖袭击之后，美国的空中商业运输被全面中断，科学家研究了没有飞机凝结尾迹的 3 天的气温变化与 30 年来的平均气温记录进行比较，并与之前和之后的几天进行了比对。结果发现，在飞行正常的日子里，昼夜温差非常接近 30 年来的平均值，而在飞行中止的 3 天里，白天温度较高而夜间温度较低，昼夜温差平均值增加了 1.1℃ 以上。特别是在平时飞机凝结尾迹就比较多的某些区域，昼夜温差增加了 2.8℃ 之多。预计到本世纪中叶，空中运输量将是现在的两倍。按照这个研究结果，可以想象飞机凝结尾迹将会造成多么巨大的影响。

地形云，因地形作用形成，可以统称为"地形云"。有些地形云可以归入各云族中去。但是,也有少数形态独特的云。例如,当湿空气越过山脉屏障时,常形成波,在波峰气流上升处可形成云,这种云中间厚边缘薄,像豆荚的形状,故叫荚状云。当云在孤立的山上并向下风向伸展时,叫旗云。还有一种浪涛状的地形云,暗黑色的浪涛像大海里的浪花滚滚推进。

与基本云属联系密切的云,这些云包括帽云(或幞状云)、悬球状云、陆架云(shelf cloud)和滚轴云(roll cloud)等。帽云是流经浓积云或积雨云顶部的湿空气凝结而形成的,像柔软光滑的围巾盖在积云的顶部。悬球状云多在积雨云下部因下沉气流形成,也可在其他积状云下部产生。饱和下沉空气在云底扩展,会显示圆的球状,因此叫悬球状云。陆架云(弧状云)和滚轴云则与强风暴积雨云联系(第十章)。往往在云下阵风锋后,因气流的切变产生慢慢绕水平轴旋转的滚轴云,而暖湿空气沿阵风锋前部边界上升,形成陆架云(弧状云)。

尚有其他特殊的云,不可一一尽述。例如火山云、蘑菇云、地震云,甚至还有隐形云等等。感兴趣的读者可以深入去了解,但也要时刻记住去发现一些新的特殊的云。

4.3 云的观测

云的观测包括云的地面常规观测和卫星高空观测。

4.3.1 地面常规观测

云千姿百态,在天空中,常常有好几种云同时出现。即使只有一种云,也并不是固定不变的。要想识别它们,就必须走出课堂,去看云起云落云卷云舒,同时,密切观测云的连续演变。如果在夜间,观测前要先到黑暗处停留一段时间,待眼睛适应环境后再进行观测。这样,不断积累经验,才能正确作出判断。

作为用于科学研究和天气预报等的常规观测之一,云的观测包括云状、云量和云高的判定和记录。

1. 云状

云状的判别,主要是根据前面已叙述的天空中云的外形、高度、结构特征以及伴随的天气现象等,参照标准的"云图",分析对比来判定云的类型。记录时需要按照云状分类表中的29类云的简写字母记录。

值得注意的是,如果看远处的云,常常将与降水无关的云误判为降水云。因为,远处的云散射的光线穿过的距离比近处的云长,光线被大气吸收削弱变暗。因此,这些云会比它们本来的色调暗,因距离角度的关系,云好像变厚了。

2. 云量

云量是指云占全部天空的成数。因此,当天空被障碍物(如山、高楼等)遮蔽时,云量应从未遮蔽的天空部分中估计。云量观测包括总云量和低云量,两者都按整数记录,记录方法相同。如果全天无云或云量不到天空的 0.5/10 时,总云量为 0。如果天空完全被云遮蔽,记为10;如果此时,从云隙中可见蓝天,则记10-。如果云占全天的1/10,总云量记为1,依次类推。

在云量的目测中,需要特别注意远处水平线附近的云。例如,本来分离的两个云体,会因距离和视角的关系,会误判为两个云体相连或它们之间的距离缝隙变小。因此,水平线附近的云量有可能被过高估计。

在天气预报中,一般是云量小于1时,预报晴朗天气;云量在1~5时,少云天气;云量在6~9时,多云;云量大于9时,则为阴天。

3. 云高

云高指云底距测站的垂直距离,以米(m)为单位,取整数记录,同时在记录数值前加注十个云属和Fc、Fs及Fn三个云类。云高观测有估测云高和实测云高,当然,要尽量实测准确。

估测云高是根据云状、地物或经验公式进行估计。目测云高是过去许多台站使用的方法,有较大误差,需经常总结经验提高水平。主要是通过判定云状,结合当地实际情况进行目测估计。利用已知地物高度估计云高的方法,是预先掌握测站附近高大建筑物(如山、塔楼等)顶部或其他明显部位的高度,当云底接触目标物或遮蔽其部分时,即可估测云高。利用经验公式

$$h = 125 \cdot (t - t_d)(\text{m}) \tag{4.3.1}$$

可估计积云、积雨云的云高 h。其中 t 和 t_d(单位均为℃)为当时地面台站测得的气温和露点温度。根据与利用激光测云仪获得的实测云高的对比,这个方法在一定条件下可以达到较高的精度。

现在常用的实测云高方法,是利用激光测云仪来测云高。激光测云仪由发射、接收器和电子计时器组成。发射器发射一束激光脉冲,被云层云滴散射后,其后向散射部分由接收器接收。整个过程通过电子计时器记下时间 t。仪器和目标云层之间的距离为

$$s = \frac{1}{2}ct \tag{4.3.2}$$

式中,c 为光速。然后由测云仪的仰角读数 α,可以求得云底高度 h(如图4.3)

$$h = s \cdot \sin\alpha \tag{4.3.3}$$

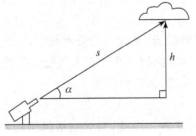

图 4.3 激光测云仪测量云高原理

其他实测云高的方法还有利用云幕灯测云高(见习题7)和云幕球测云高。云幕球实际是一个已知升速的氢气球,通过观测其从地面释放到进入云底(气球开始模糊即可)的时间,与气球升速相乘即可得到云底高度。

4.3.2 卫星对云的观测

自1960年4月1日美国发射第一颗气象卫星以来,世界各国已发射了160余颗气象卫星,气象卫星已是探测和研究大气及地球环境的一个强有力工具。气象卫星的观测不同于常规的地面气象观测,主要特点是从空间自上而下、连续不停地进行全球范围的观测。因此,卫星是先看到高云,再看到中低云,然后看到地表,看到的云也是云顶的状态,这是与地面观测完全不同的。另外,卫星观测范围大,广大视野的云尽收"眼"底,这也是地面台站测云无法比拟的。卫星传回地面的图像上显示云的特征,因此也称为云图。

1. 气象卫星种类

卫星绕地心运动的轨道主要由三个参数决定,即轨道倾角、高度和周期。其中轨道倾角是卫星轨道平面和赤道平面的夹角。如果倾角为零度,卫星在35 800 km的高度,以与地球自转相同的周期自西向东运行,这种卫星就是地球静止卫星。如果卫星轨道倾角接近90°,卫星观测范围接近极地,高度600~1500 km,周期约为100 min,这种卫星就是近极地轨道卫星(极轨卫星)。业务极轨卫星的轨道使用的是太阳同步轨道,在这条轨道上运行的卫星总是每天在同一地方时过赤道,这样地面接收站每天总是在同一地方时接收卫星发回的云图数据资料。值得注意的是,因地球自转的关系,极轨卫星轨道平面绕地球自转轴会缓慢转动。目前在业务上使用的卫星云图,大多是静止气象卫星和极轨气象卫星所观测的。

静止卫星适宜观测低纬度,而对于高纬度由于斜视的影响会导致云图变形(类似目测地平线附近的云状和云量),因此它可观测以星下点为中心、60°为半径的固定范围。一天观测次数多(一般为30 min·次$^{-1}$),可通过观测云的运动,获得大气中中小尺度天气的变化。因高度高,在水平分辨率方面不如极轨卫星。

极轨卫星可以实现全球观测,但不同时。适合于观测中高纬度,而对低纬度因不能全部覆盖,观测效果差。一天只能观测两次,适宜观测大尺度天气系统。因轨道高度低,可获得较高的分辨率。

由上可见,静止卫星和极轨卫星的优缺点是互补的,所以在气象业务中,一直应用这两种气象卫星。全球最好由5颗静止卫星,加上两颗极轨卫星(一天4次观测,与地面气象站的4次观测同步),这样可组成世界气象卫星观测网,如图4.4所示是世界气象组织(WMO)规划的观测网。中国的风云(FY)系列静止与极轨气象卫星也在其中。

2. 卫星云图原理

气象卫星上搭载的仪器是通过探测地球和大气的辐射能量来获得图像的,这些辐射包括地球表面、大气和云发射的长波辐射、反射的短波辐射等。不同探测波段得到的云图不

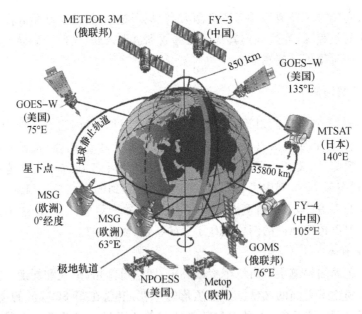

图 4.4 全球卫星监测网

同,卫星云图有如下几种:

(1) 可见光云图,即在可见光波段太阳光反射辐射的图像(波长约为 $0.5\mu m$)。

(2) 长波红外云图(简称红外云图),地球—大气系统在热红外波段发射辐射的图像(波长 $10\sim12\mu m$)。

(3) 水汽云图,水汽在红外波段发射辐射的图像(波长 $6\sim7\mu m$)。

(4) 短波红外云图,太阳辐射和地球辐射重叠区辐射的图像(波长约为 $3.7\mu m$)。

(5) 微波云图,地球—大气系统在微波段发射及散射辐射的图像(波长 $1mm\sim10cm$)。

尽管在业务或科研中,这些云图都或多或少被使用,但只有可见光和红外云图是最常用的。

可见光云图是太阳辐射经地球—大气系统反射后到达卫星所得到的图像,因此图像中的亮度取决于云顶和地表的反射率特征。

通过计算机,云图要处理成与人眼看到的相似,使用明暗不同的黑白色调反映不同等级的反射率。反射率最大的表面为白色,黑色则是反射率最低的表面。因此,在可见光云图上,在较黑的地表背景衬托下,云显示为白色。如果考虑不同云顶组成的云的反射率的差异,可看到冰晶云比水滴组成的云要白。

红外云图是地球—大气系统发射长波(波长 $10\sim12\mu m$)辐射被卫星接收所得到的图像,它实际反映了云顶或地表温度的信息。因此图像的亮度主要取决于云顶或地表的温度。

为了和可见光云图一致,红外云图也是要处理成在黑色的地表背景下,将云显示为明暗等级不同的白色。由于温度随高度降低，最高最冷的云（高云族或积雨云）所发射的红外辐射也最低，因此在云图上显示为最白。云顶温度较高的低云，颜色则显示较暗。这样，可以由红外云图，将不同云顶高度的云根据亮度区分开来。低云云顶温度常接近地表温度，则无法确定低云，这时可以借鉴可见光云图来判识云和地表。

和地面观测云类似，天顶的云看得比较清楚，天边地平线附近的云就不易判断。用卫星测云也有这个缺陷，云图中间部分能比较真实地反映实际情况，到边缘，分辨率降低，云图就发生畸变了。这种状况称为卫星临边效应，可见光云图和红外云图都有，所以在使用卫星云图时一定要注意。

通过云图的动画，可以看到不同高度云的运动，也可区分云和雪，还可将从单一云图上无法区分的层云和雾区别开来。因为，雪和雾保持不动，云一般会不断变化和运动。使用多种云图（例如使用可见光云图和红外云图）数据，通过建立一定的算法，现在已可以判定部分云型，计算云量，甚至已能确定云顶由冰晶还是水滴组成。这属于卫星遥感的范畴，随卫星的出现，大气遥感是大气科学的新兴学科。

尽管与实际地面常规观测仍有一定的差距，但卫星为我们从太空这个角度观测云提供了地面所没有的手段。这个差距主要是卫星分辨率造成的，已经开始实施的地球观测系统（EOS）卫星仪器的分辨率已达到 250 m。相信，随着未来卫星分辨率的不断提高，从卫星上观测云会成为地面常规观测不可缺少的补充。

4.4 云的尺度分布和维数

典型的积状云的水平直径与它们的伸展高度基本相等，例如，淡积云的典型尺度平均约 1 km，而积雨云可以达到 10 km。但并不是每种尺度的云生成的机会均等，在给定时间的某地，空中的云的尺度满足对数分布：

$$f(x) = \frac{\Delta x}{\sqrt{2\pi} \cdot x \cdot s_x} \exp\left[-\frac{1}{2}\left(\frac{\ln(x/l_x)}{s_x}\right)^2\right] \quad (4.4.1)$$

其中 x 是云的尺度（直径或伸展高度），Δx 是小的尺度间隔，$f(x)$ 是尺度在 $x-0.5\Delta x$ 到 $x+0.5\Delta x$ 之间的云的几率，l_x 与地域有关的变量，s_x 是与分布的分散程度有关的变量。

根据以上分布，几乎一样尺度的云较多，相当大或小尺度的云也有，但很少（见图 4.5）。

另外，云是很不规则的，为了描述云的形状，引入分数维的概念。分数维是相对欧德里几何的整数维来说的，后者如直线是一维的，平面是二维的，而空间是三维的，因此分数维可以是连续的实数，是空间被充满程度的量度。例如，一个平面上的折线的分数维介于 1 和 2 之间，因为它介于直线和平面之间；如果再画一直线与此折线交于许多点，这些点的维数就介于 0 和 1 之间了。

考虑云在水平面的投影，这是一个很不规则的投影图样。可以用这个图样的维数来表

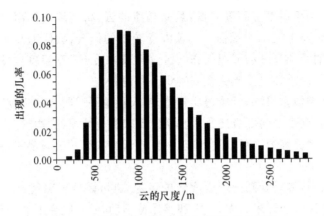

图 4.5 云尺度的对数正态分布(Stull,2000)

征云的分数维数,使用的方法是方块计数,就是先将投影图样放置在一大正方形区域里,然后将此正方形分成 $m \times m$ 个小正方形,数出投影图案的边界线跨越的小正方形个数 n。然后,将小正方形尺度减小,重复以上过程。如果只进行两次计数,用下标 1 和 2 表示,那么云的分数维是

$$D = \frac{\ln n_1 - \ln n_2}{\ln m_1 - \ln m_2} \tag{4.4.2}$$

如果按一次计数计算,分数维是

$$D = \frac{\ln n}{\ln m} \tag{4.4.3}$$

这是分数维的定义式。显然当 $n_1 = m_1 = 1$,从前式可得到后式。

如果进行多次测量计数,在双对数坐标图上标出 (m,n) 这些点,它们组成一条直线,可用统计方法计算直线的斜率,就是分数维,这要比只用一点或两点计算准确。

习 题

1. 云对地球气候有什么作用?设想如果现在地球大气中无云存在,地球环境将如何变化?
2. 云的分类中 4 种基本云型名称和意义是什么?
3. 举出每属云的两个显著特征。
4. 如何区分浓积云与积雨云、高积云和层积云、厚卷层云和薄高层云、卷层云和卷积云?
5. 观测地平线附近云的时候,会出现哪些问题?有没有避免的办法?
6. 在某地面气象站,观测测到午后天空出现积云,此时台站气温为 32℃,露点温度为 28℃,试估计云底高度。
7. 一个垂直观测的探测器离可以旋转的云幕灯 2500 m,在夜间,探测器探测到其上空

云底的云幕灯强光源照射的光点,同时测得云幕灯的仰角是 30°,请确定云高。

8. 用地球静止气象卫星和极轨气象卫星观测大气现象,各有什么优缺点?

9. 卫星红外云图和可见光云图的原理是什么?如何用它们来识别云?你还希望从这些云图上得到云的什么信息?

10. 图中 4.6 中阴影区是云在水平面的投影图像,计算云的分数维。

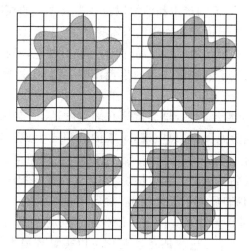

图 4.6 某种云在水平面上的投影图(阴影部分)

第五章 云 的 形 成

长期的观测和实践表明,云的产生和消散以及各类云之间的演变和转化,都是在一定的水汽条件和大气运动的条件下进行的。我们看不见水汽,也看不见大气运动,但从云的生消演变中可以看到水汽和大气运动的一举一动,而水汽和大气运动对雨、雪、冰、雹等天气现象起着极为重要的作用。通过了解和观测云的生消演变,我们可以密切监视天气并预测天气的变化。

例如,住在乡下的人经常注意到,早晨炊烟在轻风吹动下,在靠近地面类似波动一样上下翻腾;上午,太阳升起照射地面,阵风吹起,可观测到积云生成。到了中午,积云不断向上发展,演变为浓积云,午后,这种云很可能发展为造成阵雨、闪电等天气的积雨云,这时候,可以观测到云的顶部出现云砧的形状。到了傍晚,风暴逐渐减弱和消散。

在这一天的变化中,我们见证了云的生成、发展变化和消亡。因地面温度的升高,温度高的气块不断上升凝结,才能形成可见的云。缺少了水汽的补充,云在不断与环境空气的混合中,云滴蒸发,就逐渐消亡了。气块的运动变化可以衡量环境大气的状态,可以用大气静力稳定度来表征。

5.1　基本热力学过程

怅寥廓,问苍茫大地,谁主沉浮?

——毛泽东《沁园春·长沙》

在大气热力学中,常用气块的"沉浮"(即垂直运动)是否稳定来判断环境大气的稳定程度。设想,一个气块,因为扰动或外力强迫原因,离开(上升或下沉)它初始的位置,如果这个气块在大气环境中继续加速运动(上升或下沉),那么这个气块就处于不稳定状态;如果这个气块有回到它起始位置的趋势,这个气块处于稳定状态;如果气块作匀速上升或下沉运动,气块就是中性状态了。因此,可以判断大气环境是稳定、不稳定和中性大气。

在这个问题的处理中,首先需要理解的是气块和环境的概念。环境是处于流体静力平衡状态下的大气环境,而气块是一个具有宏观热力状态的微小气团,不满足流体静力平衡条件,其内部可包含水汽、液态水或固态冰晶。气块模型就是从大气环境中取一体积微小的空气块(或空气微团),作为对实际空气块的近似。气块与环境之间的关系要满足:

(1) 气块垂直运动时不与环境交换质量;

(2) 气块运动过程为绝热过程,不与环境交换能量;

(3) 气块运动足够缓慢,不对环境大气造成扰动,同时其宏观运动动能与总能量相比可以忽略不计;

(4) 每一瞬间,气块内部气压和同一高度的环境气压相同。

尽管这种气块模型是实际大气简单、理想化的近似,但它对于我们了解和分析实际大气中发生的一些物理过程很有帮助。

5.1.1 干绝热过程

如果气块由未饱和湿空气组成,在绝热上升或下沉过程中,其内部的水汽始终未达到饱和,即没有发生相变,这样的过程就是干绝热过程。显然,对由干空气组成的气块来说,其绝热过程就是干绝热过程。干绝热过程是可逆的。

气块的温度 T 随气压 p 的变化可由干绝热方程描述:

$$\frac{T}{T_0} = \left(\frac{p}{p_0}\right)^{0.286} \tag{5.1.1}$$

其中,气块的初态为 (p_0, T_0)。这是绝热过程的泊松(Poisson,1781—1840,法国)方程。

根据这个方程,干绝热气块在上升过程中温度是减小的,用干绝热温度递减率 Γ_d 来描述干绝热升降运动的气块的温度随高度的变化:

$$\Gamma_d = -\frac{\Delta T}{\Delta z} = \frac{g}{c_{pd}} \approx 10\text{℃} \cdot \text{km}^{-1} \tag{5.1.2}$$

其中 g 是重力加速度,$c_{pd} = 1004 \text{ J} \cdot \text{kg}^{-1} \cdot \text{K}^{-1}$,是干空气的定压比热。

干绝热过程中,水汽混合比是个常量,因此随气压的降低,气块中水汽压也在降低,相对应的露点温度随高度降低。气块的露点温度递减率 Γ_{dew} 为

$$\Gamma_{\text{dew}} = -\frac{\Delta T_d}{\Delta z} \approx 2\text{℃} \cdot \text{km}^{-1} \tag{5.1.3}$$

因此,由湿空气组成的气块,在其上升过程中,水汽压的减小比饱和水汽压慢,那么相对湿度就随高度逐渐增大,当增大到100%时,气块就开始达到饱和,这个开始达到饱和的高度就是抬升凝结高度(LCL)或者凝结高度,可以作为积云和积雨云云底高度的近似。达到饱和的过程如图5.1所示。

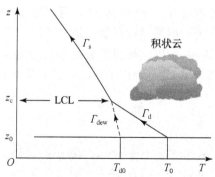

图 5.1 气块达到饱和过程示意图

以上情况发生在我们地球大气中湿空气的情况,通过干绝热上升可以达到饱和。如果能够饱和的气体成分不是水汽,则有可能在下沉过程中达到饱和,即要求气块的温度递减率要小于露点温度递减率。化学中的一些有机物质具有这样的特性,或许在宇宙中的某个星球的大气正是这种有机物质组成,那里的大气就会发生下沉饱和的情况。

另外,有一个量在干绝热过程中是守恒的。寻找守恒量一直是研究者探索的目标,这就如同我们在汹涌大海中去找一个稳定的小岛,或者在熙熙攘攘的人群中去找一张让人安定的笑脸。在干绝热过程中,这个守恒量就是气块上升(或)下沉移动到 1000 hPa 时的温度,称为位温,这是气象学家建立的温度,以 θ 表示[①]。

$$\theta = T\left(\frac{1000}{p}\right)^{0.286} \tag{5.1.4}$$

位温变化与热量收支的关系为

$$\Delta Q = c_{pd} T \frac{\Delta \theta}{\theta} \tag{5.1.5}$$

显然,对干绝热过程,因位温为常量,因此,气块与环境的热量交换为零。但对于实际大气的非绝热过程,可以由位温的变化来判断气块的热量收支。当位温增加时,气块有热量收入;位温降低时,有热量放出。

对于混合充分的大气层结,抬升凝结高度(LCL)可以对对流云云底高度作出精确的估计。假如大气上下完全混合,大气上下就没有热量交换,因而位温是不变的,温度分布最终会趋近于干绝热减温率。这样,从任何高度上升的气块都可以在相同的 LCL 处达到饱和。

5.1.2 湿绝热过程

气块经过干绝热过程达到饱和后,如果饱和气块再继续上升,就是湿绝热过程了,这时,气块内有水的相变。当足够多的凝结水滴(或冰晶)出现时,可见的云就出现了。

如果凝结出的水滴或冰晶不脱离原气块,水分总量不变,凝结释放的潜热又全部保留在气块内部,因此,过程沿相反方向(下沉)进行时,气块的温度递增率与上升时温度的递减率相同,这是可逆过程。实际情况时,凝结物的一部分脱离气块形成降水,这时,其相反过程就回不到原来过程了,这是不可逆过程。不管凝结物是否脱离,气块在上升过程中的温度递减率的差异是很小的,可视为等价。但下沉过程就差别大了。

气块在上升过程中始终饱和,所以气块温度递减率 Γ_s 和露点温度递减率 Γ_{dew} 是一样的。通过分析研究,湿绝热温度递减率 Γ_s 与干绝热温度递减率及饱和混合比垂直分布有关:

$$\Gamma_s = \Gamma_{dew} \simeq \Gamma_d + \frac{l_v}{c_{pd}} \frac{\Delta w_s}{\Delta z} \tag{5.1.6}$$

[①] 关于 θ,亥姆霍兹(Helmholtz,1821—1894,德国)在 1888 年称为 Wärmegehalt(德文),表示气块绝热下降到固定气压的绝对温度,它代表一定质量的总能量。后来,德国气象学家贝措尔德(Bezold,1837—1907)征得亥姆霍兹同意,使用位温这个名词。

式中，l_v 为水的汽化潜热。因饱和混合比随高度减小，所以可知 $\Gamma_s < \Gamma_d$。实际因为凝结潜热释放于气块中，使得气块温度的减小变慢，从而使气块的温度递减率小于干绝热温度递减率。

湿绝热温度递减率在大气中是变化的（见表 5.1）。在对流层下部的暖湿气层中，饱和气块温度下降较慢，Γ_s 值平均约为 $4℃ \cdot km^{-1}$；对流层中部的代表值是 $6 \sim 7℃ \cdot km^{-1}$；在干冷的对流层上部，Γ_s 和 Γ_d 的差别很小，接近于干绝热过程。

19 世纪，大气热力学过程的研究逐步发展起来，其中云形成过程中，气块上升温度随高度的变化是热点之一。1841 年，美国气象学家埃斯皮（Espy，1785—1860），在实验室用测云器（Nephelescope）估计干、湿绝热减温率。1862 年，汤姆孙（Thomson，即开尔文，Kelvin），提出了饱和绝热理论，并用体积作为变量在 1865 年发表，内容晦涩难懂。1864 年，瑞士气象学家 Reye 得到较完善的湿绝热过程表达式，他的工作独立于汤姆孙的工作，几乎给未来理论发展没有留下任何余地。

气块经过干绝热过程达到抬升凝结高度达到饱和，这个高度可以近似为对流云（如积云和积雨云）的云底高度；再向上上升经历湿绝热过程，凝结出大量水滴或冰晶，形成可见的云体。但是，这个对流云如何发展，还要看当时大气的状态，即静力稳定度。

表 5.1　湿绝热减温率/$℃ \cdot km^{-1}$（Ahrens，2003）

p/hPa	$t/℃$				
	-40	-20	0	20	40
1000	9.5	8.6	6.4	4.3	3.0
800	9.4	8.3	6.0	3.9	
600	9.3	7.9	5.4		
400	9.1	7.3			
200	8.6				

5.2　大气静力稳定度

大气静力稳定度，是指处于静力平衡状态的大气中，气块受到外力（动力或热力）因子的扰动，离开原来位置，产生垂直运动；当除去外力后，气块能回到原位、上升或下降的这种趋势。因此，大气稳定度是表示大气层结对气块能否产生对流的一种潜在能力的量度。它并不是表示大气中已经存在有垂直运动，而是用来描述大气层结对于气块运动的影响（加速、减速或等速）。这种影响只有当气块受到外力扰动后，才能表现出来。

5.2.1　静力稳定度的判定和类型

一般情况下，如果在 z 高度上单位质量气块在垂直方向受到的气压梯度力和重力不平衡，那么气块垂直运动速度 w 在一段时间 Δt 内的变化（即加速度）为

$$\frac{\Delta w}{\Delta t} = -\frac{1}{\rho}\frac{\Delta p}{\Delta z} - g \tag{5.2.1}$$

其中 ρ 为气块密度,g 为重力加速度。如果考虑环境处于流体静力平衡状态,且气块气压与环境气压相同,用 T 和 T_e 分别表示气块和环境的温度,则利用流体静力方程和空气状态方程,从(5.2.1)式可得到

$$\frac{\Delta w}{\Delta t} = g\frac{T - T_e}{T_e} \tag{5.2.2}$$

如果探空仪测得环境温度层结曲线(即环境温度随高度的变化曲线),则可以获得环境温度递减率 Γ,如果假设其为常数,并假设气块的垂直减温率为 γ(可以是干、湿绝热减温率之一),从(5.2.2)式就得到

$$\frac{\Delta w}{\Delta t} = g\frac{\Gamma - \gamma}{T_e}\Delta z \tag{5.2.3}$$

因此,据(5.2.3)式分析气块的运动,可知干空气或未饱和湿空气的稳定度判据为

$\Gamma < \Gamma_d$　　稳定;

$\Gamma = \Gamma_d$　　中性;

$\Gamma > \Gamma_d$　　不稳定。

对饱和湿空气的稳定度判据为

$\Gamma < \Gamma_s$　　稳定;

$\Gamma = \Gamma_s$　　中性;

$\Gamma > \Gamma_s$　　不稳定。

在实际工作中,可以利用点绘在大气热力图①上的层结曲线 Γ 与状态曲线(Γ_d 或 Γ_s)的比较,来判断稳定度。典型的热力图如 T-$\ln p$ 图,它的横坐标为温度 T,纵坐标为气压对数 $\ln p$,纵坐标大致正比于高度 z,这种图称为温度对数压力图,或埃玛图(Emagram)②。图 5.2 分别表示稳定、中性和不稳定的三种大气环境。

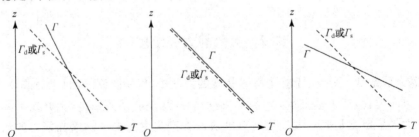

图 5.2 在热力图上,通过环境层结曲线 Γ 与状态曲线(Γ_d 或 Γ_s)的比较判断大气静力稳定度
(a) $\Gamma < \Gamma_d$(或 $\Gamma < \Gamma_s$)　(b) $\Gamma = \Gamma_d$(或 $\Gamma = \Gamma_s$)　(c) $\Gamma > \Gamma_d$(或 $\Gamma > \Gamma_s$)

---

① 1884 年,赫兹(Hertz,1857—1894,德国)因为与他的导师亥姆霍兹有关的流体动力学研究的关系,开发了热力学图,目的是为了减少繁杂的热力学变量的计算。这种图与今天使用的图相比,在总的特性上没有显著变化。以此为起点,许多热力图被开发出来。

② Energy per unit mass diagram 的缩写,意思为"单位质量的能量图"。

综合干空气(或未饱和湿空气)和饱和湿空气的稳定度判据,可以把大气静力稳定度判据归纳为以下 5 种情况(图 5.3):

(1) $\Gamma<\Gamma_s$,"绝对稳定",对于未饱和和饱和湿空气都是稳定的;
(2) $\Gamma=\Gamma_s$,对未饱和空气是稳定的,对饱和湿空气是中性;
(3) $\Gamma_s<\Gamma<\Gamma_d$,"条件性不稳定",对未饱和空气是稳定的,对饱和湿空气是不稳定的;
(4) $\Gamma=\Gamma_d$,对未饱和湿空气为中性,对饱和湿空气为不稳定;
(5) $\Gamma>\Gamma_d$,"绝对不稳定",对于未饱和和饱和湿空气都是不稳定的。

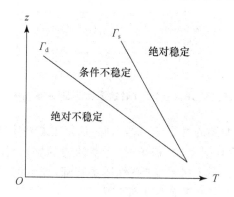

图 5.3　大气静力稳定度类型

实际大气中,$\Gamma>\Gamma_d$ 的绝对不稳定情况很少出现,一般只出现在晴朗白天近地面气层;$\Gamma<\Gamma_s$ 的绝对稳定情况一般出现在晴朗的夜间;大多数情况属于条件性不稳定。对于条件性不稳定,如果存在局地的强对流或动力因子的强烈抬升作用,使空气上升达到凝结高度(LCL)以上,那么条件性不稳定就变成真正的不稳定,往往会造成局地性的雷雨天气。

5.2.2　稳定大气

在稳定大气环境中,大气会限制气块的上升运动。如果气块被强迫上升,它就会向水平扩展。如果这时有云生成,云就会向水平方向扩展。卷层云、高层云、雨层云和层云可在稳定大气中形成。

当环境温度递减率小的时候,会出现稳定大气情况,这个时候要求地面与上层大气的空气温度差异要小。即表面附近空气要冷却降温,上层大气要温度变高。夜间表面辐射冷却、冷空气被风吹来(冷平流)或空气经过冷表面等几种情况,都可以使表面附近空气冷却降温。上层大气吸收辐射增温或暖空气流入(暖平流)等情况,可以使上层大气的温度变高。这样可形成一个稳定大气。

当大气中出现大范围的空气层下沉运动时(事实上,这种情况常发生,上升也一样,是由于天气系统引起的,例如高、低压天气系统),整层气层的位置变化会导致大气温度递减率的变化。如果不饱和气层大面积下沉,由于大气重力垂直压缩,上层加热多,可能造成逆温(即下沉逆温)(图 5.4),这种现象经常在大的高压系统中看到,这样大气变的更加稳定。

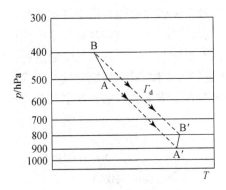

图 5.4 未饱和气层(AB)整层下沉时的下沉逆温($A'B'$),大气变的更加稳定

逆温层是温度随高度增加的气层,$\Gamma<0$,因此,这是绝对稳定的气层,它对上下空气的对流起着抑制作用,就如同垂直运动的"盖子"。低空的逆温层,会使悬浮在大气中的烟尘、杂质及有害气体都难以穿过它向上扩散,使空气质量下降,能见度恶化。如果出现下沉逆温,就要发出污染警报。世界上一些严重的大气污染事件(如洛杉矶光化学烟雾)多和逆温层的存在有关。在研究大气的污染扩散问题时,常需测定逆温层的高度、厚度以及出现和消失的时间。

5.2.3 不稳定大气

绝对不稳定大气很少存在,经常在晴热的夏天,由于太阳辐射加热,地表温度逐渐升高,近地层附近(几米)的温度递减率 $\Gamma>\Gamma_d$,这时这个绝对不稳定气层也叫超绝热气层。绝对不稳定气层的温度递减率很少大于 34℃·km^{-1},否则,空气密度将随高度而增加,这将导致大气不稳定而自动发生对流,因此,$\Gamma=34$℃·km^{-1} 称为自动对流减温率。不过,除非在有激烈地面增温的贴地气层,实际大气是很少能达到这个减温率的。

不稳定大气会促进气块向上运动,垂直运动得到增强,因此,具有垂直发展特征的积状云会形成,当不稳定气层很深厚时,则有可能继续发展成体积庞大的积雨云。

当环境温度递减率大的时候,会出现不稳定大气情况,这个时候要求地面与上层大气的空气温度差异要大。即表面附近空气要温度变高,上层大气要冷却降温。白天太阳辐射加热地表、暖平流被风带入(暖平流)或空气经过暖表面等几种情况,都可以使表面附近空气温度升高。上层大气(或云)向外太空辐射冷却降温或冷空气流入(冷平流)等情况,可以使上层大气的温度变低。二者结合,可出现一个增大了的减温率和不稳定大气。

当大气中出现大范围的未饱和空气层抬升运动时,因为在上升气层垂直扩展,导致顶层降温快,减温率变大,绝对稳定的气层会变为条件不稳定性气层(类似图 5.4 的情况,只是气层抬升)。

实际上,大气中水汽主要来源于地表,因此,常出现低层湿度大而高层干燥的情况,这时大范围气层被抬升时,往往下部先达到饱和。原来稳定的未饱和气层,由于整层被抬升到一定高度以上而变为不稳定的气层(相对于湿绝热减温率),称为对流不稳定(见图5.5)。对流性不稳定的气层会形成积状云(对流云),甚至产生对流性降水。

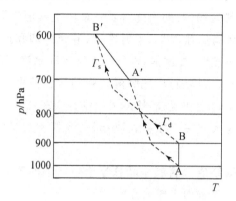

图5.5 整层(AB)抬升时出现的对流不稳定($A'B'$)

对流性不稳定是一种潜在的不稳定,就是说,当时的气层是稳定的,需要依赖外加抬升力作为"触发机制",潜在的不稳定性才能转化成真实的不稳定。对流性不稳定的实现要求有大范围的抬升运动,因此要有天气系统(如锋面)的配合或大地形的作用,造成的对流性天气往往比较强烈,范围也大。前述的条件性不稳定也是一种潜在的不稳定,它只要有局地的热对流或动力因子对空气进行抬升即可,因而往往造成局地性的雷雨天气。

综上所述,如果考虑 Γ_s 变化不大,大气稳定度的变化就取决于大气环境温度递减率 Γ。大气稳定度的变化引起的因素主要有:温度日变化、空气的水平运动(平流)和空气的垂直运动(整层抬升或下沉)等。

因为温度的日变化,在一天中大气稳定度是变化的。早晨,因夜间辐射导致的逆温,烟霾靠近地面,大气是稳定层结;太阳出来后,地面开始吸收太阳辐射,低层大气温度逐渐升高,这样低层变得不稳定;最大不稳定产生在一天中最热的时候。

另外,理想气块与实际还是有出入。需要考虑夹卷过程,就是指气块在上升过程中,环境空气会从侧向卷入与气块混合。当然,气块中也会流出一些空气。夹卷作用会影响上升气流的温度、湿度等状态变化,使得饱和湿空气的温度递减率将大于湿绝热温度递减率,从而影响到层结稳定度。因为,卷入的环境空气一般为冷而干的空气,使得气块随高度降温更多。夹卷作用使气层的不稳定度减小,从而也影响对流云(积云和积雨云)的发展。

5.3 云的生成与演变

和形成贴地的雾一样，形成于空中的云也是水汽凝结而成的。在形成云的过程中，必须存在着充分的水汽和使水汽得以凝聚的条件，二者缺一不可。

充分的水汽并使之达到饱和，有两个途径：一是使空气温度降低，即降低饱和水汽压；二是使水汽含量增多。前者有膨胀冷却、辐射冷却、混合冷却和接触冷却等过程，如果成云滴的微粒的饱和水汽压相对较低，如冰晶，也可使大气饱和水汽压降低。后者包括直接增加水汽，如从地表直接蒸发水汽增加；出现吸湿性强的微粒使得水汽聚集于其周围，使得局部的水汽含量达到饱和甚至过饱和（虽然整体水汽没有增多）。

使水汽凝聚的条件就是大气中必须存在凝结核，大气中大量的烟粒、尘埃、灰粒和盐粒等都可以充当凝结核。

既然云是大气中水汽凝结成水滴或冰晶悬浮于空气中的现象，那么大气是如何完成从水汽凝结成水滴或冰晶这一过程而生成云呢？

5.3.1 云的生成

实际上，根据前面热力学过程的分析，因为大气的运动，云主要是由于空气上升，绝热冷却，水汽凝结或凝华形成的。主要过程叙述如下。

（1）对流运动：由地表受热不均匀和大气层结不稳定而引起。有些地面对太阳辐射吸收强烈，在这些地面上面空气层结就变得很不稳定，就有一个个的热对流泡不断上冲。这些对流泡到达凝结高度（LCL），就凝结成水平范围不大，但垂直发展较大的积状云。凝结高度以上空气的稳定度对积状云的垂直发展起很大作用（见图5.6）。随高层大气稳定度的变化，淡积云会发展为有翻腾的花椰菜状的浓积云，浓积云会发展成积雨云。很少有云能扩展到对流层顶，因为中层很稳定，因此一到对流层顶，云就停止垂直发展，而向水平扩展，上部的低温产生冰晶，在中纬度，对流层顶附近的强风把冰晶吹向水平方向，产生一个砧状结构的积雨云云顶。

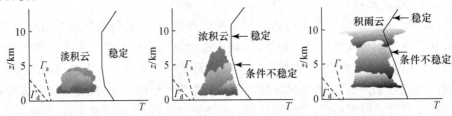

图5.6 凝结高度以上稳定度的变化与积状云的生成（Ahrens, 2003）

(2) 地形抬升：暖湿空气沿山地爬升，可形成地形云。如果大气处于不稳定状态，则可生成对流云，因此山地常常是对流云的源地。在迎风面成云降水后，气流过山就变得比较干燥而且热，因此背风面很少降水，称为雨影(rain shadow)。沿背风面吹下的风就是焚风，可造成背风面的干旱和火灾。如果爬山气流的水汽并不很充分，可在山颠出现小块的旗云。

某些情况下，背风面也能成云。如果大气稳定，气流过山后沿一系列波运动，气流上升的波峰处即可形成波状云，有豆荚的形状，称为荚状云。山上形成的这种荚状云称地形波云，山下风向形成的云叫背风波云。如果山脉绵延较长，在山的背风面上空会出现位置固定、平行于山脉走向的多条云带，蔚为壮观。南宋戴复古(1167—约1248)《舟中》所写的，

    云为山态度，水借月精神。

形象地描述了云与山的相互衬托关系，山因云而缥缈多姿，云因山而神采飞扬。

在背风面波峰的下面，因气流切变，常有大的涡旋存在，可以出现滚轴云(rotor cloud)，在背风面这个邻近区域飞机飞行很危险。

(3) 辐合抬升：在诸如低压系统里，空气在低压区辐合，然后只能向上抬升，向上垂直气流不是很强，只要有合适的水汽条件，就可以产生大范围的层状云系。但如果辐合抬升发生在对流不稳定气层的辐合带中，这时会形成范围较大的对流云系，排列成带，产生雷暴、冰雹和龙卷等强烈天气，天气学上称其为飑线。

(4) 锋面抬升：冷暖气团相遇，其交界面就是锋面(两侧具有不同温度和密度)。在暖锋面，暖空气在冷空气上缓慢爬升，自上而下可以生成卷云、卷层云、高层云和雨层云等。冷锋云系取决于冷锋坡度、运行快慢和大气稳定度。第一型冷锋推进速度慢、坡度小，暖空气沿锋面被动上滑，形成的云系与暖锋云系近似，只是先后次序相反。第二型冷锋移动速度快，坡度大，锋前暖空气被强迫激烈抬升，可发展出积雨云(见图5.7)。

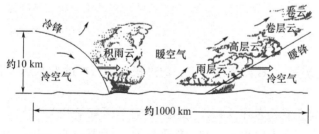

图 5.7 锋面云系垂直剖面图(盛裴轩等，2005)

(5) 辐射冷却：主要发生在晚上，包含水汽和杂质等的空气不断向外辐射而损失热量，杂质是很好的辐射体。这样空气就会辐射冷却，因而使空气温度下降，就使空气中水汽含量达到饱和状态而凝结成云。如果此时环境温度递减率小，层结稳定，而且夜晚稳定层较低，那么潮湿空气就会在较低的高度上凝结成层状云。这种云维持时间不会太久，一般在太阳

出来后,地面迅速增温,破坏了稳定层,部分云层会抬升并发生破裂,部分因水滴蒸发而使云消散。抬升的云层也会由于温度升高而消散。

(6) 混合成云:温度和湿度不同的未饱和空气发生混合,混合后在一定条件下可达到饱和而形成云(见图 5.8)。飞机的尾迹云是空气水平混合凝结成云的一个典型例子。例如,飞机在 200 hPa 高度飞行,其喷出的尾气温度高达 600 K,尾气中的水汽压约为 4 hPa。这种尾气与低于 $-47℃$ 的干冷环境空气混合,就会发生饱和形成凝结尾迹云。另外一种情况是空气的垂直混合,充分混合的近地面层(混合层)顶部是逆温,逆温层底部因增湿、降温,可能出现凝结而成云。但是,形成云层与否要看初始湿度垂直分布,如果混合层湿度较大,并且混合充分,往往可以发生凝结,有利于层云或层积云的形成。如果地面不断加热,上升热气泡会深入稳定区域,层积云变成积云或浓积云。

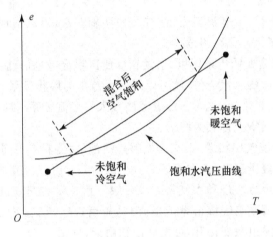

图 5.8 混合成云的过程

5.3.2 云的演变

每种云都会经历诞生、成熟和最后消亡的过程,此外,在适当的条件下,一种云可以演变为其他类别的云。

一些情况下,高云当云底降低,云层变厚时,它就可能演变为中云。例如卷层云会演变为中层云,卷积云会演变为中积云。中云如高层云,当云底降低云层增厚会演变为雨层云或层云;而高积云则可能变为层积云。高大的积雨云在消亡时,上部可能变为卷云和卷层云,中部可能变为高层云,而底部部分则可能消失,也可平展开演变为层积云。

当低云因对流作用被抬高,也会向高的云演变。例如,层云可以因对流作用失去其层状结构而变为层积云,也可以抬升成为高层云或卷层云。

除了在高中低云族之间的演变外,同族云之间也可以互相转化。例如,在一定条件下,高层云的云顶辐射变冷,而云底吸收下面的红外辐射,使云层变成条件不稳定,于是对流会产生块状的云个体，上升部分形成云，下沉出现晴空。高层云会变为高积云。卷层云变为卷积云，层云变为层积云的过程与此类似。

有时，高积云呈现垂直发展，形成一个个凸起的小云塔，像漂浮的城堡，叫堡状高积云。这是由于云中的上升气流伸入云上的条件不稳定气层，而上升浮力来自云中凝结过程的潜热释放。这个过程也可在层积云中产生，成堡状层积云。堡状高积云出现的时候，显示对流层中层变得更不稳定。这种不稳定预示对流阵雨活动。因此，上午如果天空布满堡状高积云，下午就会出现阵雨，甚至雷暴。故有"天上城堡云，大雨快来临"的民间谚语。

云街是由许多对流单体（例如：积云）按低层风向重新排列成许多列的云的型态，云顶高度比较一致。吹过云层的风要相对稳定，也就是说在云层中，风向的垂直风切变要小，但风速的垂直切变相对要大，才能使得云块重新排列，这样对流单体的水平轴与风向一致，并以行排列。

卡曼（Karman）涡街，是一种特殊的云街现象。强逆温层下的层积云或层云覆盖着广大海洋面，低层持续着稳定的相对较强的风，当岛屿上高山一类的高耸障碍物挡住这些云时，岛屿周围的气流形成旋涡，旋涡云顺风而动，场面十分壮观（见图 5.9）。

图 5.9　卡曼涡街（Ahrens，2003）

总之，云的演变过程暗示着天气系统的移动变化，在观测中注意云的演变所联系的天气形势，也就可以看出天气变化的大概趋势。

5.3.3　云的消散

由于夹卷作用，未饱和环境空气和云中饱和空气混合，混合后因不再饱和导致蒸发，从而云逐渐消散。夹卷作用使得大气的不稳定度降低，从而也消弱了形成云的对流运动。对于积云来说，夹卷作用会削弱它的发展，更是主要的破坏机制。

当云中粒子大到一定程度,上升气流就不能托住它。于是,这些粒子以降水形式落下,云因失去云中大部分粒子而随之逐渐消散。夹卷导致的蒸发冷却降温和下落粒子导致的下沉气流,也在阻止上升气流供应水汽,消弱云的发展。积云顶部的长波辐射冷却,促使空气下沉,也消弱云的发展。

因为层状云水平扩展大,对流弱,夹卷作用对其影响效果小。但是,云底辐射加热和云顶的辐射降温,破坏了层状云的稳定,激发了上部干空气的夹卷作用并使云消散。辐射加热也使得云内温度高于露点温度,使得层云破裂并消散。与地表受热的日变化相联系的云的形成和消亡机制,使得云的世界五彩缤纷。

5.4 看云识天气

我国历史久远,各地天气差异不同,人们在生产实践中积累了丰富的看云识天气的谚语,关于云的谚语有数千条(见严光华等著《气象与谚语》),可以说是世界之冠。这些谚语从云出现的时间、云的方向和位置、云的演变、云的形状、云的颜色和亮度等各个方面,总结了其与天气的关系。以现在科学的眼光,这些谚语应该在认真研究后,才可推广使用。

看云的形状,如"天上鱼鳞云,地下晒死人",这"鱼鳞云"就是卷积云或高积云,而"鱼鳞天"单指卷积云。这些云产生在空气稳定的时候,由大气的波状运动造成。天气晴朗,预示好天气。但如果云量增加,并伴有卷层云或高层云,则表示锋面系统未来影响本地,预示着坏天气。

看云的颜色,如"天上灰布悬,细雨定连绵",这"灰布"是暗灰色的层状云,即雨层云。当从北方的冷空气和从海洋吹来的暖湿空气相遇时,形成的锋面云系中会有范围较宽广的雨层云,这时多降连绵细雨。当如果这种云很低,上部又伸展较高,整个云层会非常厚,这种情况下,也能降持续性的较大的雨。

看云的位置,如"早上云如山,黄昏雨涟涟"。就是,如果夏日早晨东方出现乌云,当天将会刮风下雨。因为早晨空气一般稳定,但如果早晨就出现乌云,说明在早晨空气就不稳定了。到了中午前后,空气对流最旺盛,水汽持续上升,空气就更不稳定了,于是就成云致雨。对流特别强烈时,也有可能形成积雨云,出现强的阵雨并伴有大风天气。

另外,有天气预兆的云在演变过程中,往往具有一定的连续性、季节性和地方性。当天空中的云按照卷云、卷层云、高层云、雨层云这样的次序从远处连续移来,而且逐渐由少变多,由高变低,由薄变厚时,就预兆很快会有阴雨天气到来,这是暖锋移来的天气状况;相反,如果云由低变高、由厚变薄、由成层而崩裂为零散状的云时,就不会有阴雨天气。在暖季早晨,天空如出现底平、顶凸、孤立的云块(淡积云),或移动较快的白色碎云(碎积云),表明中低空气层比较稳定,天气晴好。

表5.2列举了通过观测一些云状,对天气的经验预报。但必须注意,天气变化具有季节

性和地域性,因此,这些看云识天气的经验,需要在实践中验证后使用。

表 5.2 从云状辨识天气情况

云状	天气情况
卷云	多为晴天,如果卷层云或高层云出现,预示锋面系统来临,天气变坏
卷层云	未来如果云量增加会有降水;如云量减少,天气变晴
卷积云和高积云	如云量增多,12~24小时内降水,伴有卷层云和高层云
积雨云	阵雨、雷雨即将来临
积云	晴好天气
层积云	没有降水,阴天或慢慢转晴
层云	本身不带有降水,如夜晚成雾可能变晴;否则为多云天气
悬球状云	悬球状云常在积雨云底部。将出现强雷雨,如果有旋转情况,会出现龙卷风
飞机尾迹	天气晴好,如果有增多的卷云或卷层云,天气会变坏

习　题

1. 证明在干绝热过程中,露点温度随高度增加是减小的。

2. 证明在绝热过程中,形成的对流云云底高度为 $h = \dfrac{T_0 - T_{d0}}{8}$ (km),云底的温度(称为饱和温度)为 $T_{\mathrm{LCL}} = \dfrac{5 T_{d0} - T_0}{4}$,其中 T_0、T_{d0} 为地面观测的气温和露点温度。

3. 自由对流高度是在气块从地面绝热上升后,气块的温度再一次等于环境温度时的高度,在此高度以上,气块的温度将大于环境的温度,因而气块可以自由向上运动。如果已知气块的抬升凝结高度为 z_c,环境大气的温度递减率为 Γ,其中 $\Gamma_s < \Gamma < \Gamma_d$,$\Gamma_s$ 和 Γ 为常数。证明气块的自由对流高度 z_f 可表示为 $z_f = z_c \dfrac{\Gamma_d - \Gamma_s}{\Gamma - \Gamma_s}$。

4. 有一未饱和湿气团经过一高度为 3 km 的山,在山脚湿气团的气温是 20℃,露点温度是 12℃。已知 $\Gamma_s = 6℃ \cdot \mathrm{km}^{-1}$,大气环境温度递减率为 8℃ $\cdot \mathrm{km}^{-1}$。

(1) 湿气团上升形成云,云底高度是多少?

(2) 在山顶处,湿气团和环境的温度是多少?

(3) 大气的静力稳定度如何?

(4) 如果在山的迎风坡,空气中凝结的水全部降落,求在山的背风坡与迎风坡山脚相同高度处的温度和露点。

5. 在夏日陆地上无云的日子,请定性描述一下从日出后 24 小时内地面附近大气稳定度的变化。

6. 以干空气为例,根据(5.2.2)式和(5.2.3)式讨论为什么会出现大气稳定、中性和不稳定情况?

大气概论

7. 画图说明飞机尾迹云的形成原因。
8. 空气下沉能成云吗？需要什么条件？
9. 冷的空气团移到温暖水面上，可能会出现什么类型的云？
10. 收集至少3条看云识天气的气象谚语，并解释谚语的依据。

第六章 降 水

人类的生活离不开降水,它不仅给我们甘霖般的恩惠,而且也给我们造成许多困扰。我们常常认为降水和它的影响只是一个转瞬即逝的事件。然而,有时几分钟的瓢泼大雨可以引发持续时间一小时左右的洪水灾害,有时在适当环境下出现的特大暴雨则可能导致比一般降水灾害大得多的影响。

过往的多少个世纪,人类似乎一直受到老天爷的摆布。中国神话传说中的司雨之神"龙王",主管着人间的降水大事;西方圣经上记载有上帝降水造成人间毁灭性大洪水的事情。直到近代科学技术的发展,人类逐渐认识到降水并不是掌握在神和上帝手中,而是可以掌握在人类自己手中的。

降水是从天空降落到地面上的液态或固态(经融化后)的水。降水来自天空这个巨大的舞台,它来自天空变幻多姿的云彩。南朝梁·周兴嗣《千字文》中的"云腾致雨,露结为霜",道出了致雨的原因。严格来说,有云不一定有降水。从前面几章知道,云是由凝结生成的。因此,靠单一凝结是不能产生降水的。不仅由云变雨是一个复杂的物理过程,而且一个降水粒子从生长到落到地面,也是一个历经起落、锤炼并从严酷环境中脱颖而出的故事。

6.1 降水理论

降水粒子比云滴大很多,一个典型雨滴的半径($1000\,\mu m$)是典型云滴($10\,\mu m$)的100倍,因此,一个惊人的事实是,这样的一个雨滴所容纳的水,相当于百万个典型云滴。那么这么大的雨滴又是如何形成的呢?

首先的问题是,初始的云滴和冰晶是如何产生的?它们不能由原来的相态(水汽、过冷水滴)连续演变过来,而是首先在原来的相态中生成新相胚胎或存在有凝结核或冰核,这就是核化过程。然后在适宜条件下,通过凝结或凝华过程再长大成为新相的粒子。

6.1.1 暖云降水

暖云是云体温度高于 0℃的云,所以暖云是由水滴组成的。在暖云中,云滴增大成长为雨滴最后形成降雨,主要是通过云滴的凝结增长和碰并过程实现的。

1. 液滴的曲率效应和溶质效应

已经知道,形成云滴时,空气中必须有凝结核。凝结核有吸湿性核和非吸湿性核,当吸湿性核存在时,即使环境相对湿度低于100%,也能在核上水汽凝结成长为云滴。

当云滴生成后,如果继续维持它的存在,则云滴上水汽的蒸发和凝结速率必须相等,这时云滴大小不变,云滴所处环境的饱和水汽压因而也叫平衡水汽压。如果云滴的水汽凝结速率大于云滴蒸发,那么云滴就可以继续长大成为雨滴。

对于球形云滴来说,要维持它的存在,需要比平水面上饱和水汽更多的水汽,即需要更高的平衡水汽压。因为,水汽压的大小决定于液面分子之间的相互作用力。对球状曲面,一个表面将要蒸发出去的分子,与水平液面相比,要受较少的相邻分子作用,因此,分子易于蒸发出去,于是云滴周围水汽含量就多,水汽压也较高。这样大水滴的饱和水汽压非常类似平坦水面,而非常小的水滴的饱和水汽压比平坦水面高许多。这种平衡水汽压与曲率的关系称为曲率效应。对于纯水滴来说,水汽不能同各种大小水滴同时平衡。因此,小水滴将被逐渐蒸发掉,而大水滴上则发生凝结增大。

云滴的饱和水汽压高于水平液面的饱和水汽压,因此,云滴要想与环境达到平衡状态,环境的相对湿度必须大于100%,即环境要保持过饱和状态。从上分析,云滴越小,需要云中环境的过饱和条件就越高(见图6.1a)。

实际上,因为环境中吸湿性凝结核的存在,即使相对湿度小于100%,这些核也能吸收水汽发生凝结成为溶液滴。这些核则溶解成为离子,这些溶液中的离子对水分子有吸附力,因此降低了溶液滴的平衡水汽压,这个作用称为溶质效应。图6.1b就说明盐溶液浓度变化时,其平衡水汽压对应的相对湿度小于100%。结果是当相对湿度小于100%时,溶液滴也会处于饱和环境中,发生凝结。当相对湿度增大,凝结速率也加快,云滴就长大。

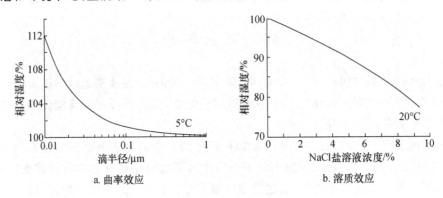

图 6.1 水滴和盐溶液饱和时的相对湿度

图6.2是曲率效应和溶质效应共同作用时,液滴直径随饱和比的变化曲线,这样的曲线称为寇拉(Köhler,1888—1982,瑞典)曲线。图中A点表示溶液滴与环境平衡,这是一个稳定态,如霾,水汽高时能见度差,小盐粒长成液滴。如果盐粒被带到高饱和比环境(水平虚线),它只能凝结到B点。如果继续增大,则需要更高的饱和比环境。如果到C点,水汽足够供应,液滴将一直增大,不会稳定,形成云滴甚至雨滴。

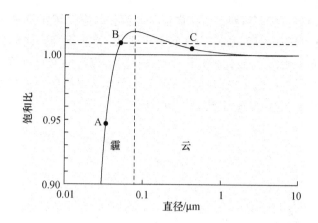

图 6.2 液滴直径随饱和比的变化曲线
饱和比指液滴表面的饱和水汽压和平液面的饱和水汽压之比(Bohren 等,1998)

英国科学家凯尔文研究了水滴的饱和水汽压与曲率的关系,因此曲率效应也称凯尔文效应。法国化学教授拉乌尔从实验中得到了溶液的饱和水汽压的拉乌尔定律,后来,寇拉将二者结合使用,研究了液滴尺度与环境饱和比的关系,得到了寇拉曲线。

2. 凝结增长

凝结增长过程实际上是一个扩散过程,水汽分子在空气中随机运动,并向水汽含量少的方向扩散。在过饱和环境中,溶液滴从邻近环境中不断凝结吸收水汽。这样,造成滴附近的水汽量降低,形成了一个水汽向溶液滴扩散的湿度梯度。

在滴的增大过程中,不仅有水汽通过环境空气向滴扩散,而且凝结过程中释放的潜热必须从滴周围传导出去。如果热量传不出去,云滴就会变热阻碍凝结,云滴也就不再增大。

小滴比大滴会造成更大的湿度梯度,因此小滴比大滴靠扩散增长快。这样,小滴在增大过程中就逐渐接近大滴。结果就是大多数雨滴具有一样的半径,这与实际降雨有不同雨滴半径是有差异的。另外,通过扩散过程,用 5 分钟时间能生成 5 μm 的滴,需要近两个小时才能产生 30 μm 大小的滴(见图 6.3),需要很多天才能生成 2000 μm 的雨滴。这与我们夏天观测到的从形成到降雨不到 1 小时的时间是不相符的。因此,从雨滴大小分布和雨滴形成时间来看,凝结(扩散)过程不是雨形成的唯一物理过程。

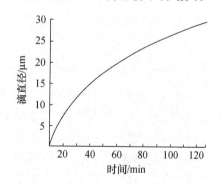

图 6.3 随时间增加,液滴直径增大的关系图

3. 碰并过程

暖云中云滴碰撞与并合(碰并)是致雨的重要过程,这种碰并过程也叫重力碰并,是因为重力作用而形成的。

在重力作用下,粒子的下落速度不断增加,与此同时,空气阻力随速度的增加也随之增大,重力和阻力很快达到平衡后,粒子的速度不再增大,匀速下降。此时的下降速度就是粒子的极限速度。图 6.4 给出了在 1013 hPa、20 ℃条件下,测定的静止空气中不同代表性粒子的下落极限速度与粒子尺度的关系曲线。表 6.1 是图 6.4 对应的不同代表性粒子的下落极限速度。对非静止空气,它为相对于气流的相对速度。

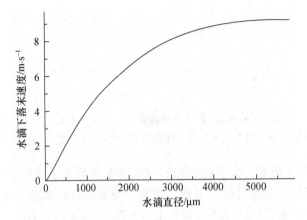

图 6.4 水滴下落极限速度与水滴尺度(直径)的关系

表 6.1 静止空气中单个粒子的下落的极限速度(1013 hPa,20 ℃)

直径/μm	速度 /(m·s^{-1})	粒子类型
0.2	0.0000001	凝结核
20	0.012	典型云滴
200	0.71	大云滴或毛毛雨滴
1000	4.03	小雨滴
2000	6.49	典型雨滴
5000	9.09	大雨滴

可见,粒子越大,速度越快。结果是不同的粒子有不一样的速度,一些就会发生碰撞。因此,碰撞的一方必须是大滴,这些大滴可由大凝结核生成,或随机碰撞生成。大滴在下落路上与小滴碰撞后合为一体,叫并合。这些碰并后的粒子更重,下落也越快,因此也碰并更多的粒子。这种碰并过程会导致雨滴快速增大形成降雨。

云中含水量的多少,对碰并增长影响最大。液态水含量越大,则云中的小水滴越多,这样大滴下落碰并小水滴就越多,雨滴增大就快。

并不是所有的碰撞能够产生并合。两个液滴碰撞,有时小滴会被弹开。因为小滴表面张力大,大小滴相碰,破坏不了小滴表面张力,小滴就继续维持,也就不能并合。如果粒子有相反电性,并合加快。这是水滴的电力碰并,它一般是 5 μm 以下的液滴之间由于存在电荷而引起的碰并现象。

云滴在云中运动的时间长短也影响云滴的增大。200 μm 的云滴,在静止空气中,大致需要 12 分钟穿过 500 m 厚的云,但需 1 小时才能穿过 2500 m 厚的云。云中的上升气流也使云滴速度放慢。这些因素都可导致云滴变大。

如果云层较厚,大滴在下落过程中因空气阻力或上升气流的作用,发生破碎,成为许多新生的碰撞大滴,这些大滴继续下沉与沿路小滴碰并。有时这些大滴被上升气流携带上升,沿路碰并,到一定大小时,上升气流支持不住就再下降碰并,再发生破碎而重复上述过程。上升气流不会持久,因为大量雨滴下落时会抑制上升气流,或带来下沉气流。这样这种链式反应过程到一定时候就结束,降雨量会增多。

云中的液态水含量、云滴大小的分布、云的厚度、云中上升气流和滴的电性等,都影响着重力碰并的效率和雨滴的增长。

6.1.2 冷云降水

冷云指云体温度在 0℃ 以下的云,通常云中是冰晶、过冷水滴和水汽三者共存。如果冷云中既含有冰晶又有过冷水滴时,也称为混合云。这类云产生降水的主要过程是核化作用产生冰核,借助冰水转化过程,由凝华作用产生较大的冰晶粒子,然后再由结凇(撞冻)作用和聚合作用产生固态降水。

1. 核化作用

冰具有六边形晶体结构,而水分子的热扰动可破化这种结构。当温度降低时,过冷水分子的排列逐渐变得与冰晶结构类似。在过冷水中,可以局部生成由许多分子聚合而成的具有冰晶结构的分子簇(冰胚)。分子热扰动,可使这种冰胚破裂。随温度的降低,热扰动减弱,冰胚生存下来的概率增大,并长大到某一临界尺度。这时就可充当冰核,过冷水滴中的剩余水分子可粘在冰核上,水滴就冻结。这种没有冰核的纯水的冻结称为自发冻结,这个过程则称为均质冻结核化过程。

纯水在温度降到 0℃ 以下很多时才可结冰。实验室研究证实,越小的纯水滴,冻结的温度越低。在极低的温度,热运动减小,较少数目的水分子即可形成冰胚。但当温度稍微变高,则需要更多水分子,因此难以形成冰胚。因此大云滴可在比 −40℃ 暖的温度可自发冻结。冷于 −40℃,最小的云滴也可自发冻结。任何云在极冷(−40℃ 以下)的情况下,都由冰晶组成。−40℃ 的极限温度有时称为谢菲尔温度点(Schaefer point),是为了纪念谢菲尔(Schaefer,1906—1993,美国)通过实验最先确立了这个温度。

实际在云中很高的地方可以达到这个极限温度,这样形成的自然凝结核就很少,因而冷云中过冷水滴要多于冰晶。其他途径自然提供的冰凝结核有气溶胶粒子或离子等,在冷饱和空气中,这些粒子表面可使水汽凝华成冰,称为凝华核。优秀的凝华核,其粒子结构和冰晶结构类似。水汽分子首先在粒子上凝结成一薄层水,然后冻结成冰晶的,叫凝结冻结核。

接触核是粒子和过冷水滴接触,或进入过冷水滴而冻结的核。实际上后两种核很难区分。通常只分为凝华核和冻结核两种。

遗憾的是,与云凝结核相比,自然界提供的冰凝结核不是很丰富。

2. 凝华增长

冰晶存在于 0℃ 以下,这时冰晶是与过饱和环境空气达到平衡状态。冰晶的饱和水汽压与温度的变化曲线见图 3.2,它接近但低于过冷水的曲线。因为分子逃离液态水表面比冰面容易,因此液滴需要更多的水汽维持饱和。所以,在同一低于冰点的温度下,水面饱和水汽压比冰面饱和水汽压要高。

这种差异导致水汽从水滴到冰晶的转移,液滴的水汽压减小而与环境不再平衡,于是蒸发加快,水汽不断在冰晶上凝华,冰晶快速长大,这种现象叫做冰晶效应。冰晶可一直长大到克服上升气流而下降形成降水。因为冰核很少,因此,通过凝华增长只能生成少量的冰晶,而不足以形成降水的规模。

另外,在冰晶凝华增长过程中,随着冰晶的增大,其增长速率趋于缓慢。例如,当云内温度为 -10℃ 时,由水汽凝华成为半径 300 μm 的球状冰晶需要 2~3 小时,要形成半径为 1 mm 的雪晶则需要几十小时。显然这也是与实际降雪有矛盾的,因此,一定有其他过程对降雪起主要作用。

3. 结凇和聚合过程

冰晶与过冷水滴碰撞,接触或粘贴冻结,生成叫软雹(或雪丸)的冰物质。这种冰物质下落时,与云滴或过冷水滴撞击时可分裂成许多小冰晶。这些小冰晶再与过冷水滴作用而冻结,成为新的软雹,再分裂成更多的小冰晶。在较冷的云中,冰晶之间相碰,也会裂成小冰晶,再与上百的过冷水滴接触冻结。这两种过程,都是链式反应,产生更多的冰晶。这是结凇(或撞冻)过程。但要冰晶长大产生降水,必须要求过冷水滴远比冰晶数目多。一般过冷水滴的数目是冰晶数目的 $10^5 \sim 10^6$ 倍。

冰晶下落时,可彼此碰撞粘贴,这是聚合过程,最终可形成雪花。如果雪花在落地前融化,就成为雨滴。在夏天中纬度地区的很多降水,属于冷云降雨,从云底落下时是雪,在大气中经过时融化,落地就是雨了。

韦格纳(Wegener,1880—1930,德国)第一个提出冰与过冷水水汽压不同,导致冰晶生长的理论。20 世纪 30 年代早期,瑞典气象学家贝吉龙(Bergeron,1891—1977)对理论进行了重要的改进,几年后,德国气象学家芬德森(Findeisen,1909—1945)对贝吉龙理论也进行了改进。因此叫韦格纳-贝吉龙-芬德森(WBF)过程,或简单称贝吉龙过程。

6.2 降水类型

与云的发展程度一样,降水的强度参差不齐;与云的千姿百态一样,降水物的类型也千差万别。就我国的广大地区来说,降雨在时间和地域上也各有特色。

6.2.1 按降水强度划分的降水类型

按 24 小时降雨量或按 1 小时降雨量可以将降雨划分为小雨、中雨、大雨和暴雨等(见表 6.2)。按降雪时的能见度和积雪深度(雪深)将降雪分为小雪、中雪和大雪等,也有按降雪融化后折算的液态水深(日降水量)来划分降雪等级的(见表 6.3)。在日常生活和天气预报中,为了使大众更易理解接受,对不同晴雨天气规定了对应的符号(见图 6.5)。

表 6.2 降水等级与降雨量的关系

	降雨量/mm·(24 hr)$^{-1}$	降雨量/mm·h^{-1}
小雨	<10	<2.5
中雨	10~24.9	2.6~8.0
大雨	25~49.9	8.1~16
暴雨	50~99.9	>16
大暴雨	100~199.9	
特大暴雨	>200	

表 6.3 降雪等级与降雪量和能见度的关系

	能见度/m	雪深/cm	日降水量/mm
零星小雪		无积雪	
小雪	>1000	<3	<2.5
中雪	500~1000	3~5	2.5~4.9
大雪	<500	5	≥5

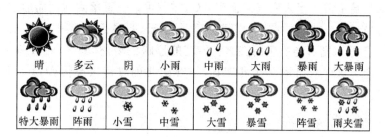

图 6.5 天气预报中的部分晴雨天气符号

6.2.2 降水形态

由于云体温度、云底大气条件以及气流分布等状况的差异,降水具有不同的形态。主要的形态包括雨、雪、雨夹雪、霰、米雪、冰粒、冰雹等天气现象,在气象观测中,它们对应的符号如表 6.4 所示。

表 6.4 与降水有关的天气现象符号表

现象名称	符号	现象名称	符号	现象名称	符号
雨	•	雨夹雪	✳	冰雹	△
阵雨	▽	阵性雨夹雪	⚳	雨凇	∽
毛毛雨	,	霰	⨯	吹雪	⊕
雪	✳	米雪	△	雪暴	⊕
阵雪	⚲	冰粒	△	积雪	⊠

1. 雨

下落雨滴直径不小于 0.5 mm 的称为雨,一般降自雨层云、层积云和中云。开始和停止都较突然、强度变化大的雨就是阵雨,它有时伴有雷暴,一般降自积雨云、积云和层积云。雨滴一般透明,清楚可辨,下降如线。有时雨滴有不同颜色,如当沙尘进入云中,下的雨有可能为黄色。小于 0.5 mm 的叫毛毛雨,它是稠密、细小而十分均匀的降水,雨滴难辨,且多数从层云降下。或许有时是小雨滴通过不饱和空气,部分蒸发,到地面成毛毛雨。有时未落到地面就被蒸发掉了,出现雨幡,像挂在空气中的雨蒸汽。

与酸性污染物结合的雨称为酸雨,这些酸性物质如氮氧化物和硫氧化物,它们使雨成酸性,落到地面可危害动植物健康和腐蚀建筑物。

如果地面有一薄的冷气层,有雨或毛毛雨下降时,雨滴到地面是过冷水滴,当它遇到物体时就冻结,这种形式的雨叫冻雨,在树枝上就形成树挂,或称雨凇。雨凇冰层坚硬,呈透明或毛玻璃状,外表光滑或略有隆突。

2. 雪

许多降水开始于雪。当云底气温低于 0 ℃,雪花可以一直落到地面而形成降雪。常缓缓飘落,强度变化较缓慢。降雪一般来自雨层云、层积云、高层云和高积云,甚至降自卷云。如果云下气温高于 0 ℃,则可能出现雨夹雪。雪花的形状极多,有星状、柱状和片状等等,但基本形状是六角形。这种六角形形状的雪花,早在南北朝时诗人庚信(513—581)在《郊行值雪》的诗中就描述了:

　　　　雪花开六出,冰珠映九光。

雪花之所以多呈六角形,是因为冰的分子结构是六角形,稳定态的冰晶结构也以六角形为最多。冰晶的增长源于冰晶各部分的饱和水汽压不同,以及水汽凝华的速度与曲率有关。例如,如果实际水汽压仅大于平面的饱和水汽压,水汽只在面上凝华,六角形的片状冰晶会增长为柱状雪花。当实际水汽压大于角上的饱和水汽压时,因尖角位置突出,水汽供应充分,凝华增长得最快,故多形成枝状或星状雪花。因大气温度和湿度条件的不同,会形成多种多样的雪花。图 6.6 中列出的几种雪花来自威尔逊·班提(Wilson Bentley,1865—1931,美国)的雪花照片。他是农夫,但因为系统研究雪花,拍摄过 5381 张雪花照片而被称为雪花人,甚至科学家和摄影家。从那时起,雪花美丽的图案才逐渐走入人们的日常生活。

图 6.6 雪花的部分形状

枝状雪花之所以最常见,是因为冰晶形状和增长率,与气温和相对湿度有关。如图 6.7 所示,−12 到 −16℃ 之间容易生成枝状雪花,因为在这个温度范围内冰水饱和水汽压差异最大,枝状最有可能生长。

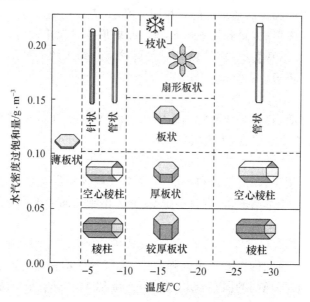

图 6.7 冰雪晶形状随温度和过饱和度的变化 (Stull,2000)

有时冰晶雪花从高的卷云降下,升华转为汽态后,看上去为摇摆的白色蒸汽,成为雪幡。如果降雪开始和停止都较突然,强度变化大,这称为阵雪。降雪多来自积雨云、积云和层积云等积状云,大气气层较不稳定。

大风吹过地面,强风将地面积雪卷起,能见度降低,这种现象就是吹雪。如果大量的雪被强风卷起随风运行,气温和能见度很低,不能判定当时是否降雪,这种现象就是暴风雪,是一种很严重的气象灾害。

气象上,当雪(包括霰、米雪和冰粒)覆盖地面达到气象站四周能见面积的一半以上,称为积雪。冬天旷野中的积雪是大自然的美景,不仅可保护植物免受低温伤害并防止热量散失,而且还可防止地面往下冻得太深不利于春种。因为雪是很好的绝缘体,导热性能很差。

3. 雨夹雪

雨夹雪是半融化的雪(湿雪),或雨和雪同时下降,降水颗粒大小不一。云底大气状况一般是温度低于0℃,气层稳定,近地面气温略高于0℃,可融化部分雪。一般降自中云、低云中的雨层云和层积云。

如果强度变化大,开始和结束都较突然,称为阵性雨夹雪。积雨云、积云和层积云都可以产生阵性雨夹雪。

对于雨夹雪的描述,《小雅·采薇》中写出了也许到了历经沧桑时,才会体会的意境:

> 昔我往矣,杨柳依依,今我来思,雨雪霏霏。

4. 霰

霰是白色不透明的圆锥形或球形的颗粒固态降水,直径约2~5 mm,它是冰晶或过冷水滴经过与过冷水滴撞冻形成,碰到硬地会反弹。如果形成时温度较低,冻结很快,固态颗粒中就可能含有空气,所以密度小,容易破碎。它是对流云降水的一种形式,因而下降时常呈阵性。有时也降自层积云。

5. 米雪

米雪是白色不透明、扁长小颗粒的固态降水,直径常小于1 mm,着地不反弹,下降时均匀、缓慢而稀疏。常产生自层云,大气气层稳定。

6. 冰粒(冰丸)

冰粒一般产生自雨层云、高层云和层积云,大气气层较稳定。它是透明丸状或不规则固态降水,有时内部还有未冻结的水,直径小于5 mm。撞到地面会弹回,碰到玻璃或金属板上有轻拍的声音。

7. 冰雹

冰雹常出现在春、夏和秋季的积雨云降水中,大气气层不稳定,降雹常呈阵性。它是坚硬的球状、锥状或形状不规则的固态降水,直径5 mm以上。一般是由透明的冰层与不透明的冰层相间组成。大小不一,大的直径可达数十毫米。

冰雹透明层与不透明层交替分布的层次,说明冰雹增长的复杂过程。一般认为因云中气流作用,冰雹在云中会经历多次干、湿增长过程。在云中空气冷,液水含量少的时候,过冷水可马上在冰雹上冻结,成白色和白色透明的冰层,有许多气泡,这是干增长过程。而在云中湿的地方,许多过冷水滴存在,雹面收集水滴太快温度保持0℃,不冻结,雹面成一水层,当雹再回云中冷的地方,表面水缓慢冻结,冰层清亮,这是湿增长过程。

冰雹是一种严重的灾害性天气,具有很大的破坏性,因此很有必要进行人工消雹。

6.2.3 我国的降雨类型

我国国土广袤,降水分布也很不一样。从沿海到内陆,从南方到北方,呈逐渐减少趋势。降水量的季节分配也很不均匀。从各地的降雨类型看,基本可分为江南烟雨、江淮梅雨、北方夏雨和华西秋雨。另外,我国也有一些具有地方特色的特殊的雨。

江南烟雨是我国巴山和淮河以南、川西高原和云南高原以东的广大长江流域地区,3—5月间的春雨。"清明时节雨纷纷,路上行人欲断魂"说的就是江南的春雨。从东南海面来的暖湿空气是造成江南烟雨的主要原因。当然,江南并不是阴雨天不断,而是时阴时晴,空气湿润,不仅生长出久负盛名的茶叶和柑橘,而且也造就了江南的迤逦风光。

江淮梅雨,专指每年从初夏向盛夏过渡期间在我国长江中下游一带(包括韩国和日本南部)出现的连阴雨天气。正常情况下,梅雨期长约20~30天,6月中旬开始,7月中旬结束,雨量一般为200~400 mm。来自西伯利亚和蒙古一带的干冷空气团与来自海洋的暖湿气团在长江中下游一带相遇,这两个气团势均力敌,形成的梅雨云带稳定少动,造成旷日持久的阴雨天气。

北方夏雨,江淮梅雨结束后我国广大北方地区大致从7月到8月期间的降雨,是华北地区的主要降雨季节。原因是来自海洋的暖湿气团,它表现为强大的一个高压系统——副热带高压,到了春末夏初,它的前锋逐渐向西、向北移动造成的。降雨通常比南方降雨来得猛烈,往往是狂风暴雨,电闪雷鸣,容易造成洪水。这时江淮流域一带,却被高压控制,天气炎热干旱。

华西秋雨是华西(泛指陕西南部、四川北部和盆地以及湖北西部)等地区的秋季降雨,它与地形有直接关系。秋季冷暖空气在这一带滞留,降水频繁。它是绵绵不断的连阴雨,一般强度不大,但持续时间长,以致天空阴霾,不见日月,空气潮湿。

另外,在我国,还有许多独具特色的雨。最著名的就是"巴山夜雨"和"雅安雨漏"。

巴山夜雨出自唐代诗人李商隐的《夜雨寄北》:

> 君问归期未有期,巴山夜雨涨秋池。
> 何当共剪西窗烛,却话巴山夜雨时。

巴山就是四川盆地西部的大巴山,西接青藏高原。四川盆地为群山环抱,气流不畅,终年空气都比较潮湿,云雾较多。夜间,云层上部辐射迅速冷却,易使水汽凝结,而地面得到云向下的辐射,温度不会降低太多。这样形成上冷下暖的不稳定气层,利于夜雨的产生。特别是西部靠近高原的巴山,高空是盛行西风,夜间高原上由地面辐射冷却的冷空气流向该区上空,使空气更不稳定,容易产生对流,促成降水。所以,四川盆地西部的夜雨就特别多。

"雅安雨漏"是指我国四川雅安,一年中有近2/3的时间在降雨,但好在雅安的夜雨多,否则就影响人们的日常生活了。雨漏的原因首先与整个四川盆地的独特气候分不开,另外主要是雅安所处的特殊地理环境。雅安处在盆地西部边缘,三面环山,面向成都平原,形成一个"U"形地貌。而大渡河自北向南在雅安的西南拐了一个弯,向东流去。这样在大气中也容易形成空气涡旋,促成空气上升。种种因素加在一起构成了雅安"雨城"的特殊气候。

6.3 降水测量

降水量和降水强度是降水观测的主要项目。降水量是指某一时段内未经蒸发、渗透和流失的降水,在水平面上积累的深度,以毫米(mm)为单位。降水强度是指单位时间的降水量,通常测定5分钟、10分钟和1小时内的最大降水量。

对于降雪,除了有时雪融化后以降水量表示外,还要观测雪深和雪压。雪深是从积雪表面到地面的垂直深度,以厘米(cm)为单位,雪压是单位面积上的积雪质量,以克/平方厘米($g \cdot cm^{-2}$)为单位。

6.3.1 降雨观测

常用的仪器是雨量器和翻斗式雨量器。

雨量器由雨量筒和量杯组成(见图6.8)。雨量筒用来收集降水物,其降水物收集部分的截面积是量杯截面积的10倍,因此以量杯测量时结果就放大10倍,转换为真正降水量(单位mm)的精度为0.1mm。雨量器的缺点是在大雨、多雨时,积水满时要靠人工倒出清空,然后再接收。

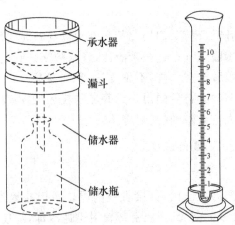

图6.8 雨量筒及量杯

翻斗式雨量器可以弥补雨量器的缺陷。它主要由承水器、上翻斗、汇集翻斗、计量翻斗等组成。通过导线与室内记录器连接可连续记录降水量。其工作过程是,承水器收集的降水通过漏斗进入上翻斗,当雨水累积到一定量时,由于水本身的重量使上翻斗反转(另一上翻斗取代对准收集漏斗),水就进入汇集翻斗,再通过节流管注入计量翻斗。此后,通过一定的办法,计量翻斗的水按一定的量(0.1 mm)转化为电信号,传送到室内的记录器。

6.3.2 降雪观测

雪深观测一般用量雪尺(或普通米尺)。量雪尺是一木制的有厘米刻度的直尺。观测时,在观测地点将量雪尺垂直地插入雪中到地表为止,依据雪面所遮掩尺上的刻度线,读取雪深的厘米整数。使用普通米尺,要注意尺的零线。

雪压观测使用的是体积量雪器或称雪器。体积量雪器主要由一固定内截面积($100\ cm^2$)的金属筒和量杯等组成。用金属筒收集雪的样本,融化后,用量杯测定其容积(也就是水的质量)。然后,除以量雪器金属筒截面积 $100\ cm^2$,就是雪压。称雪器主要由一固定内截面积($50\ cm^2$)的圆筒和秤等组成。圆筒收集的积雪,可通过秤量出其重量。然后,与称雪器圆筒的截面积的比值即是雪压。

另外,除了根据雪压精确估计降水量(液态水)外,有时也根据雪深估计降水量。通常情况下,10 cm 厚的新雪,大致为 1 cm 的降水量,即雪深与降水量比值为 10∶1。这个比值随降雪的情况有很大差异,例如,湿雪为 6∶1,而干粉状雪可达 30∶1。不管怎样,对某一地方,通过雪深和雪压的观测,是可以得到雪深与降水量的平均比例关系。

6.4 人工降水

我们已经熟悉了人工降水这个名词,但实际上它是个非常不确切的表达方式。人工所能做到的是播云,即通过播撒种子到云中作为核,改造云的物理或动力结构,来达到增加降水的目的。

对于暖云,要向其中播撒盐或其他吸水物质(如氯化钙、尿素和硝酸铵等),充当凝结核使云滴增大降水。对于冷云,使用 AgI 等化学物质充当冰凝结核,使得云中冰晶和液滴的数目达到约 $1∶10^5$ 的比例,通过冰晶过程使云滴增大降水。或者,播撒干冰(固体 CO_2),它的温度是 $-78℃$,在云中,它马上升华并吸收热量,可大幅降低云体温度,使云滴自发冻结成冰晶,水汽在冰晶表面凝华增大降水。值得说明的是,AgI 有类似冰晶的晶体结构,在 $-4℃$ 或更低的温度是有效的冰核。容易控制,地面燃烧或小飞机播撒均可。尽管也发现其他物质,但干冰和 AgI 是最常用的物质。

飞机的尾迹云若形成于低云上,某些条件下尾迹云中的冰晶会落下,充当下面云的种子,这样在地面可形成一窄条雨带。

有时会出现自然的增雨过程。卷云形成于低云上面,卷云中的冰晶落下可为低云提供种子。冰晶落下,与过冷水混合成冰晶,降水过程增强。有时,冰晶从云中穿过,带走沿路的过冷水滴,留下一片晴朗的区域。如果在山列的下风向因高空气流波动,会形成多列卷云带,适当的条件下,在地面有时会出现阵雨带。

　　人工降水的探索历史充满传奇色彩。1891 年,美国一位参议员查尔斯·法维尔(Charles Farwell)依据民间传说战场上弥漫的硝烟会引发降雨,他设想通过制造大爆炸促成降雨,为此国会拨给他一万美元研究经费。直到 1945 年,数学家冯·纽曼(von Neumann,1903—1957,匈牙利籍美国人)主持召开于普林斯顿的一次会议上,科学家一致同意,人类完全可以改造天气,在战争中破坏敌方农业。这才是公认的人工影响天气的开始。次年,在军方资助下,化学家欧文·郎缪尔(Irving Langmuir,1881—1957,美国)和其同事发现通过碘化银播云改造云层结构,可以引发降水。这种方法现在依然是大多数国家人工降雨的方法之一。1966—1972 年的越战,美军利用人工降雨,一方面清除轰炸目标上空的云层,另一方面制造洪水使桥断坝毁阻止越共的运输。

　　播撒 AgI 可以实现人工降雪,而在地面上也能实现人工造雪。例如,在气温 $-4℃$ 以下时,将压缩空气和水混合后,使用高压水枪向空中喷出,这些混合物散落到地面时便冻结成雪花。地面人工造雪的方法仍在不断探索改进中。

　　人工降水或许会成为人类违背自然规律的又一个反面例子,同时它的成效也倍受争议,因此受到部分人的质疑。不管怎样,不远的将来能够按照自己的想法"买"到一场小雨、一次小雪或一阵冰雹,依然令许多人激动不已。人类也真正成为能够呼风唤雨的"龙王"和上帝。

习　题

　　1. 在同样温度条件下,水滴表面上的饱和水汽压为什么比平水面的大,而冰面上的饱和水汽压又比水面上的小?

　　2. 什么是溶质效应和冰晶效应?

　　3. 说明暖云和冷云降水机制。

　　4. 在相对干净的空气中,凝结核浓度为 $100\ cm^{-3}$,地面温度 $30℃$,形成的积云云底高度 1000 m,典型雨滴半径为 1 mm。请通过计算,说明只有凝结过程,云能形成雨滴吗?

　　5. 在某一冷云中,冰核争夺可用水量,形成了数密度为 $10\ m^{-3}$,半径为 5 mm 的球形冰雹。如果形成的冰雹数密度增大到 $10^4\ m^{-3}$,冰雹半径是多少?

　　6. 用干冰(固体 CO_2)和用 AgI 播云机制有何不同?

　　7. 简述雪、冻雨、冰粒和冰雹的差异。

　　8. 如果你在风雪天气中走失,根据本章学到的知识,你将如何抵御风寒?

　　9. 解释为什么测量降雪量比降雨量困难。

　　10. 请设计一个自动测量降雪的仪器,它是如何工作的?

第七章 气压和风

两千年前,庄子在《庄子·齐物论》中写道,

> 夫大块噫气,其名为风。

按照现在的说法,风是相对于地球表面的空气运动。因为大气运动的垂直分量很小,特别是在近地面附近,因此气象学者使用风专指水平分量。如果运动主要发生在垂直方向上,这时大气受到静力不平衡的浮力驱动,局地大气状况与流体静力平衡有显著的偏差,则称为对流(严格称为重力或浮力对流)。那么,空气水平运动的风又是受什么驱动而形成的呢?

自从17世纪出现了气压表,意大利人托里拆利通过实验认识到大气有质量和压力,随后,帕斯卡(Pascal,1623—1662,法国)发现气压与高度是有关系的。19世纪初,依据北半球气压与风的观测资料,第一张气压与风的分布图显示,虽然风是从气压高的区域吹向气压低的区域,但其行进路线并不直接从高气压区吹向低气压区,而是一个向右偏斜的角度。经过一百多年的努力,人类终于认识到风是由气温冷暖、气压高低等大气内部矛盾运动的客观规律所支配。不仅用这种规律解释风的起因,而且也来预测风的行踪。

7.1 气 压

气压是作用在单位面积上的大气压力,即等于单位面积上向上延伸到大气上界的垂直空气柱的重量。

7.1.1 气压测量

气象上气压的标准单位为百帕(hPa),
$$1\ \text{hPa} = 100\ \text{Pa}, 1\ \text{Pa} = 1\ \text{N} \cdot \text{m}^{-2}。$$
有时也用毫巴(mb)作气压单位,在数值上它与百帕相等。

因为测量大气压力的标准仪器是水银气压表,它是根据大气压力与倒插在水银槽中真空玻璃管内水银柱的重量相平衡的原理制成,因此压强大小也以水银柱高度衡量,称为毫米水银柱高(mmHg)。在标准重力加速度 $g_0 = 9.80665\ \text{m} \cdot \text{s}^{-2}$(准确地说它是 $45°32'33''$ 海平面处的值)下,水银密度(0℃)$\rho_{\text{Hg}} = 1.35951 \times 10^4\ \text{kg} \cdot \text{m}^{-3}$ 时,760 mm 水银柱所产生的压力为
$$\rho_0 = \rho_{\text{Hg}} \times g_0 \times 0.76 = 1013.25\ \text{hPa}$$
称为标准大气压(atm),即 1 atm = 760 mmHg = 1013.25 hPa。

一般海平面气压值在 980～1040 hPa 之间变动。强台风中心大都低于 950 hPa 甚至低于 900 hPa，而高气压中心气压值一般为 1020～1040 hPa。观测表明，随着海拔高度的增加，气压值按指数减少(见(1.2.4)式)。海拔 10 km 高处的气压值降到只有海平面气压的 25% 左右。我国青藏高原平均海拔 4000 多米，地面平均气压仅约 600 hPa。在靠近地面 3 km 内，气压随高度近似线性减小，即每上升 100 m，气压下降 10 hPa(准确说这是在标准大气时的近似)。

水银气压表是 1643 年，由伽利略的学生托里拆利发明的。不用水的原因是因为水密度小，水柱高度可达 10 m，另外管中水蒸发影响测量精度，而水银蒸气压很小忽略不计。空盒气压表也是常用的仪器，其感应元件是一组扁圆金属空盒，抽成真空或留有少量空气，外界气压变化会引起空盒的膨胀或挤压，这种变化被杠杆放大到指针指向气压读数。它的优点是便于携带、使用方便和容易维护，但精度低于水银气压表。我国目前的无线电气象探空仪上还使用空盒气压表。

高度表和气压计，实际是两种空盒气压表。前者测量的是气压，但表盘的刻度是气压转换的高度值；而后者通过杠杆连接的自记笔记录到纸上，可获得气压随时间的连续变化。

根据液体的沸点和大气压力的固定关系，可做成沸点气压表，由测量沸点温度转化为气压测量，它比空盒气压表的精度要高得多。

7.1.2 运动的起因和能源

气压 p、空气密度 ρ 和温度 T 是互相联系的，可用理想气体状态方程描述：

$$p = \rho RT \tag{7.1.1}$$

其中 R 是气体常数。因此，如果气压、空气密度和温度三个中一个变化，其余也会发生变化。

对于一个水平气压系统，当它的温度分布在水平方向发生变化时，就可以导致它的气压分布也在水平方向发生变化，从而引起气压系统随高度的改变。

例如，在北半球，从南到北气温一般逐渐降低。如果临近的南北两个地方，开始地面温度相同，地面气压也相同。如果限制空气只能垂直伸缩，在静力平衡条件下，当南边的温度升高，北边的温度降低时，则南边空气垂直气柱中的分子运动加快，分子变松散，大气密度减小；而北边空气垂直气柱中的分子运动变慢，分子变拥挤密集。因此，相同地面气压时，冷而密集的气柱比暖而松散的气柱短。换句话说，就是暖空气柱中气压随高度递减比在冷空气中慢，等压面在暖空气中将比在冷空气中来得高(见图 7.1a)。

若考虑同一高度层面，暖空气中的气压就高于冷空气中的气压，因为暖空气中在这一层面上的空气分子多于在冷空气中的分子数。因此，高空暖空气与高空高压(G)联系，而冷空气则与低压(D)是联系在一起的。

这样，因为高空水平温度不同，就导致了水平气压的不同。气压不同则出现了从高压到低压方向的气压梯度，气压梯度力的作用使空气从高压流向低压。如果取消空气只能垂直伸缩的限制,在水平方向,高空暖空气就流向冷空气,从而也导致暖空气中地表气压下降,同时冷空气中地面气压升高。在地面也形成了从冷空气到暖空气的气压梯度了,空气也出现水平流动(见图7.1b)。

因此,大气中能量的变化导致温度的升高或降低,引起了气压的水平变化,产生了从高压到低压的气压梯度力,也就引起空气的水平流动了。

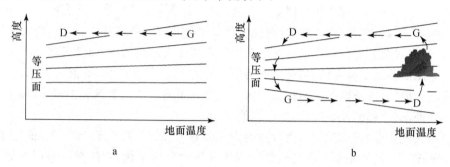

图 7.1 水平气压分布随高度变化示意图

大气运动的能量来自太阳。由于地球是球形的,地球表面所受太阳辐射能因为纬度差异而有所不同,因此永远会有南北方向的气压梯度存在,而推动大气运动。

当南北温度差异超过一定的临界值时,北方的冷气团会在某些地方向南急冲而下,而紧邻的南边的暖气团则向北去补充。冷气团的前缘称为冷锋,暖气团的前缘称为暖锋。冷暖气团运动的同时会产生旋转运动而有气旋的生成(详见第九章)。

水汽凝结成水或凝华为冰时,会放出潜热,也是推动大气运动的能量来源。这样的大气运动系统有台风(详见第十一章)、雷暴和龙卷风(详见第十章)等。

7.1.3 气压分布图

既然风和气压有紧密的联系,我们再回到气压的讨论上来。

气象台站水银气压表测量后,需要对气压表数据进行仪器误差、温度差和重力差订正,最后订正后的气压称为本站气压。因为各个台站的海拔高度不同,对本站气压进行比较是不合理的,因此,需要将本站气压订正为海平面上的气压,称为海平面气压。通过探空仪获得的高空气压则不需要类似本站气压的海平面订正。

绘制各地台站获得的气压分布图的方法有两种:一是等高面图,二是等压面图。

等高面图,是在空间高度都相等的平面(等高面)上绘制此一高度上的气压变化——等压线,一般只用于地面气压图上。由各地台站的海平面气压数据所绘制的等压线分布图,即为海平面气压图或地面图,它实际上是高度为零的等高面图。如果同时绘制上其他天气资料,就是海平面图或地面天气图。

等压面图,是在空间气压都相等的面(等压面,不一定是平面)上绘制此气压对应的高度变化——等高线,可用于空间的气压分布描述。不同等压面对应的平均海拔高度见表7.1。

表 7.1 等压面对应的平均海拔高度

气压/hPa	1000	850	700	500	300	200	100
高度/m	120	1460	3000	5800	9180	11 800	16 200

当我们分析某一等压面图时,例如 700 hPa 的等压面图,因为等压面在暖空气中比在冷空气中来的高,因此,在 3000 m 高度,暖处气压大于 700 hPa,而冷处小于 700 hPa。这样,等压面图上,高度较高的地方对应给定气压平均海拔高度上的高气压,而低高度对应低气压。

尽管等压面图上是等高线,但是这些等高线已经代表了等压线,低值代表低压区,高值代表高压区。因此,等压面图是间接反映水平气压分布的。从这个意义上来讲,高空的等压面图和等高面图(绘制的是等压线)是相同的。

尽管每天气压分布形态不一,仍可归纳为 5 种基本类型:低气压、高气压、低压槽、高压脊和鞍形气压区。低气压是中心气压低于四周气压的气压系统,它的空间等压面形状像山谷,在图上表现为一组闭合曲线。从低气压区中延伸出来的气压较低的狭长区域称为低压槽。高气压是中心气压高于四周气压的气压系统,空间等压面形状像山峰,在图上也表现为一组闭合曲线。从高压区中延伸出来的气压较高的狭长区域称为高压脊,它的空间等压面形状像山脊。鞍形气压场是两个高压和两个低压组成的中间区域,它的空间等压面形状像马鞍。

7.2 影响大气运动的力

牛顿第二定律支配着大气的运动,它表示单位质量空气块相对空间固定坐标系的运动加速度(即速度随时间的变化)等于所有作用力之和。这些作用力包括真实作用于大气的力:气压梯度力和摩擦力;因为坐标系随地球一起旋转所呈现的视示力:科里奥利力(气象上一般称为地转偏向力);以及空气作圆周运动时的视示力——离心力。所谓视示力,就是实际不存在但表现像一个真实的力。

7.2.1 气压梯度力

气块各个表面都受到气压的作用,当气压分布不均匀时,一定有一个净压力作用在气块上,这个净压力就是气压梯度力(pressure gradient force)。把气块视为一个微立方体(见图7.2),易证明在空间 y 方向(x 指向东,y 指向北,z 指向垂直方向)单位质量气块上的气压梯度力为

$$\frac{F_{py}}{m} = -\frac{1}{\rho} \cdot \frac{\Delta p}{\Delta y} \tag{7.2.1}$$

其中 m、ρ 为气块的质量和密度,F_{py} 是气块在 y 方向上所受的气压梯度力,Δp 是 y 方向通过

距离 Δy 时的气压变化，$-\Delta p/\Delta y$ 就是在 y 方向上的气压梯度，从高压指向低压方向。其他方向上的气压梯度力同样可以写出。因此，当气压图上等压线（或等高线）密集，或有大的气压梯度时，导致强的气压梯度力和大风。另外，气压梯度力与空气密度成反比，因此高空风就比低层风大。

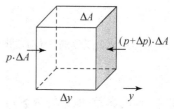

图 7.2 气块受到的气压梯度力

在大气中，气压梯度力是唯一的驱动风的力。其他的力，如摩擦力、科里奥利力和惯性离心力，在风速为零时就消失。它们可以改变既有风的风速和风向，但不能使风从静止状态下产生。

7.2.2 摩擦力

贴近地面，风受到地球表面的拖曳力，即是地面摩擦力。地面以上，气团之间的混乱运动（湍流）和空气交换造成气层之间的摩擦力，称为湍流摩擦力，它与空气密度成反比。地面摩擦的阻滞作用借助于湍流运动，以湍流摩擦力的形式向上传递。也就是说，上层空气的运动，也间接受到地面摩擦的影响。

摩擦力随风速增加而增大，作用方向与风向相反。也就是说，摩擦力使风变慢。

湍流摩擦力的影响随离地高度而减小，因此风速离地而逐渐增大，摩擦影响的气层叫摩擦层（或行星边界层、大气边界层），大致为向上到 1 km，但由于不规则地形，这个高度也在变化。在摩擦层中，几十米以下，摩擦力近似不变，称为近地面层（surface layer）；再往上到摩擦层顶，随高度增加摩擦力逐渐减小到零，称为上部摩擦层或埃克曼层（Ekman layer）。摩擦层以上的大气层称为自由大气。

7.2.3 科里奥利力

如图 7.3 所示，设想一飞机从北极向赤道 O 点（飞机与 O 点连线垂直于赤道）匀速飞去，如果地球不自转，站在 O 点的人会看到飞机最终会到达 O 点。考虑实际情况，地球是自西向东绕地轴自转的，因为水平方向上飞机没有受到外力作用，地球的转动对飞机的运动没有影响，但站在赤道上 O 点的人随地球一起转动，他看到飞机并没有作直线运动向他飞来，而是飞机好似受到什么作用力使其运动方向偏向航线的右侧（在南半球则偏向航线的左侧）。这个视示力就是科里奥利力（Coriolis force），也称科氏力，因法国科学家科里奥利（Coriolis，1792—1843）给出了数学表达式而得名。

地球的自转产生的科里奥利力，使得运动的气团偏离气压梯度方向，因此这种力也称为地转偏向力。这种力垂直于

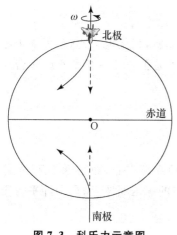

图 7.3 科氏力示意图

运动方向,在北半球使得运动偏向右边,而在南半球则偏向左边。在 y 方向上(正北)的单位质量空气受到的科氏力与 x 方向的风速 v_x 的关系可写为

$$\frac{F_{cy}}{m} = - f_c \cdot v_x \qquad (7.2.2)$$

在 x 方向上(正东)的单位质量空气受到的科氏力与 y 方向的风速 v_y 的关系也可写为

$$\frac{F_{cx}}{m} = f_c \cdot v_y \qquad (7.2.3)$$

其中,科氏参数(或地转参数)f_c 定义为

$$f_c = 2 \cdot \omega \cdot \sin\phi$$

其中,ω 为地球自转角速度,其值为 7.29×10^{-5} rad[①] $\cdot$ s^{-1};ϕ 是地理纬度。对于任何固定的地点,科氏参数是常数。在中纬度它的大小为 $f_c = 10^{-4}$ s^{-1}。

科里奥利力使任何方向运动在北半球偏向右方,偏折大小决定于地球的转动速度、纬度、物体速度、物体质量。另外,科里奥利力方向与风向垂直,只影响风向,而不影响风速。

科里奥利力表现象一个真实的力,在北半球使运动偏向右,这对地球上运动的任何物体都有。实际因为科里奥利力太小,或者运动尺度小、或者作用距离短,看不到科里奥利效应。只有风吹过大的区域,这种效应才明显。

7.2.4 离心力

从牛顿运动定律知道,除非运动物体受到力的作用,否则它会保持直线运动。这个力改变物体的运动方向和运动轨迹,称为向心力,它是因与其他力不平衡而产生的。

离心力是与向心力方向相反的视示力,它会把物体向外拉离圆周运动的中心。单位质量物体所受离心力的大小为

$$\frac{|F_{CN}|}{m} = \frac{v^2}{r} \qquad (7.2.4)$$

其中 r 是运动圆周的半径,v 是物体作圆周运动的速度的大小(速率)。

当风速小,而且空气作小曲率(大半径)运动,那么离心力就弱,与其他力比较,可不予考虑。但当风速很大,而且运动半径小,则离心力就大,这样的情况在大气中有龙卷风和台风等例子。

7.3 风与气压的关系

研究发现,在北半球的地面天气图上,在高压区,风顺时针吹离中心;而在低压区,风逆时针吹向中心。风在这两种情况下,都穿过等压线。而在高空的等压面图上,风向却平行于

[①] 2π rad$=360°$,rad 为弧度单位。

等高线。地面和高空风的不同,要从空气受力和牛顿第二定律说起。

当空气受力加速,与风速有关的力也在变化。由牛顿第二定律,这些力又改变着空气的加速度。因此,这是一个反馈过程。一直到所有力达到平衡,这时就是稳定状态。下面介绍的一些处于稳定状态条件下的风,只是理论上的风。真实的风通常非常接近这些理论上的风。

7.3.1 地转风

如果气块受到气压梯度力 F_p 作用,它就从静止开始运动(如图 7.4 中的位置 1),科氏力 F_c 随着运动速度的增加而增大,但其方向始终与运动速度方向垂直(图 7.4 中位置 2—5),最终与气压梯度力达到平衡时(图 7.4 中位置 6),合力为零,速度为常数,此时形成的风称为地转风。纯粹的地转风,等压线为直线,而且是均匀间隔分布,风速不变。

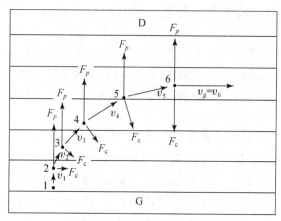

图 7.4 地转风形成示意图

考虑气块在 y 方向上的受力平衡,利用(7.2.1)和(7.2.2)式,得到

$$-\frac{1}{\rho} \cdot \frac{\Delta p}{\Delta y} - f_c \cdot v_g = 0 \tag{7.3.1}$$

得到地转风在 x 方向的风速大小为

$$v_g = -\frac{1}{\rho \cdot f_c} \cdot \frac{\Delta p}{\Delta y} \tag{7.3.2}$$

或者在等压面图上,地转风是高度梯度的函数,利用流体静力方程(1.2.3)式,写为

$$v_g = \frac{g}{f_c} \cdot \frac{\Delta z}{\Delta y} \tag{7.3.3}$$

其中,$g=9.8\,\mathrm{m\cdot s^{-2}}$ 是重力加速度。

因此,地转风是在理论上根据气压分布计算出来的、气压梯度力和科氏力达到平衡后稳定状态的风,并非实际存在的风。在自由大气中,空气运动符合地转风近似,地表的影响可以忽略不计。

地转风平行于等压线,人背风而立,高压在右,低压在左,这就是北半球地转风的规则。平时我们说水往低处流,但空气却是平行于等压线流动的,这是地转偏向力影响的结果。地转风可以说明高空风的一些特点,例如高空风在气压梯度大的地方,风速也大;高空风平行于等压线(或等高线)。根据观测的高空云的运动,可估计高空风的流动和气压分布方式。

如果知道高空图等压线或等高线情况,可估计地转风的风向和风速的相对大小。反之,如果知道地转风的风速和风向,也可估计等压线或等高线的走向和密集程度。

7.3.2 梯度风

围绕高压或低压中心,沿弯曲等压线的稳定的风就是梯度风。因为作曲线运动的物体运动轨迹,都有一定长度的半径,所以风在运动时,除气压梯度力、地转偏向力作用外,还要受到离心力的作用,当三个力作用平衡时,运动达到稳定状态,风沿等压曲线作等速曲线运动。

等压线往往是不规则的曲线。为了典型起见,假定等压线是同心圆。根据旋转方向分为气旋和反气旋。反时针旋转的流场称为气旋,而顺时针旋转的流场称为反气旋。在北半球的实际大气中出现的有气旋式低压和反气旋式高压。在南半球,因科氏力作用与北半球不同,则是反气旋式低压和气旋式高压。

图7.5说明在北半球,梯度风在气旋式低压中是如何形成的。在图中1处放的气块,受气压梯度力和科里奥利力的作用,到2处风与等压线平行。到3处时,气块运动方向改变,仍然平行于弯曲的等压线,但风速大小不变。因此,除了气压梯度力和科里奥利力外,必有另一作用力作用于气块,就是视示力——离心力。这个力与气压梯度和科氏力的合力——气块净受力平衡,也就是气压梯度力的大小等于科氏力和离心力大小之和。同理,反气旋式高压的力的平衡条件是,科氏力等于气压梯度力与离心力大小之和。由此也容易分析得到,在同一纬度的地区,气旋式低压中的梯度风比相同气压梯度下的地转风小;反气旋式高压中的梯度风比相同气压梯度下的地转风大。

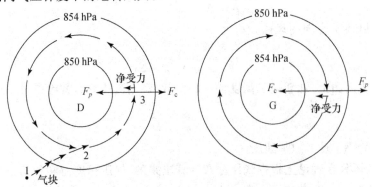

图7.5 北半球梯度风形成示意图(Ahrens,2003)

梯度风是水平等速曲线运动,风向与等压线平行。当运动轨迹的曲率趋近为零时,梯度风变成了地转风,所以地转风是梯度风的一种特殊情形。但因梯度风的计算比较麻烦,而且实际的大气运动又不是同心圆,所以在自由大气中常用地转风作为实际大气运动的近似。

7.3.3 旋衡风

如龙卷风和尘旋风等旋转的系统,风速很大,但直径较小。这种情况下,气压梯度力和离心力起主导作用,而科氏力和摩擦力仍然存在,但相比其他力可以忽略,在稳定状态下,力的平衡条件是,沿圆周运动半径 r 方向

$$\left| \frac{1}{\rho} \cdot \frac{\Delta p}{\Delta r} \right| = \frac{v^2}{r} \tag{7.3.4}$$

即气压梯度力和离心力达到平衡,称为旋衡平衡。相应地,风速为

$$v = \sqrt{\frac{r}{\rho} \cdot \left| \frac{\Delta p}{\Delta r} \right|} \tag{7.3.5}$$

旋衡风出现气旋式旋转和反气旋式旋转都是可能的。观测表明,在北半球,龙卷风中仍以气旋式旋转为主,尺度更小的水龙卷和尘旋风则无明显的方向性。

7.3.4 边界层风

在大气边界层内,气块受的力不像在自由大气那样,需要考虑摩擦力。

因为摩擦力的作用,风速减小,同时科氏力也减小了。科氏力不再与气压梯度力平衡,风的方向就偏离等压线且指向低压中心。因此,摩擦力 f 和科氏力 F_c 的合力现在与气压梯度力 F_p 平衡(如图 7.6)。摩擦力越大,实际风的速率减小得越多,向低压一边也偏得越多,实际风与地转风的交角越大。

此外,风速、风向还与离地面高度有关。如果逐渐远离地面,向上通过摩擦层,摩擦力就越来越小直到消失,实际风也变得越来越平行地转风。而风向却有特殊的变化规律。

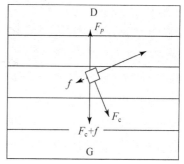

图 7.6 因摩擦力存在导致风向的改变

在近地面层中,根据观测,风向、空气密度几乎不随高度变化,风速 v 随高度 z 是按对数关系增大的,即风速大小为

$$v = v_c \ln \frac{z}{z_0} \tag{7.3.6}$$

其中,v_c 是具有速度单位的常数,z_0 是地表粗糙度,以高度表示地表粗糙的程度。这一结论基本符合实际情况。

在上部摩擦层，因湍流摩擦力随高度逐渐减小，因此风向随高度会逐渐右偏，直到摩擦力为零，气压梯度力与科式力平衡就变成为地转风。风向和风速的轨迹图称为埃克曼螺线，见图7.7。如果地转风为西风 u_g，图7.7a 显示随高度变化的风廓线在平面的投影，坐标系原点到曲线上每一点的距离大小表示水平风速大小，而指向则表示水平风向。图7.7b 是风廓线的三维分布，其中不仅包括了在水平面的投影，也包括了在东—西向和南—北向垂直平面上的投影。图中风的风向与地转风第一次一致时的高度是1 km，此高度通常被规定为行星边界层的近似高度，它在一天中是变化的，这一层又称为埃克曼层。埃克曼层是指大气层为中性稳定度下，大尺度运动处于气压梯度力、科氏力和摩擦力三力平衡，且水平气压梯度力不随高度变化的理想大气边界层。

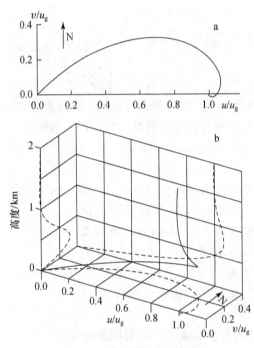

图 7.7 埃克曼层的风廓线

埃克曼螺线表示的风的垂直分布是一种理想的风廓线，与实际的复杂大气的情况有偏差，但它对后继的观测和研究工作都有指导作用。

埃克曼螺线是1905年瑞典的海洋学家埃克曼（1874—1954）在研究海洋摩擦层时发现的（详见第八章）。

7.3.5 地面风

对于弯曲等压线的地面流场，因为地面摩擦力的作用，使得地面实际风速比理想的梯度风速小,风向要偏向低压一侧。因此,在北半球,地面风逆时针吹进低压(图7.8a),导致气流辐合上升,所以低气压区往往有云雨天气出现。低压槽附近的天气特点和低气压类似。相对于低压,地面风是顺时针吹离高压(图7.8b),导致低层大气向外辐散,上层空气下沉,往往天气晴好。高压脊附近的天气特点和高气压类似。

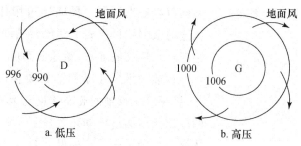

图7.8 摩擦引起的气流辐合和辐散

如果考虑平直的地面等压线流畅,从图7.6可知,地面风速要小于理想的地转风速。根据研究,在中纬度地区,陆地上地面风速约为地转风的35%~45%,在开阔水域可达60%~70%。地面风风向与地转风的交角,在陆地上约为35°~40°,在开阔水域约为10°~15°,这是因为陆地表面起伏不平,比水面粗糙,因而陆地摩擦力较大的缘故。如果所用地面类型都估计进去,风向与地转风的交角平均为30°。风速大小也影响风向与地转风的交角,即风速大的时候角度小,微风时就大。

在讨论地转风时,已经知道,在北半球,如果背向高空风,低压在左,高压在右。现在应用于地面风,因为风穿越了等压线,上面说法修正为:如果背对地面风,顺时针转30°,低压在左,高压在右。这个风与气压的关系称白贝罗定律。

1857年,荷兰气象学家白贝罗(Buys-Ballot,1817—1890)针对荷兰的天气发现风和气压的关系,后来人们发现,这个规律对整个北半球,特别是中纬度广大地区都是适用的。从此,白贝罗风压定律驰名世界。

7.4 风的测量和应用

7.4.1 风的测量

常规气象台站要观测的风,就是空气的水平运动,包括风向和风速。

风向指风的来向,以正北为基准,顺时针方向旋转。因此,东、南、西和北风的风向分别为90°、180°、270°和360°,而0°表示无风。人工观测,以16方位表示(如图7.9),并用英文字母组合表示风向;自动观测时,风向以度(°)为单位。风速是指单位时间内空气移动的水平距离,以米/秒($m \cdot s^{-1}$)、海里·小时$^{-1}$(knot,又称"节")、千米·小时$^{-1}$($km \cdot h^{-1}$)为单位,

其换算关系如下

$$1\,\text{m}\cdot\text{s}^{-1} = 3.6\,\text{km}\cdot\text{h}^{-1},\ 1\,\text{knot} = 1.852\,\text{km}\cdot\text{h}^{-1} = 0.514\,\text{m}\cdot\text{s}^{-1}$$

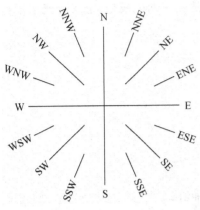

图 7.9 风向的 16 个方位图

风向标是测量风向古老而可靠的气象仪器,它包含长箭形状的东西,绕垂直轴可自由运动,箭头指向风里,因此可以给出风向。风向标可用任何材料制作。测量风速的仪器叫风速表。气象台站的测风仪器,必须放在空气自由流动的地方,距地面高度不得低于 10 m。

目前测量风速常用的是风杯风速表。其基本原理是,风杯绕垂直轴的旋转速度与风速成正比。感应得到的风速然后通过传动装置显示在刻度盘上,或经过电缆传输后自动记录。野外做实验时,简易的三杯风速表是常用的仪器。风向和风速传感器见图 7.10。

图 7.10 风速和风向传感器

风向风速计则是风向和风速都测量的仪器。感应风速的是风杯,使用风标感应风向,然后通过电缆连接传送到记录器上。此外,感应器也可做成类似飞机机身的形状,绕垂直轴转动。前部螺旋桨转动与风速成正比,流线型机身保证螺旋桨平面正对风。也通过电缆连接记录器,可记录连续的风速风向。

超声风速表利用声波在大气中的传播速度与风速有关的特点来测风,即根据声速传播的时间差(如顺风、逆风)来计算风速。它可以测量空间水平方向上两个方位和垂直方向上的风的分量,也即风的三维空间分布,可以通过计算获得风速和风向。超声测风具有较大的测量范围和较高的灵敏度,因此,在科学实验的野外数据采集中,常被使用。

地面以上的风可用测风气球、雷达和卫星等来测量。

测风气球按设计速度上升时,会随风水平漂动,可用地面经纬仪观测气球的垂直高度角和水平方向角,经计算处理,就得到风随高度的垂直变化。

多普勒声雷达,可获得对流层内的风的垂直廓线,因此也叫风廓线仪。它发射微波辐射脉冲,当靶子运动(离开或靠近天线方向)时,天线接收的后向散射脉冲发生变化,这种变化与风向风速有关。

在较高的空间(如 30 km 以上),要依赖火箭和雷达配合测风。火箭抛下带有降落伞的仪器(或金属条),再由地面雷达跟踪,通过一定的处理手段,获得风随高度的分布变化。

卫星测风是利用相邻的卫星云图,根据云图中云的运动,确定风向;根据两云图的时间间隔和在这段时间内云移动的距离,来确定风速。卫星确定的风向和风速是云顶高度处的风。

7.4.2 风的等级

英国海军将领蒲福(Beaufort,1774—1857),通过观测海洋、陆地上各种物体在风里的情况,在 1805 年把风划成 13 个等级。后来人们不断补充修订,并且扩展到 18 个等级,成了现在全世界广泛采用的风级标准。我国一直采用 12 级的风级标准,凡是风速超过 12 级最低标准($32.7\,\mathrm{m\cdot s^{-1}}$)以上,都认为是 12 级(见表 7.2)。

表 7.2　风力等级表

级别	名称	风速 ($\mathrm{m\cdot s^{-1}}$)	风速 ($\mathrm{km\cdot h^{-1}}$)	地面物特征
0	静风	0~0.2	<1	静止,烟直上
1	软风	0.3~1.5	1~5	烟能表示风向,但风标不转动
2	轻风	1.6~3.3	6~11	人面感觉有风,树叶微响,风标转动
3	微风	3.4~5.4	12~19	树叶和微枝摇动不息,旌旗展开
4	和风	5.5~7.9	20~28	能吹起灰尘和碎纸,小树枝摇动
5	劲风	8.0~10.7	29~38	多叶小树摇摆,内陆水面有小波
6	强风	10.8~13.8	39~49	大树枝摇动,电线有哨音,举伞困难
7	疾风	13.9~17.1	50~61	全树摇动,迎风行走不便
8	大风	17.2~20.7	62~74	折毁树枝,人向前行走感觉阻力
9	烈风	20.8~24.4	75~88	轻型建筑物(烟筒和屋顶)发生损坏
10	狂风	24.5~28.4	89~102	陆上少见,树木连根拔起,多数建筑被损坏
11	暴风	28.5~32.6	103~117	陆上很少见,发生大范围的险情
12	飓风	≥32.7	≥118	陆地绝少见,摧毁力极大

7.4.3 风与生活

1. 冷暖感觉与风速

人类不仅通过皮肤与外界交换能量,而且也感受天气冷暖。皮肤吸收和放射红外能量,也通过空气分子的流动、传导与环境交换能量。因为空气是很差的导体,所以在冷天气,贴近皮肤的薄气层会阻止人体降温。如果有风,风会吹散薄绝热气层,空气分子就将热量从皮肤带走。如果其他因素不变,风越大人体感觉越冷。风的影响导致人感觉温度降低,这个感觉的温度称为风寒温度(wind chill temperature)。一般说来,0℃以上,风力每增加 2 级,人的感觉下降 3~5℃;而在 0℃以下,则下降 6~8℃。其他因素也影响,如衣服和暴露皮肤的多少等。

20 世纪 40 年代,南极探险家 Siple 和 Passel 通过实验首先研究得到风寒温度 t_{wc}(以℉为单位)经验公式,在风速低于 4 mph(英里·小时$^{-1}$)时,风寒温度与实际气温接近一致。

$$t_{wc} = 91.4 + 0.0817 \cdot (3.71 \cdot v^{1/2} + 5.81 - 0.25 \cdot v)(t - 91.4) \qquad (7.4.1)$$

其中 v 是以 mph 为单位的风速,t 是无风时以℉为单位的实际气温。

在 0℃ 以下,大风的天气里,身体四肢顶端会出现冻伤。如果皮肤是湿的,降温会加剧。因为水比空气更易从皮肤传热。冷湿和风的情形下,人体失去的能量会比产生的多,会出现低温症(精神、身体很快虚脱,伴随体温下降的症状),这种症状即使在 0~10℃ 的环境中也经常会出现。

2. 盛行风

盛行风是一段时间(可以是某一观测日、月、季和年)中某地风向出现频率最多的风。对风进行周期性观测,然后简单计数和比较可以确定盛行风,或者从风玫瑰图(见下)来确定。频率是在某段时间内,某一方向的风出现次数与各个方向上出现的风的总的次数的比值。

盛行风可以决定当地的城市建设,甚至个人的建房等。如污染物处理厂的建设地点就不能在盛行风向上,这样污染会影响城市居民生活;飞机场跑道应和盛行风一致,以帮助飞机的起飞。生物学家根据携带病菌的昆虫、植物孢子的运动,来确定疾病的传播。地质学家可判定火山喷发后会在哪里落下火山灰。

风玫瑰图是一种表示某地持续一段时间内风向的分布图。最常见的风玫瑰图,是从一圆圈(表示当地)为中心发散的 8 条或 16 条线组成,每条线的方向表示风向,线的长度正比于该线方向上风出现的频率。风向频率最大的风就是该地的盛行风,但不能代表整个地区的盛行风,因为盛行风经常会受到山区等地形的影响。

习 题

1. 在靠近地面 3 km 内,气压随高度近似线性减小,即每上升 100 m,气压下降 10 hPa。请检验之。
2. 查阅相关书籍,请说明用水银气压表测量气压可获得本站气压,为什么要进行仪器误差、温度差和重力差订正?
3. 把白贝罗定律应用于南半球,如何叙述?
4. 垂直方向上气压梯度力要比水平方向上的气压梯度力大很多,但大气运动的垂直速度却比水平速度小得多。为什么?
5. 说明气温差异能产生气压梯度,并最终形成风。
6. 试比较地转风和梯度风的异同点。
7. 计算在北纬 30°、60° 和 90° 处自由大气中某高度处的地转风速。已知这个高度上空气

密度为 $1.0\,\mathrm{kg\cdot m^{-3}}$，气压梯度为 $(-\Delta p/\Delta y)=1.5\times 10^{-2}\,\mathrm{hPa\cdot km^{-1}}$。

8. 在北半球海平面处，沿着经圈方向从 40°N 到 45°N，气压升高 1‰，温度没有变化，维持在 10℃。求平均地转风的大小和方向。

9. 从地面到高空，风如何变化？

10. 根据文中提供的公式，写出风寒温度（单位℃）随实际气温（单位℃）和风速（单位：$\mathrm{m\cdot s^{-1}}$）的变化公式，并绘图。

第八章 大气环流

因太阳辐射能的影响,地面的受热很不均匀,水平温度的差异出现了,因而气压梯度建立了起来。空气受气压梯度力的作用,开始它的运动生涯。但空气的运动也并不是顺顺当当,当它面对地球自转、地面不均匀和地面摩擦等作用时,它的运动方向发生了偏离。

当空气运动形成的风只发生在局地时,它有可能是我们看到烟囱喷出的烟的涡旋。如果住在海边,我们会发现昼夜风向不同。但如果住在山的背风面,我们会忍受干热焚风的煎熬。当我们把视野放大,还会发现在辽阔的东亚大陆上,冬夏两季的风一点也不一样。这些影响某一地区天气现象(如晴、雨和风等)的过程,常能发展并维持一定的时间,就称为天气系统(或天气过程)。如果利用气象卫星从高空向地球上空漂浮的云团拍摄照片,就可以看到各种尺度的天气系统混杂在一起。最大的天气系统可达数千千米,而最小的只有数千米。天气系统是在全球大气环流上演变的扰动系统,它与全球大气环流是密不可分的。

本章将带你了解空气运动的尺度、地方性的风和全球大气环流。另外,海洋-大气相互作用也是本章介绍的内容。

8.1 运动尺度

我们实际面对的因空气运动导致的天气系统维持的时间有长有短,空间尺度有大有小。从时间和空间上把这些天气系统区分开是人们研究这些问题的需要,因为不同时空尺度的运动的特征也不一样。这些多种不同时空尺度的运动,形成了地球上不同的天气和气候现象。

目前有多种运动尺度的分类,还没有一个统一的标准。基本上可以将天气系统归纳为小尺度、中尺度、天气尺度和行星尺度四类。有时将天气尺度和行星尺度归结为大尺度。

(1) 小尺度:数米到数千米,典型2 km,时间尺度为数秒到数天。小尺度涡旋、尘卷等对天气没多大影响,但海陆风,山谷风和焚风等对天气都有影响。

(2) 中尺度:数千米到数百千米,典型20 km,时间尺度是数分钟到一周。中尺度是最具破坏力的尺度,垂直运动剧烈,台风和雷暴等天气系统属于此类。

(3) 天气尺度:数百千米到数千千米,典型尺度2000 km,时间尺度为数天到数周。电视上天气预报中的天气图属天气尺度,包括典型的高低压系统,气旋和锋面等。垂直运动小,但效果大,足以造成雨、雪天气。

(4) 行星尺度:数千千米以上,时间尺度为数周,典型尺度为5000 km。这种尺度的系统,例如西风带中的长波,垂直运动轻微,可支配季节天气状况,甚至整个气候。

因为天气系统是变化的,有时随时间的变化,天气系统可以划归另一类别。例如,雷暴尺度小时,可以化归小尺度;海陆风、山谷风和焚风等在尺度大时就属于中尺度。一般来说,天气系统的空间尺度越大,维持的时间也越长。

天气学研究的对象就是上述不同尺度的天气系统,通过认识这些系统的发生和发展规律,对其变化和造成的天气作出预测。本书不能涉及所有这些天气系统的介绍,但从本章开始重点介绍几种典型的天气系统,如海陆风、锋面、气旋、雷暴、龙卷风和台风等等,这些天气系统会带来显著和强烈的天气现象。

8.2 地方性的风

地球上的天气和气候现象的直接原因是热力因素造成的,因而有"热生风,风生雨"之说,但这里的"雨"是指天气或气候现象。唐代的许浑(生卒年不详)在《咸阳城东楼》的传世名句就与"风生雨"有关,

<blockquote>溪云初起日沉阁,山雨欲来风满楼。</blockquote>

因此,循着这一线索,我们首先讨论热力环流,然后再去研究各种天气和气候现象。

在第七章 7.1.2 节中已经知道因为热力差异,会造成高空气压梯度,而地面气压梯度则相反,因此造成了从热区吹向冷区的高空风,从冷区吹向暖区的地面风,如果考虑热的地方气流上升,冷的地方气流下沉,这样就组成了一个环流圈,称为热力环流(见图 7.1)。

因为热力环流,在大气冷却的地方会形成具有冷中心的地面高压,称为热高压;而在大气加热的地方,则会形成具有暖中心的地面低压,称为热低压。一般来说,热高压和热低压是很浅薄的系统,不超过 1 km 的高度,且随高度减弱,并由地面冷却和加热来维持。

许多地域性的风(局地环流)是热力环流,例如海陆风和山谷风等。由于实际风是大尺度天气系统和局地环流综合作用的结果,因此只有在盛行风较弱时,这种局地环流才能表现出来。

8.2.1 海陆风

海陆风是典型的热环流。在大水域(海洋和湖泊)的沿岸地区,在晴朗、小风的气象条件下,边界层内经常观测到向岸风和离岸风的交替变化。

白天,太阳辐射使陆面增温高于海面,因此形成一个从海面到陆面的气压梯度,于是边界层下部的气流从海面吹向陆地,称为海风。海风环流的厚度可从开始的数百米发展到 1 km 以上,地面风速可逐渐增大,气流能推进至内陆数十千米的纵深,伴随较强的上升运动。而上层的反向海风回流风速略偏小,到离岸数十千米处则产生较弱的下沉气流。

夜间陆面地表温度的降低比海面要迅速,因而形成与海风形成时相反的温度梯度、气压

梯度以及反向的环流,称为陆风环流。边界层内气流从陆地吹向海面,称为陆风。海陆风转换期间的平均风速很小。

一般海风比陆风要强。因为白天海陆温差大,而且陆上气层较不稳定,有利于海风的发展。而夜间,海陆温差较小,不利于陆风的发展。滨海一带温差最大,因而海陆风强度也大,随着与海岸距离的逐渐增大,海陆风也逐渐减弱。

海陆风发展最强烈的地区,是在温度日变化最大以及昼夜海陆温差最大的地区。所以在气温日变化较大的热带地区,全年都盛行海陆风;中纬度地区海陆风较弱,而且大多在春夏季才出现;高纬度地区,只有夏季无云的日子里,才可偶尔见到极弱的海陆风。

海风会使夏季沿海地区比内陆凉爽,因为海风吹过后,温度会下降。通常将海风的前沿叫海风锋,因为海风带来大量水汽,锋处会有云雾,使海滨雨量充沛。但如果与污染物结合,会形成烟雾锋,不利于污染物的扩散。排入上层反向海风环流里的污染物也可能随着低层海风重新返回陆地,也会使大气低层的污染物浓度加大。此外,海风经过森林火灾区,不仅使地面灭火困难,而且海风环流带起的火星在高空回流向海的方向,有可能落入森林,可以使灭火人员处在前后两道火墙的包围之中。

在范围较大的湖泊或江河沿岸也有类似海陆风性质的地方性风,称为湖风或江风。

8.2.2 山谷风

山谷风沿山坡形成。白天山坡向阳面受到太阳辐射加热,温度高于周围同高度的大气层,暖而不稳定的空气由谷底沿山坡爬升,形成谷风。由于暖空气爬升时有四周的冷空气下沉,导致高层的逆谷风,形成白天的谷风环流。夜间山坡辐射冷却降温,温度低于周围同高度的大气层,冷空气沿山坡下滑,形成山风。同时也导致高空的逆山风,形成夜间的山风环流。

山谷风环流交替出现,使昼夜风速和风向呈现有规律的变化。特别是晴朗夏天盛行风弱的时候,这种风的日循环很强。在盛行风较弱的情况下,北京地区受西山影响会出现典型的山谷风,经常出现白天的北转南风和夜间的南转北风。

晴朗的白天,谷风可以把温暖的空气和水汽向山上输送,冬季可以减少寒意,春夏季如果水汽充沛常常会凝云致雨,这些都对山区树木和农作物的生长很有利。春秋季节,山风会给低洼谷地区域带来冷空气,加上夜间辐射降温,容易造成霜冻,而半山腰和坡地中部往往不受冻害,这里是种植农作物的理想地区。

8.2.3 焚风

焚风是指气流过山以后形成的干而暖的地方性风,最初专指阿尔卑斯山区的焚风。从地中海吹来的湿润气流到达阿尔卑斯山南坡,受到山脉的阻挡而逐渐爬升,水汽凝结且部分降落,气流过山后下沉增温,山脉北麓的气温比南麓同高度处平均约高 10~12℃,相对湿度平均下降 40%～50%,这样在山的背风面出现了温度高、湿度小的干热的焚风。

现在,凡是气流过山形成的干热风都已泛称为焚风。例如北美落基山东坡,我国天山南麓乌鲁木齐等地、大兴安岭和太行山的东麓、台湾中央山脉西麓都有明显的焚风。除了上述形成焚风的原因外,大多数焚风是由于过山气流的干绝热下沉造成的。例如,我国大兴安岭是南北走向的山脉,海拔 1000 m 以上,最高峰达 2000 m。从大兴安岭东部陡坡上吹下的焚风,气流的绝热下沉增温是主要原因。

因此,焚风产生的原因可归纳为如下两条(见图 8.1):

其一,有降水时,潜热释放提供过山气流热能而使气温剧升;

其二,无降水时,空气自上层而来,经绝热压缩气温升高所致。

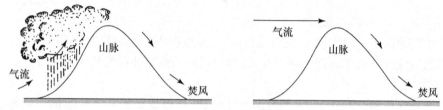

图 8.1　焚风形成示意图

但是,如果在山的迎风坡之前风速不够大,爬到山顶的空气已经增加了许多潜热,变得暖和,气层稳定,过了山顶后就不可能下山。因此,焚风的发生不是轻而易举的事。

焚风干而暖的气流在寒冷季节能促使冰雪融化,在温暖季节能促使作物早熟。但是若焚风过强,也可使植物干枯而死,并且容易引发森林火灾。

8.3　全球性的风

全球性的风包括全球大气环流、急流、大气长波和季风等。

8.3.1　大气环流

一般来说,大气环流是指大范围的大气运动状态,其水平范围达数千千米,垂直尺度在 10 km 以上,时间尺度在 1～2 日以上。大气环流反映了大气运动的基本状态,并孕育和制约着较小规模的气流运动。它是各种不同尺度的天气系统发生、发展和移动的背景条件。

它同样也是大气在压力差作用下产生流动,在不同热力作用下产生上升和下沉运动,形成的主导因素是地面的不同加热。尽管全球能量收支是平衡的,即入射太阳辐射收入与出射地球辐射支出平衡,但对每一纬度是不平衡的。对全球来说,赤道盈余,极地亏损。为了平衡,大气使热空气向极地流动,冷气则流向赤道。实际因地球转动、地形等影响,气流很复杂,以下只能用一些简单的模型来说明。

1. 单圈环流模型

如果不考虑地球转动（只有气压梯度力），又假定地表均匀（水、陆差异没有）和太阳直射赤道（风不会随季节变化），则形成如图8.2所示的单圈经向环流，它是哈德莱（Hadley,1685—1768,英国）1735年首先提出的。它实际上是一个热力环流圈，因为驱动它的是太阳的辐射能量。赤道地区因太阳辐射净收入而加热过多，高空因气流上升流出而产生大范围区域的赤道地面低压；而在极地能量亏损过多而降温，高空有空气流入下沉而产生一个极地地面高压。结果导致地面和高空都出现了气压梯度，气流从极地吹向赤道，高空则从赤道向极地流动，形成了一闭合环流圈，这样热带的多余能量也就可以传递到极地。

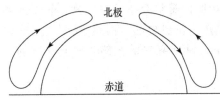

图8.2 哈德莱单圈经向环流

因为作了地球不转动的假设，这一经向环流模型在中纬度地区与观测不一致。但在赤道地区和极地地区还是与现代观测相符的，特别是赤道地区环球的热带辐合带。

2. 三圈环流模型

在单圈环流模型的基础上，如果考虑地球自转，则形成如图8.3所示的三圈环流，它是费雷尔（Ferrel,1817—1891,美国）在1856年提出的一个更接近实际的大气环流模型。

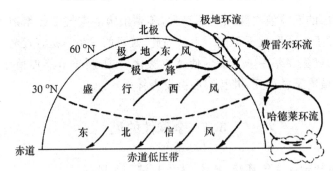

图8.3 北半球经向环流的三圈模型

由于受地转偏向力作用，气流在赤道地区由地面上升至高空后向北运动时发生偏转，至30°N时，变成高空西风流动，同时也就阻碍了其继续北流。大气在30°N附近堆积，并辐射冷却而下沉，在近地面形成副热带高压。下沉气流产生了晴朗天气和暖表面温度，也导致了世界主要的沙漠带出现在此区域附近内。相应地在洋面上，高压中心的弱气压梯度，产生微弱的风，因此副热带高压带也称副热带无风带。在大西洋上探索美洲新大陆的旅行中，到了此地带时，船因无风而停泊，马匹因缺乏淡水和饲料成批死掉并抛入大海，因而人们为这个恐怖的纬度带起名"马纬度"。

地面副热带高压的空气分南、北两支流动，流向赤道的一支在偏向力作用下形成东北信风带，它与南半球的东南信风带汇合形成赤道辐合带。这样在赤道和30°N之间形成一环流圈,通常称其为哈德莱环流。而在赤道地区,水平气压梯度弱,风小,天气单一枯燥,因此也称赤道无风带。但是因空气凝结会产生巨大的积状云和雷暴,释放巨量的潜热能量。这些能量让空气更轻,同时提供了驱动哈德莱环流圈的能量。

地面副热带高压的空气向北流动的气流,受地转偏向力的作用逐渐向东偏转,导致向东空气流动,称为盛行西风带。在60°N附近,这些地面暖气流遇上了从极地过来的冷空气,形成极锋,锋面将冷暖空气隔开。这里是低压区域,称为副极地低压。地面空气辐合上升,会形成风暴天气。一部分上升气流在高空返回副热带无风带,在副热带高压附近下沉到地面。于是,在30°N和60°N之间形成一个环流圈,称为费雷尔环流。它不是因为热量差异导致的热力环流圈,而是因为低纬度和极地高纬度的热力环流圈的动力作用引起的。

在高纬度地区,极地温度比60°N附近区域低,因此因热力作用,会在极地和60°N之间形成一个环流圈,称为极地环流。从极地地面来的冷空气因偏向力的作用,逐渐变成向西流动,因而这个区域称极地东风带。在高空,从60°N附近区域上升并向北流动的气流因偏向力作用,转变为西风,最终到达极地并缓慢下沉至地面,在极区形成极地高压。

综上所述,在北半球的赤道与极地之间会形成三圈经向环流,在近地面形成三个纬向风带——极地东风带、中纬度盛行西风带和低纬度东北信风带,以及四个气压带——极地高压带、副极地低压带、副热带高压带与赤道低压带(或称热带辐合带,ITCZ)。南半球的情况则与北半球的分布对称。

三圈环流模型反映了大气环流的最基本情况,也与实际观测的地面风、地面气压分布等很接近。但因其是理想的模型,而且忽略了海陆差异和季节变化等因素,三圈环流与实际大气环流还是有一定的差异。

3. 实际大气环流

考虑地球的实际情况,根据实际观测资料绘制1月和7月的海平面、高空平均气压场和

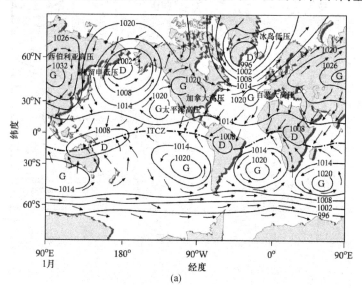

(a)

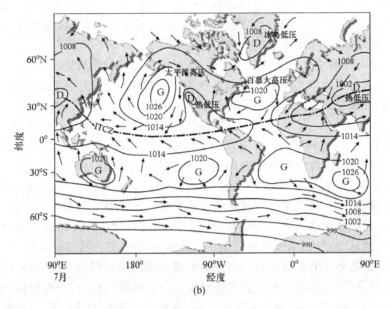

图 8.4　1 月和 7 月份全球海平面气压场(hPa)和地面风场分布图(Ahrens,2003)(续)

风场分布,可以看到真实的大气环流的平均状态。图 8.4 是全球多年平均的海平面气压场和地面风场分布。图 8.5 是 500 hPa 高度场和温度场分布。

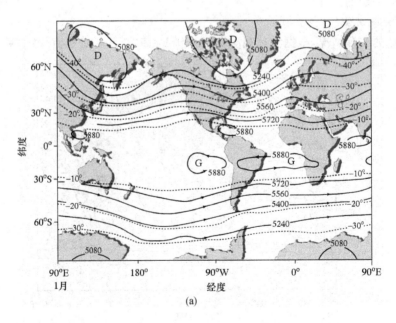

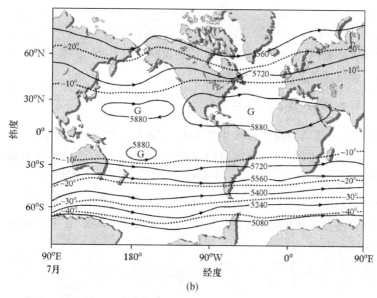

图 8.5　1月和7月份的 500 hPa 的高度场(m)和温度场(℃)分布图(Ahrens,2003)(续)

从图 8.4 可以看到，因巨大陆地的影响，三圈环流模型中的理想气压带出现分裂，在海洋上形成了一些在一年中变化小的气压系统，称为半永久性气压系统。在北半球冬夏季存在的半永久性气压系统有冰岛低压、阿留申低压、太平洋副热带高压和大西洋百慕大高压。其中，阿留申低压夏季减弱很多，仅变成亚洲大陆低压的一个低槽。其他出现在陆地上的系统，如西伯利亚高压、加拿大高压、亚洲和北美热低压等系统，因它们在一定季节中经常存在，称为季节性气压系统。南半球气压系统变化不大，在副热带地区有 4 个高压，而副极地低压带则形成为一连续围绕地球的槽。

风场分布揭示了 1 月份与 7 月份的环流差异主要发生在亚洲地区。1 月份，亚洲大陆受冷高压控制，气流辐散。从亚洲大陆到东南亚、南亚和北印度洋吹东北风。气流辐合区集中在赤道以南的低纬度地区。7 月份，亚洲大陆为热低压，气流辐合，从东南亚、南亚和北印度洋到亚洲大陆吹东南风。气流辐合区集中在赤道以北的低纬度地区，赤道以南印度洋出现较强的东南气流。

从图 8.4 中也看到，由于太阳直射的改变，最大地面加热区也在改变，主要气压系统、风带和热带辐合带等，在 7 月均向北移动，而在 1 月则向南移动。

从 500 hPa 高空平均图(图 8.5)的一些特征可以看出，1 月份，冰岛低压和阿留申低压位于地面低压的西边。对于两个半球来说，高低纬度之间的水平温度梯度导致气压梯度，从而导致了在中高纬度的西风带，这个特征与三圈环流模型中的东风带相反。因为冬天等高线梯度比夏天陡，因此冬季的高空风比夏季的高空风要强。

8.3.2 急流

我们一般都有高处风大的感觉,这是真实的现象。早在唐代,杜甫(712—770)的《古柏行》中有两句诗,就描述了高处风大的情况:

> 落落盘踞虽得地,冥冥孤高多烈风。

事实上,在中高纬度风随高度会变得很强。二战时高空飞行的军用飞机飞行员就发现了高空有风速很强的气流带,而地面观测到快速移动的卷云,也显示快速运动的气流带的存在,这就是急流,它是大气环流中的一个重要特征。

急流是高空风速大于 $30\ m\cdot s^{-1}$ 的狭窄强风带,它是自西向东弯曲环绕地球延伸数千千米,宽数百千米,厚度数千米的带状区域,通常在对流层顶,海拔 $10\sim15\ km$ 处出现,在高低纬度都有(图8.6)。

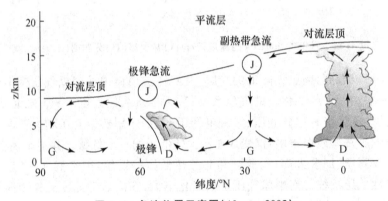

图 8.6 急流位置示意图(Ahrens,2003)

沿急流中心风速极大处的急流轴方向,如果风速小于 $30\ m\cdot s^{-1}$,就认为是急流中断。急流轴在有的地方出现分支,有的地方会出现会合。而在同一条急流轴上,风速也不相同,有一个或几个强风中心,这些强风中心称为急流核。

图8.7a 是 300 hPa 高空图上低压槽中等高线和风速的分布,图中显示的急流核中心风速达到 $100\ m\cdot s^{-1}$ 以上。在急流核的左侧,气流是辐合的,这里是急流的入口区(见图8.7b)。在急流核的右侧,气流是辐散的,这里则称为急流的出口区。高空急流的这些不同部位(如图8.7b中所示的位置1、2、3和4)对垂直环流的形成和地面气旋的维持起了重要的作用(详见第九章)。

依据北半球的观测资料和急流所在高度和气候带位置,北半球的高空急流主要有极锋急流(也称温带急流或北支急流)和副热带急流(也称南支急流),见图8.6。

极锋急流形成于极锋的上方,因为沿极锋,南北两边温度梯度很大,这样建立起很陡的

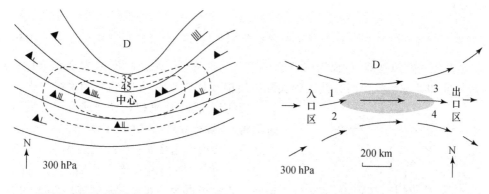

a. 300 hPa高空图上风速分布　　　　b. 急流核的入口区和出口区

图 8.7　300hPa 高度上的高空激流(Ahrens,2006)

气压梯度,因而形成强西风。急流轴出现的高度一般为 8~10 km(300 hPa)的中纬度对流层顶附近。因为沿锋区的南北温度差异冬天比夏天大,因而极锋急流有季节变化,它的平均位置也不容易确定。冬天,急流强,并向南移动,锋面并有可能伸进副热带区域;夏天,急流变弱,并退缩到更北的纬度带。

副热带急流位于热带对流层顶和中纬度对流层顶之间的地区,位于 12 km(200 hPa)上空副热带高压的北部边缘,哈德莱环流圈朝极地的一边。因为哈德莱环流圈使暖空气流向极地,于是在 30°N 附近的高空出现了一个南北向有极大温度差异的边界,形成了一个没有伸向地面的锋面结构——副热带锋。这里因为温度差异大,导致气压变化大,从而出现强风。与极锋急流相比,副热带急流的南北位移较小,但其中心平均风速值较大。因为除了相同的因温度差异直接导致强风外,副热带急流的形成还有一个很重要的原因,这就是赤道气流在流向副热带区时,角动量守恒因而导致强西风带的产生和急流的生成。

绕某一中心轴旋转的物体如果没有受到外力作用,其角动量守恒,即

$$mv \cdot r = 常数 \quad (8.3.1)$$

其中,m 是物体质量;v 是物体绕中心轴的速度;r 是物体与中心轴的距离,v 的方向要与 r 垂直。

如果在赤道无风的地面,空气受热上升,到达对流层顶后,就向侧面辐散,开始向北半球副热带方向运动。由于地球的形状,空气将不断靠近它的自转轴(r 减小),因为角动量守恒而且空气质量 m 不变,r 的减小必然使速度增大,这样空气向东运动加快,于是形成强的西风急流。

8.3.3　大气长波

在西风带里,对流层中,高层中高纬度大气中环绕纬圈总有若干波动存在,这样的波动称为大气长波。大气长波是移动的,因此其上的波槽和波脊也在不断变化。长波移动速度 v

可以表示为

$$v = u - \beta \cdot \left(\frac{L}{2\pi}\right)^2 \tag{8.3.2}$$

其中，u 是西风平均风速；L 是长波的波长；$\beta = 2\omega \cdot \cos\phi / R$；$\omega$、$\phi$ 和 R 分别是地球自转角速度、地理纬度和地球半径。因为此方程实际给出槽脊移动速度，所以也称为槽线方程。

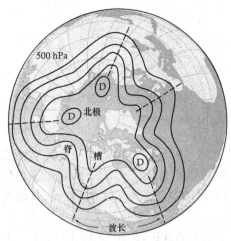

图 8.8　北半球高空大气长波(Ahrens,1982)

大气长波波长(两相邻槽线或脊线之间的东西向距离)一般为 5000～7000 km 或 50～120 个经距，半球中高纬度常出现 4～7 个长波(图 8.8 出现 5 个长波)；振幅(波峰到波谷南北向距离的一半，或槽和脊南北向距离的一半)一般为 10～20 个纬距；平均移动速度为每天 0～10 个经距，有时呈准静止状态甚至向西后退。长波一般可维持 3～5 天以上。

大气长波在维持全球能量平衡方面起着重要的作用，例如，靠三圈环流不能将热量从赤道传输到极地，而大气长波发展很强(振幅很大)时，长波槽可向南发展成低压系统，同时低纬的暖空气沿长波脊北上，这样使得南北能量得以交换。

如图 8.9 所示的旋转圆筒实验(Hide 和 Mason,1975)并获得的四波流型，支持了大气长波理论。图中环形圆筒装置中心是一个冷圆柱，而圆筒外围缠绕加热线圈，它们分别代表地球的极地和赤道。圆筒中盛有特殊的溶液，以模仿大气。当圆筒转动时，随着转动角速度的不同，可获得不同的流型。

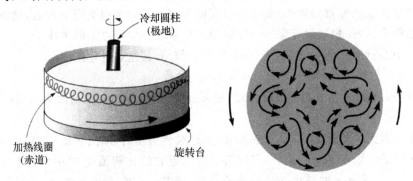

图 8.9　旋转圆筒实验装置及实验得到的流型(Ahrens,2003)

1939 年罗斯贝(Rossby,1898—1957,瑞典)首先从高空天气图上发现并解释了它的特点，故也称为罗斯贝波。大气长波的发现开创了现代大气环流的新纪元，因为大气环流中基本气流的变化使得长波发展和演变，而大气长波的变化又维持了基本气流，两者是相辅相成的。

8.3.4 季风

季风是大气环流季节变化的反映。简单地说,季风是随季节变化的风,它实际是指近地面层冬夏盛行风向接近相反且气候特征明显不同的现象,即冬、夏风向的季节性反转和干、湿期的季节性交替。其形成的主要原因是海陆比热不同造成了热力差异,因而形成局部的庞大热力环流,这种环流有季节的交替性,故名季风。就某些方式而言,它非常类似巨大的海陆风。

用季风指数 I 来确定季风环流区,其定义为

$$I = (F_1 + F_7)/2 \tag{8.3.3}$$

其中,F_1 和 F_7 是1月和7月盛行风向频率的百分数,且两月盛行风向之间至少相差120°,$I>40\%$ 的地区为季风区。图 8.10 是 Ramage(1971)给出的世界季风环流区分布。这个季风区主要在赤道以北的热带和副热带地区,包括赤道北非、印度、中国和日本,南半球还包括澳大利亚北部。其中,亚洲季风是影响我国天气和气候的重要系统,一般来讲,冬季盛行东北季风,夏季盛行西南季风。

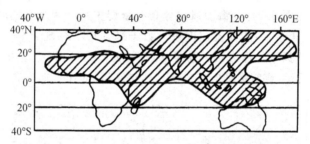

图 8.10 Ramage(1971)总结出的季风环流区

冬天,大陆比海洋冷得多。在庞大的欧亚大陆的西伯利亚地区有一巨大高压,顺时针流动,风从陆地吹向印度洋和南中国海,使东南亚等地区的天气晴朗干燥。到了夏天,风向改变,陆上空气比海洋空气热,大陆内形成浅薄热低压。热低压内加热空气上升,周围空气逆时针流向低压中心。使得来自海上的湿空气流进陆地,并与西风带辐合,引起上升,更进一步被山脉抬升,结果导致暴雨和雷暴。这样夏季风季节天气潮湿多雨,风从海洋吹向陆地。因此,亚洲地区的冬季风和夏季风不但形成了方向的转变,也形成了明显的干与湿的季节转换。王之涣(688—742,唐)在《凉州词》中写道:

羌笛何须怨杨柳,春风不度玉门关。

讲述的夏季风影响的范围与现在基本相符。

除了太阳辐射的经向差异、海陆热力差异影响亚洲季风形成外,青藏高原与大气之间的热力差异而形成的高原上的冬夏季风,也对整个亚洲季风有直接影响。

8.4 海气相互作用

大气环流和海洋洋流是气候形成的重要因子,这二者有密切的联系。海洋对大气的主要作用在于给大气热量及水汽,为大气环流提供能源。大气环流则让全球主要的表面洋流产生运动。当大气环流中的风吹过海洋时,引起海洋表层水随风流动,产生风生洋流。当流动的海水聚集,在水中产生压强变化,导致水中数百米的垂直翻涌运动。洋流还和大气环流一起,共同将赤道盈余的能量传输到有赤字的极地区域。如果不考虑洋流的贡献,地球高、低纬度地区的年平均温度差异将是巨大的,同时气候也会变化。因此,海洋和大气组成了一个相互作用的复杂耦合系统,共同影响着全球的气候。

海气相互作用是近年来全球环境和变化研究中的一个重要课题,对其进行科学解释并预测的工作,仍有很长的路要走。本节只介绍海气相互作用中的一些关系和事实。

8.4.1 大气环流与表面洋流

世界洋流分布(见图 8.11)与海面风向分布有密切关系。因为水的较大的摩擦拖曳力,洋流比盛行风运动慢得多,一般洋流速度每天数千米到每小时数千米。大多数洋流并没有完全顺着风向,因为当风下的海表水运动时,因地转偏向力作用,洋流方向会偏离风向 20～45°的角。例如在太平洋,盛行风顺时针吹离副热带高压,而洋流却是顺时针环状流动。

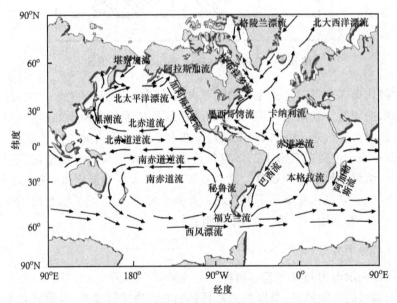

图 8.11 世界主要洋流分布

从图 8.11 上可见,在热带、副热带海域,北半球洋流基本上是围绕副热带高压作顺时针向流动,而在南半球则作逆时针流动。因东风信风的推动,在赤道具有由东向西的洋流,称为赤道洋流。作为补偿,在南北赤道洋流间有由西向东的洋流,称赤道逆流。

在副热带高压西侧是流向中高纬度方向的洋流,海水来自低纬度,所以是暖洋流。例如在北太平洋西部有黑潮暖流。在副热带高压北侧盛行西风,这些暖洋流向北流动时受西风影响折向东流,遇到大陆,分为南北向流动,在北半球向南的一支是冷洋流。

在纬度 40°N 以上洋面,洋流绕着副极地低压流动。例如,北大西洋的湾流受冰岛低压东南部西南风的影响,形成向东北方向流动的北大西洋暖流,而在冰岛低压的西部盛行北风和西北风,形成格陵兰冷洋流和拉布拉多冷洋流。在北太平洋的阿留申低压控制区,也有类似的逆时针向洋流,但因为阿留申低压比冰岛低压弱,以及北太平洋和北大西洋地形不同,这里的洋流强度比较弱。

在南半球,除了洋流围绕副热带高压作逆时针环状流动外,表面洋流和盛行风向非常一样。与北半球不同,南半球在中高纬度因盛行西风作用形成的西风漂流很强,这种流动方式限制了热带暖流向极地流动。海气温差比北半球海域小,因而也限制了南半球洋面上的对流活动的发展。

在印度洋,季风环流使得洋流变得复杂起来。在北半球冬季,受印度洋盛行东北季风影响,形成东北季风洋流;在夏季因西南季风盛行,洋流方向反转,称为西南季风洋流。

在暖洋流表面,海面向空气提供较多的潜热,不仅使空气增温,也使气层变得不稳定,有利于云和降水生成。例如,台风大都源于低纬度暖洋流表面。在冷洋流表面,大气稳定,有利于雾的形成却不易成云致雨,因此大陆西岸往往是多雾天气。例如,拉布拉多冷洋流控制的区域多雾是常见的现象。

当近赤道沿岸海区有强的且与海岸平行(在大洋东岸吹向赤道、西岸吹向极地)的风时,沿岸会出现表面海水离岸流向大洋深处,称为埃克曼流,相应的海底冷水上涌,称为涌升流。赤道东太平洋沿岸在南、北半球信风的作用下有全球最强的埃克曼流和涌升流。

因为当风吹过洋面时,洋面下的水开时运动后受科氏力作用,在北半球偏向风向的右侧,在海洋表面水流与风向相交平均为 45°(见图 8.12)。如果研究海表下方的不同水层,那么它受到上层水的摩擦拖曳力作用也开始流动,只是随深度增加速度逐渐变小,而且方向偏向相邻上层水流方向的右侧。因此,从表面向下,水流逐渐慢下来并向右偏转,到某一深度(通常 100 m),完全与表面水流反向,这种变化可用埃克曼螺线来描绘,而 100 m 厚的水的总体运动方向则向右偏离表面风向 90°角。因此,当风沿大洋东岸吹向赤道(或沿大洋西岸吹向极地)时,

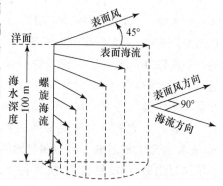

图 8.12 洋面上风导致的海水流动

表层暖水离岸流向大洋,海底的冷水就上涌补充,即涌升流。

涌升流出现的地方,在夏天经常伴随低云和雾,因为空气在冷水作用降温后可达到饱和。另外,涌升流使冷的营养丰富的水从海底上升,对捕鱼有利,但因海水冷,进行游泳运动就较为辛苦。

8.4.2 厄尔尼诺

厄尔尼诺及其相关事件是发生于赤道太平洋上,一种由于海洋与大气相互作用而产生的准周期现象,因此它是海气相互作用的产物。现在气象学家所说的"厄尔尼诺"(El Niño)指的是在赤道中、东太平洋隔几年才发生一次、持续时间长达半年以上的大范围的海表温度异常增暖现象。因为这种现象在接近圣诞节时发生,所以也称为"圣婴"。

厄尔尼诺事件之后,海表温度一般要恢复正常。但有时紧跟着是赤道中、东太平洋海表温度大范围持续异常偏冷,并且暖水和多雨天气主要在西太平洋,这个冷水期,是厄尔尼诺事件的反面,称为拉尼娜(La Niña)或"圣女"。

南方涛动(SO:southern oscillation),是指南太平洋东西海域海平面气压的跷跷板式的变化。在厄尔尼诺期间,东太平洋气压低时西太平洋气压高;而在拉尼娜期间,正好与厄尔尼诺期间的东西太平洋海面气压相反。由于厄尔尼诺和南方涛动的密切关系,所以人们将这两个现象合称为厄尔尼诺-南方涛动(ENSO)。

正常情况下,在热带太平洋,赤道地区盛行的东风信风从东太平洋高压向西吹向中心在印度尼西亚附近的低压,由于科氏力的作用,信风在南北半球均有指向高纬的分量,产生下层冷水涌升,称为赤道涌升。到达表面的冷水向西移动时,逐渐被太阳和大气加热。因此,沿赤道的海表面水一般是东冷西热。另外,表面水受信风的拖曳,使东西太平洋海面西高东低,热带西太平洋有较厚的暖水层,同时也导致有从西向东的弱海流(即赤道逆流)。

每隔几年,当由西向东的海面高度梯度达到一定值,即积累一定的势能时,一旦发生信风突然减弱,地面大气压形势就随之发生变化,西太平洋海面气压升高,而东太平洋降低。气压反转后,西风取代东风信风,并使赤道逆流加强。热带太平洋大面积海区变暖,并向东南美洲涌集。大面积洋面异常增暖可持续半年以上,这就发生1次厄尔尼诺事件。在接近暖期的结束时,东太平洋海面气压开始回升,而西太平洋气压则下降。这个如同跷跷板形式的太平洋两端海面气压反转现象就是南方涛动。气压反转后,东风信风一般回到正常,但是,如果信风很强,赤道涌升和沿岸涌升(从南美西海岸)使大量冷水移过中、东太平洋表面,并且大范围海域持续异常偏冷,这就会发生1次拉尼娜事件。

尽管大多数ENSO有类似的演化,但每个都有自己的特点,在强度和行为上都不尽相同,这样也对气候造成不同但明显的影响,因此,ENSO的研究越来越受到重视。例如,当发生厄尔尼诺时,印度尼西亚、澳大利亚、印度和巴西东北部干旱,而南美秘鲁、智利、厄瓜多尔及赤道中太平洋的岛屿多雨。研究和预测ENSO的发展,对这些地区的气候预测有重要的意义。

对于 ENSO 事件发生的原因仍在探索中，一些科学家认为使 ENSO 事件发生的原因是季节的变化所引起，另外一些人认为冬季风在触发 ENSO 事件中起主要作用。目前，科学家已经创建了计算机数值模式，试着去模拟大气和海洋条件，预报 ENSO 发生、发展的生命史过程已经显示出希望。

习 题

1. 热力环流是如何形成的？哪些天气系统属于热力环流？
2. 什么是焚风？其产生的原因有哪些？
3. 如果地球自转方向与现在的相反，全球大气环流会发生什么变化？
4. 三圈环流模型与实际大气环流在哪些方面不同？原因何在？
5. 解释北半球对流层内出现西风急流的原因。
6. 什么是涌升流？它是如何形成的？
7. 厄尔尼诺和拉尼娜事件发生过程中，大气形势和海洋状况如何变化？
8. 在 $45°N$ 处，西风带西风平均风速为 $16\ m\cdot s^{-1}$ 时，估计罗斯贝静止波的波长。如果实际波长大于或小于静止波长，则罗斯贝波将东进还是西退？

第九章 锋 与 气 旋

气团、锋和锋面气旋是中高纬度西风带中最常见、最重要的天气系统,特别对北半球欧洲、亚洲和北美洲等地的天气会造成巨大的影响。早在20世纪初期,挪威气象学派皮叶克尼斯和贝吉龙等人以温度场为主要特征提出了气团和锋的概念,随后提出了锋面气旋形成的极锋理论,并应用这些概念从千变万化的天气现象中总结出了许多天气预报规则,在其后一段时间里被广泛应用。锋面气旋模型代表了一个相对简化的温带风暴系统的发展和演化过程,实际上很少有与模型完全一致的锋面气旋。尽管这样,它仍是我们今天理解风暴结构、发展和相关天气现象的基础。

9.1 气 团

9.1.1 气团的概念

气团是一个分布范围相当大的空气团,水平尺度可达数千千米,垂直尺度达几千米到十几千米。它的特性可来自它所位于的地表特定区域,或者当它移出这个区域后,其原有特性被改变并具有了新的特性。因此,大范围的气团的气象要素(特别是温度和湿度分布)水平分布比较均匀,在水平范围内气象要素的垂直变化也近似相同,天气现象也大致一样。气团在一个区域上空停留或缓慢移动时,其气象要素的垂直分布就会与下垫面性质达到相对平衡。

这个特定区域就是气团的源地,是气团诞生的地方。它必须是范围广阔、地面性质比较均匀的下垫面,这样,大气才能在与下垫面的热量和水汽交换中,逐渐获得大气温度和湿度水平均匀、垂直变化一致的特性。这些特性的获得需要气团与下垫面长时间的接触,一般需要数天到数周时间。产生季节性或半永久性反气旋(高压)天气系统的区域是气团的主要源地。例如,在广阔的太平洋上,有半永久的副热带太平洋高压,因而高压区产生的热带海洋气团,具有暖而湿润的特性;而在广大的欧亚大陆上,冬季有西伯利亚高压,相对应的,就产生干而冷的西伯利亚极地大陆气团。这两个气团对我们国家的天气有重大的影响。

当气团移出其源地到新的区域时,由于下垫面性质以及物理过程等的改变,气团的性质也发生了变化,具有了与新下垫面相应的气团特性,这种气团原有的物理属性的改变过程称气团变性,这时的气团就是变性气团。日常所见的气团大多是已经离开源地而有不同程度变性的气团。

我国大部处中纬,冷暖气团交汇频繁,地表性质复杂,无大范围均匀的下垫面作源地,缺少气团形成的条件。因而,活动于我国境内的气团,大多是从其他地区移来的变性气团,秋冬季为变性极地大陆气团,而夏季是变性热带海洋气团。例如,秋季西伯利亚气团南侵,逐渐控制中国东南部,受下垫面的影响,通过空气对流、地表蒸发凝结和辐射等物理过程,干冷气团发生了变性,成为凉爽的大陆变性气团,在此气团控制下,中国大部地区出现秋高气爽的宜人天气。

天气预报中的一部分是分析气团的变化,确定下一时刻气团的移动和位置,并如何影响当地的天气。

9.1.2 气团的分类

已经提出了许多气团的分类法,其中主要是按气团热力性质和地理性质分类。

热力分类是根据气团温度和气团所经过的下垫面温度对比来划分的,分为暖气团和冷气团两种类型。当气团向着比它暖的下垫面移动时为冷气团,其所经之处温度下降;当气团向着比它冷的下垫面移动时称为暖气团,其所经之处温度上升。冷、暖气团是相比较而言的,也不是固定不变的。

地理分类是根据气团源地来划分的。例如在北半球,北极北冰洋地区,盛行反气旋环流,形成北极气团;靠近极圈的高纬广大地区,冬季受反气旋环流控制,可形成极地气团;在副热带高压及其以南的广大信风区内形成热带气团;赤道地区形成赤道气团;极地和热带气团又有大陆和海洋源地之分。

现在广泛采用的是贝吉龙分类法。此分类法首先根据气团源地的热力特性分为热带(T)型、极地(P)型和较少使用的北极(A)或南极(AA)型。其次为表征源地水汽的特性,分为大陆(c)型和海洋(m)型。最后根据气团相对它移过下垫面的冷(k)和暖(w)特性划分。这样的划分与空气的低层的稳定度特性、下垫面带给气团的性质的变化,以及气团内部将会产生的天气有关。

根据以上不同组合,气团划分为:热带大陆冷气团(cTk)、热带大陆暖气团(cTw)、热带海洋冷气团(mTk)、热带海洋暖气团(mTw)、极地大陆冷气团(cPk)、极地大陆暖气团(cPw)、极地海洋冷气团(mPk)、极地海洋暖气团(mPw)、北极(或南极)大陆冷气团(cAk)和北极(或南极)海洋冷气团(mAk)。

也有根据高层的稳定(s)和不稳定(u)条件进一步对贝吉龙分类进行区分,即区分稳定的气团和不稳定的气团;有研究者在他们的划分中包括赤道(E)型、季风(M)型或者高空下沉大气(S)型;也有的研究者更愿意省略北极(A)型,以被极锋隔开的极地和热带空气为基础,描述所用的气团。

9.1.3 各类气团的基本特点

图 9.1 显示了全球气团的典型分布。主要的气团有非常干冷的北极(A)和南极(AA)

气团、冷干的极地大陆气团(cP)、冷湿的极地海洋气团(mP)、暖湿的热带海洋气团(mT)、暖干的热带大陆气团(cT)和非常暖湿的赤道气团(E)。

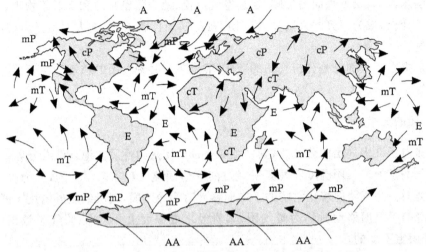

图 9.1 全球气团的典型分布(Amanda H. Lynch, 2006)

热带气团是在低纬度发展的气团。热带海洋气团(mT)是其中主要的类型,产生于热带和副热带海域,常常沿副热带高压的西侧向极地方向移动,低层空气温暖而潮湿,通常不稳定。热带大陆气团(cT)产生于副热带干旱区,空气热而干燥,晴朗少云。高空大气稳定,低层不稳定。

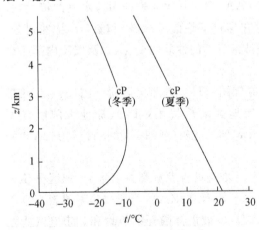

图 9.2 在陆地上的极地大陆气团(cP)冬、夏季的典型温度垂直廊线(Ahrens, 2003)

极地气团是在高纬度发展的气团,特别是在副极地高压区。极地大陆气团(cP)气温低,空气干燥,低层稳定度高,天气晴朗,冬季多霜和雾。夏季受地面加热,近地面层会变不稳定,天空容易出现表示晴好天气的淡积云。典型的冬季和夏季 cP 气团的温度垂直分布见图 9.2,图中冬季明显的强逆温在夏季就消失了。与北极气团相比,它垂直尺度较小。极地海洋气团(mP)最初具有与极地大陆气团类似的特性,但当移过较暖的水域时,它变得不稳定并具有较高的水汽含量,可能出现云和降水。

北极气团通常是冬季在冰雪覆盖的北极地表上形成,气团很冷,可以向上延伸到很高的高度,水汽少,气层非常稳定。冬季入侵大陆时会带来暴风雪天气。夏季有 2~3 个月时间,北极气团在垂直方向上成为浅薄的气层,在南下的过程中很快失去了原来的特性。

南极气团是南极大陆上形成的冷而干的气团,与北极气团相比,一般在所有季节它的下表面和内部大气温度都较低。

海洋气团是在广阔的水域形成的,因此它具有海上的特性,至少在气团低层有高的水汽含量。

大陆气团是在巨大的陆地区域形成的,因此具有陆上基本的特点,即相对低的水汽含量。

赤道气团(E)是有些研究者划分的在赤道无风带或赤道槽区域形成的气团。因此,可以比较含糊地把它与信风区的热带气团区分开,当热带气团进入赤道区并停留时就变性为赤道气团,但是这两种气团在对流层低层的大气物理特性没有明显的区别。这种气团形成的天气是湿热不稳定,天气闷热,多雷暴。

高空下沉气团是比较特殊的高空干空气团,有时它可在强烈的下沉过程中到达地表。

9.1.4 影响我国的气团

影响我国的主要气团有北极气团、源自俄罗斯西伯利亚和蒙古国的极地大陆气团(称西伯利亚气团)、源自太平洋的热带海洋气团(沿副热带高压西侧侵入我国)、源自印度洋的热带海洋气团(或称为赤道气团、季风气团)、以及源自伊朗高原、阿富汗和我国新疆广大区域的热带大陆气团。

冬半年带来干冷天气的西伯利亚气团,与来自太平洋的热带海洋气团相遇时,交界处会形成阴沉多雨天气。热带海洋气团,可影响华南、华东和云南等地,形成温热而湿润的天气。北极气团也可南下侵入我国,造成气温骤降的强寒潮天气。

夏半年,西伯利亚气团在长城北和西北地区活动频繁,与南方热带海洋气团交汇,构成盛夏南北方区域性降水。热带大陆气团常影响我国西部地区,被它持久控制的地区,干旱酷热。来自印度洋的热带海洋气团,会造成长江流域以南地区大量降水。

9.2 锋

9.2.1 锋的概念

锋是不同密度的二气团之间的过渡区(如图9.3)。因为温度分布是改变大气密度的重要因素,所以锋总是把不同温度的气团隔开。除了密度和温度差异外,锋也有其他特性,例如气压槽、风向的改变、水汽分布不连续以及云和降水形成的某些特征等。

锋的概念包括多层意义,它是指三维的并具有相当大水平密度梯度的锋区;或者指锋区与暖气团交界的面,即锋面(有的教科书中常忽略锋区厚度,将锋区当成一个空间的面来看待,故称锋面);它也指地面锋(或称锋线),即锋区或锋面与地面的交线,或者与特定等压面的交线,但后者很少被使用。

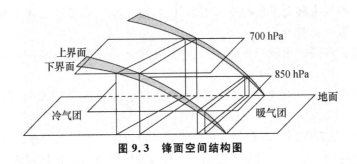

图 9.3　锋面空间结构图

气团有水平和垂直范围,因此,锋是三维空间中的呈倾斜状态的天气系统,其水平范围与气团水平尺度相当,长达数百千米甚至数千千米;其垂直伸展的高度视气团的高度而有不同。另外,锋区的水平宽度在近地面层一般只有数千米到数十千米,而在高空可达数百千米甚至更宽。

表征锋面倾斜程度的量称为锋面坡度,它实际就是锋面距地面的垂直高度与锋面到锋线的水平距离的比值,如果锋面与地面的夹角为 α,则坡度就是 $\tan\alpha$,其计算公式为

$$\tan\alpha \approx \frac{f}{g} \cdot T_\mathrm{m} \cdot \frac{\Delta v_\mathrm{g}}{\Delta T} \tag{9.2.1}$$

其中 f 为地转参数(见第七章),g 是重力加速度,ΔT 是暖冷气团绝对温度的差值,T_m 是冷暖气团绝对温度的平均值,Δv_g 是冷暖气团中平行于锋线的地转风分量的差值。根据(9.2.1)式可知,纬度越高,冷暖气团的温差越小,风速差越大,则 α 越大。据统计,我国南方锋面坡度约为 1/200~1/500,而在北方锋面坡度约为 1/50~1/200,其中冷锋坡度较大,暖锋和准静止锋坡度较小。

锋系统是中纬度大型暴雨系统(温带气旋)的重要组成部分,因此需要准确判断锋的位置。因为气团内部的温、湿、压等气象要素的差异很小,但锋两侧的气象要素的差异很大,锋附近天气变化剧烈,所以可根据下列特点在地面天气图上确定锋:

(1) 在相对短距离内温度有突变;
(2) 由露点温度表征的空气水汽含量的变化;
(3) 风向的变化;
(4) 气压分布和气压变化;
(5) 云和降水特征。

当锋两侧这些气象要素的差异变小,天气现象和特征与前时刻比较表现得越来越不明显,锋就会减弱甚至于消失,称为锋消。反之,将导致锋加强,并生成更强的锋系统,称为锋生。

9.2.2 各类锋的特征和天气

根据锋在移动过程中冷、暖气团所起的作用和锋移动的方向,将锋分为四类,即静止锋(stationary front)、冷锋(cold front)、暖锋(warm front)和锢囚锋(occluded front)。它们在

天气图上的表示符号见图 9.4。如用彩色符号表示,则静止锋用一条红蓝交线表示,红线上画面向冷空气的红色实心半圆,蓝线上则画面向暖空气的实心三角;冷锋用蓝线上画上蓝色实心三角表示;暖锋用红线上画上红色实心半圆表示;锢囚锋的符号和线段全部用紫色。

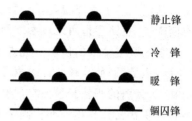

图 9.4 天气图上使用的代表锋的符号

除了静止锋外,其他锋的符号中半圆、三角一侧指示锋运动的方向

1. 静止锋

这种锋在本质上没有运动,但实际是冷暖气团势均力敌,锋面移动慢,或来回摆动,经常将 6 小时间隔内,锋面位置变化小于一个纬距的锋面,称为准静止锋。静止锋的显著特点是在锋两边地面风平行锋面吹,且方向相反。沿锋天气晴朗或部分有云。如果两气团干,则无降水。当暖湿气团在冷空气上面时,在广大区域会有大范围的云系和降水。

我国准静止锋主要出现在华南、西南和天山北侧,对这些地区及其附近天气的影响很大,常常形成持续的阴雨天气。这些准静止锋是由于受到山脉阻挡或适当流场作用而形成的。例如"清明时节雨纷纷",就是华南准静止锋的天气。

2. 冷锋

锋面在移动过程中,冷气团起主导作用,推动锋面向暖空气一侧移动,这种锋面称为冷锋。冷锋过境后,干冷气团占据了原来暖湿不稳定气团所在的位置,天气变冷。

锋面的坡度与摩擦有关,摩擦使近地面的流动减慢。速度约 $8\ \text{m}\cdot\text{s}^{-1}$ 的慢速移动的冷锋(常称为第一型冷锋),坡度非常平缓(约为 1/100),锋面上云和降水会覆盖广大区域。当上升的暖空气稳定时,会形成层状云。典型的如雨层云将变成主要的云,雾也会在雨区内产生。快速移动(速度约 $12\ \text{m}\cdot\text{s}^{-1}$)的冷锋(常称为第二型冷锋)的典型坡度一般为 1/50。图 9.5 显示这类快速移动冷锋的地面气温、气压和风的变化特征。

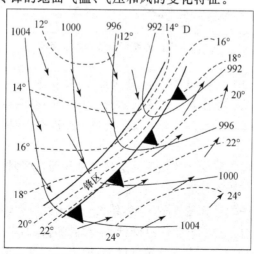

图 9.5 冷锋的水平结构,显示了温度、气压和风的变化趋势(Stull,2000)

从图 9.5 上可以看到,锋两侧温度有很大的差异(露点也一样);风也不同,锋前是南风或西南风,而锋后是西风或西北风;等压线在锋面处有转折,有一个较大的低压槽,据此即可很明显地判定锋区的位置。此外锋经过处气压也在变化,从暖气团到锋区,气压下降;在锋区处气压最低;而从锋区往冷气团,气压升高。冷锋的典型天气特征见图 9.6,锋前进方向的前端,有锋里的积状云被高空风吹而延伸出的卷层云和卷云。在锋面附近,因暖空气上升剧烈形成积状云如高积云和积雨云等,积雨云会产生暴雨和强风,锋面气温骤降。在锋后,空气干冷,天气变晴,只有表示晴好天气的少量积云。第一型冷锋地面的温度、气压和风的变化与第二型冷锋类似,而云型与暖锋相似,只是顺序相反。在锋面下面的冷空气里常有碎积云和碎层云出现。降水区出现在锋后,多为稳定性降水。如果锋前暖空气不稳定,在地面锋线附近常出现积雨云和雷阵雨天气。

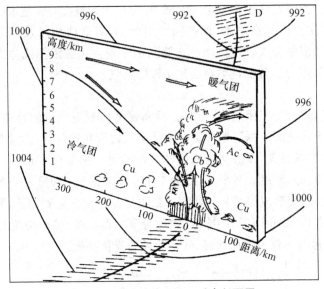

图 9.6　冷锋的锋面云系垂直剖面图

冷锋活动几乎遍及中国全境,北方地区更为常见,是影响我国天气的重要天气系统之一,一般由西北向东南移动。冬季时多快速移动的二型冷锋,影响范围可达长江流域和华南地区,并常常转变为一型冷锋或准静止锋。夏季时多一型冷锋,一般只达黄河流域。

3. 暖锋

锋面在移动过程中,向前的暖湿气团取代退却的冷气团,这种锋面称为暖锋。暖锋过境后,暖气团占据了原来冷气团的位置,天气转暖。

暖锋移动速度慢,是平均冷锋速度的一半,约为 $5\ \mathrm{m\cdot s^{-1}}$,但却经常跳跃式前进。因为在白天,锋的两边产生混合使得大气稳定度降低,运动会加快;而在夜间,因为辐射冷却导致在锋后产生冷而密集的地面空气,大气稳定度增大,抑制了空气上升和锋的前进速度。暖锋的坡度约 1/150,与典型冷锋相比,这是非常平缓的坡度。图 9.7 显示暖锋的地面气温、气压和风的变化特征。

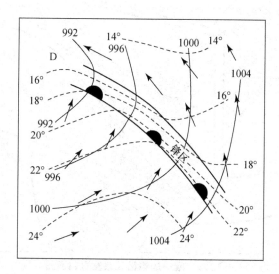

图 9.7 暖锋的水平结构,显示了温度、气压和风的变化趋势(Stull,2000)

从图 9.7 看到,暖锋中地面温度和气压的变化没有冷锋明显,是逐渐过渡的。锋前温度较低,过境时温度稳定上升,而锋后温度上升并稳定下来。气压在锋过境前缓慢下降,过境中基本不变,过境后会有轻微上升再下降。锋前后的风也不同,锋前是南风或东南风,而锋后是南风或西南风。另外,因过境时,暖湿气团逐渐取代干冷气团,露点会稳定升高,到暖气团完全控制当地时,露点不再变化。

设想从南方过来一个暖锋,可以看到典型的暖锋天气。从我们看到暖锋云系中的卷云起,大概两天左右时间暖锋会经过当地(见图 9.8),我们首先看到卷云逐渐被薄幕状的卷层云取代,天空云层加厚变低,然后是高层云和云中太阳模糊的亮斑。高层云之后过来的是厚的雨层云,可以看到降雪,风也变大,气压缓慢降低。这时锋线大概距我们仍有数百千米,空中也由雨层云逐渐变成层云,但冷空气已经相当稀薄,空中小雪逐渐变成冻雨、雨和毛毛雨,较大地域会有小到中雨的天气。锋线靠近时,暖冷湿空气混合会产生雾。暖锋过境后,温度、露点升高,气压停止下降,降雨天气结束,层云和雾消失,天气变得晴好,只有少量的层积云,夏天空气潮湿时会有积雨云出现。

夏季,当暖气团气层不稳定且湿度很大时,在暖锋中深厚的雨层云中常产生积雨云,伴有雷阵雨天气。当暖气团中水汽含量少时,锋上只会出现一些高、中云,很少有降水。明显的暖锋在我国出现得较少,大多伴随着气旋出现。春秋季一般出现在江淮流域和东北地区,夏季多出现在黄河流域。

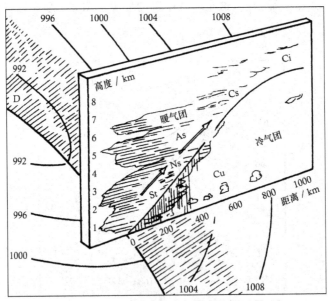

图 9.8　暖锋的锋面云系垂直剖面图

4. 锢囚锋

锢囚锋是由冷锋赶上暖锋,把暖空气抬到高空,形成的锋面在两个冷气团之间和暖气团的下方,称为锢囚锋。因此,锢囚锋的形成涉及暖气团、冷气团和更冷气团三个气团。

如果锋前冷空气比锋后冷空气更冷,称为暖式锢囚锋,在地面更冷气团被冷气团取代;相反为冷式锢囚锋,在地面更冷气团取代冷气团。原来两条锋面的交接点称为锢囚点(实际上是在高空的一条线)。锢囚点附近往往产生最剧烈的天气,因为那里温度差异最大。如果锋前后冷气团性质一致,两个冷气团之间没有明显的界面,只有锢囚点,这时也认为形成锢囚锋,称为中性锢囚锋,这时冷气团之间没有明显的温度差异,地面主要锋的特征是有一气压槽、风向突变线和一条云雨带。

在了解了冷锋和暖锋的天气后,就不难描述锢囚锋的天气,它保留了原来两条锋的一些特征。如果锢囚锋是由具有层状云系的两条锋合并而成,则它的云系主要也是层状云且近似对称地分布在锢囚锋的两侧,这是暖式锢囚锋的天气。如果原来的锋面云系分别是层状云和积状云系,两者合并锢囚后,就形成层状云和积状云相连的天气,这是冷式锢囚锋的天气。

由于锢囚锋是由两条移动的锋面相遇而形成的,因此锢囚锋两侧均是降水区,锋上暖空气的抬升作用可以使降水进一步得到加强。我国锢囚锋多出现在夏半年的东北和华北地区,东北出现的锢囚锋多伴随锋面气旋而来,一般多为冷式锢囚锋,而华北锢囚锋多在本地生成,属暖式锢囚锋。

9.3 锋面气旋

气旋(反气旋)是占有三维空间的、在同一高度上中心气压低(高)于四周的大、中尺度涡旋系统。在北半球,气旋(反气旋)范围内的空气作逆(顺)时针旋转(见图9.9),在南半球则相反。此外,气旋又称低气压(简称低压,或风暴),反气旋又称高气压(简称高压)。

气旋中很重要的类型是锋面气旋,从字面上看,就是与锋面联系的气旋。人们在使用中,经常把锋面气旋与波动气旋或温带气旋同义看待。因为气旋的波动理论可以解释这类气旋的生命史,故名波动气旋,而这类气旋是在热带区域以外发展起来的,为从地理上与从热带海域诞生的热带气旋区别故名温带气旋。

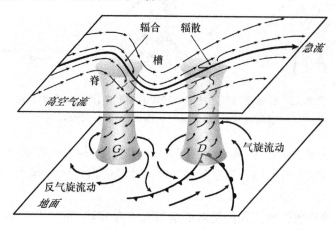

图9.9 北半球中高纬度气旋和反气旋的三维配置

9.3.1 锋面气旋的生命史

1921年,根据欧洲地面较密集的观测网资料,挪威气象学家皮叶克尼斯等学者,发现在气旋中有冷锋和暖锋,建立了锋面气旋模型。他们发表波动性气旋发展的极锋理论(简称极锋理论),以解释一个中纬度锋面气旋如何诞生、成熟和消亡的过程以及对应的天气演变。根据极锋理论,极锋是环绕地球、半连续的、分开极区冷气团和副热带暖气团的边界;气旋扰动沿极锋形成和运动,在经历生命史中的不同阶段后,发展成锋面气旋并最终减弱消亡。这个理论开辟了天气分析的新纪元,即使是今天,也是天气分析和预报的重要基础。波动性气旋的发展过程显示在图9.10的一系列天气图上,其生命周期在几天到一周以上。

图9.10a中,显示作为静止锋的一段极锋,它代表了一个低压槽,两边是高压。冷空气在北边、暖空气在南边,空气平行锋面流动,但方向相反。这种形态建立了气旋性风切变,并且是不稳定的。

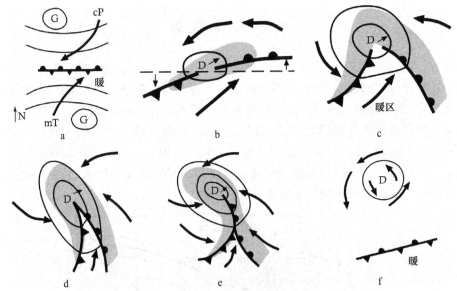

图 9.10 极锋理论显示的锋面气旋的生命史,细实线为等压线,
箭头表示风,阴影区表示降水(Ahrens,2003)

图 9.10b 中,在适当条件下,锋面上可形成一个波状结构的气旋扰动,称为锋面波或初生气旋。冷空气将冷锋向南推进,暖空气将暖锋向北推进,它们的中心交叉点形成一个低压中心,降水开始。

图 9.10c 中,锋面波受高空风控制向东或东北方向移动,并在 12~24 小时内发展成一开口波(open wave)。在这一过程中,中心气压不断降低,气旋性流动增强,大范围降水在低压区、冷锋后和暖锋前逐步形成,冷暖锋之间是少云的暖区。

图 9.10d 中,冷锋快速移动并逐渐靠近暖锋,低压区中心气压继续下降,气旋流动进一步增强,暖区变小。

图 9.10e 中,冷锋赶上暖锋,形成锢囚锋。这时锋面气旋处于成熟阶段,风暴通常最强,有大范围的云系和降水。

图 9.10f 中,锢囚锋两边是冷空气,风暴系统失去了暖湿上升空气提供的能量,会逐渐消散。气旋与锋面脱离,由于摩擦使它逐渐填塞消亡。在脱离的锋面上,则会继续锋面气旋的生消过程。有时,沿极锋会形成一系列连续的、不同发展阶段的波动性气旋,称为气旋族。

9.3.2 锋面气旋的发展

当气旋中心气压随时间降低时,称气旋加深或发展;当气旋中心气压随时间升高时,称气旋填塞或减弱。对于锋面气旋的发展,人们已从各个不同的角度进行了研究。有的从波动角度出发把气旋的发展看成是斜压波动不稳定所造成的;有的从涡度变化出发,用流场中的涡度生成说明气旋的发展。这些观点在实质上是统一的。

1. 斜压不稳定

在高空等压面天气图上，当等高线与等温线平行时，大气称为正压大气。因为在这一高度风与等高线接近平行，所以正压大气时，风向平行于等温线和等高线。而当等温线与等高线相交时，则称为斜压大气。

在斜压区，风穿过等温线并产生温度平流。冷平流是风从低温区到高温区的冷空气传输。在冷平流区，空气温度会降低。暖平流是风由高温区到低温区的暖空气的传输。在暖平流区，气温升高。冷平流产生时，风一定是从冷到暖区穿过等温线，而对暖平流，风一定是从暖到冷区穿过等温线。

在环绕地球的大气长波（罗斯贝波）中，有移动速度较快的小扰动即短波，它向东移动。当长波慢速东移时，短波则沿长波快速运动。短波移向长波槽时使槽加深，而接近长波脊时则使脊减弱。因此，短波实际上扰动流场，使等高线偏离等温线，并加大斜压区范围。

假设在 500 hPa 高度长波槽的一部分正好位于地面静止锋的上方。在 500 hPa 天气图上，等高线（实线）和等温线（虚线）彼此平行并紧靠。冷空气在图的北端，而暖空气在南端（见图 9.11a）。假设一个短波通过这个区域，扰动的流场见图 9.11b。这时，在槽西产生冷平流，图中标 1 的位置空气辐合下沉；在槽东是暖平流，图中标 2 的位置空气辐散，下部空气上升，流场因暖空气上升和冷空气下沉形成不稳定，称为斜压不稳定。同时，在冷平流区，大气柱温度降低，高层等压面降低，高空槽加深，并形成闭合低压，地面也形成高压并不断加强；同样，在高空脊下游有暖平流，将使高空脊加强发展，并形成闭合高压，地面低压也不断加深发展（见图 9.11c）。

因此，由于短波扰动，使得斜压区加大，导致冷暖平流并使得高空槽、脊加深发展，同时也建立了斜压不稳定条件。随斜压不稳定的建立，空气的水平垂直运动加强了气旋性风暴的形成。

由于高空风导引风暴系统向东北方向移动，地面冷锋追上暖锋，风暴锢囚。这时，地面低压从高空辐散区移出，并位于高空低压区的下方。这样，低压周围的空气就不断流入低压，锢囚风暴的低压就逐渐被填塞（图 9.11d），锋面气旋消散。

2. 涡度

涡度是与空气的辐散区（或辐合区）相联系的物理量，它用来度量一个气块的旋转程度和旋转方向。考虑水平气流沿垂直方向的旋转，当从上往下看时，气旋旋转（反时针）具有正涡度，而反气旋（顺时针）有负涡度。

当高空空气辐散时，气柱上部空气的流出降低了地面气压。当地面气压降低时，气柱周围的空气向它辐合，于是形成气旋性流动，即高空辐散导致地面气旋正涡度的增加。相反，高空空气辐合，空气下沉，地面气压增高，于是形成反气旋流动，导致地面负涡度的增加。

气块的涡度（绝对涡度）ζ_a 是地转涡度 ζ_e 和相对涡度 ζ_r 的和。

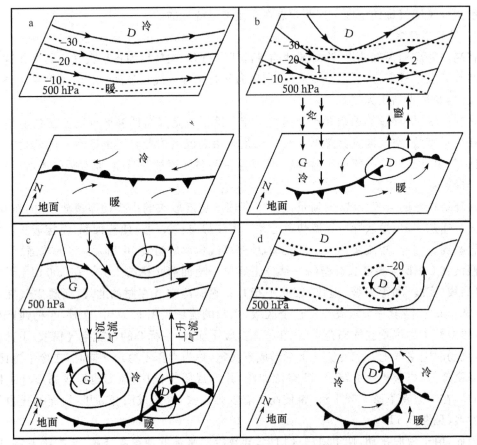

图 9.11 斜压不稳定的形成和锋面气旋的发展(Ahrens,2003)

地转涡度是气块随地球转动具有的涡度。在北半球,地球绕北极轴反时针转动,所以地转涡度永远是正的,而且在中高纬度区域,地球涡度足够大,气块都具有气旋性转动。气块的地转涡度即为地转参数

$$\zeta_e = f = 2\omega \cdot \sin\phi \quad (9.3.1)$$

相对涡度是气块相对地球运动具有的涡度,它是两种效应的总和:气流弯曲(曲率)引起(有时称曲率涡度)和水平范围风速的改变(切变)引起(有时称切变涡度),即

$$\zeta_r = \frac{v}{r} - \frac{\Delta v}{\Delta n} \quad (9.3.2)$$

其中,v 是风速;r 是气流曲率半径;Δv 是与气流运动垂直的方向上变化 Δn 距离时速度的变化,n 的方向指向气流流动方向的左侧。由此可见,气流弯曲流动速度越大,曲率半径越小(曲率越大),或者气流切变越大,则曲率涡度和切变涡度的绝对值越大。当气流运动呈气旋性流动($r>0$),或当风速沿 n 方向减小,这时曲率涡度和切变涡度($-\Delta v/\Delta n>0$)都为正,反之涡度为负。图 9.12 显示了在槽脊区的曲率涡度,在槽区为正涡度,脊区为负涡度,零值等

涡度线位于等高线呈直线的地方，正负涡度中心则在风速和曲率最大的地方。图 9.13 显示了由风速变化引起的切变涡度，图中左侧风速在 n 方向上减小，为气旋式切变，切变涡度为正，而图中右侧则为反气旋式切变，切变涡度位负。

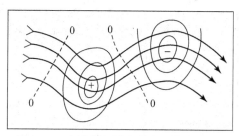

图 9.12 在槽脊区域中曲率涡度的分布，细实线为等涡度线，粗线为等高线（或流线）

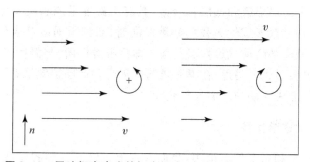

图 9.13 风速切变产生的切变涡度，直线加箭头为风速大小

如果空气没有辐散和辐合，空气的绝对涡度 ζ_a 必然守恒不变，即

$$\zeta_a = \zeta_r + f = 常数 \tag{9.3.3}$$

因此，地转涡度的减小会导致相对涡度的增加，反之亦然。

考虑在 500 hPa 高度上的空气水平匀速、从西向东流动，这时没有速度切变，相对涡度的改变只能因曲率变化引起。现在假设气流因某一山脊的作用出现扰动，流向东南方向（见图 9.14 位置①）。这时，地转涡度逐渐减小，相对涡度必然要增加，这意味着气旋式曲率的流动，而且气流将向东北方向作逆时针流动（见位置②）。现在，地转涡度又逐渐增大，必然要求相对涡度减小，也就意味着反气旋式曲率的流动，因此气流顺时针旋转并向东南方向运动（位置③），以后又出现类似从位置①到位置②的情况，周而复始，就行成围绕地球的高空大气长波。

实际上，高空大气沿大气长波有辐散和辐合。从脊区过来的反气旋式气流流向槽区时，气流辐合并获得气旋式涡度，绝对涡度增加；此后再从槽向脊流动时，又逐渐获得反气旋式涡度，绝对涡度减少。因此，槽区对应绝对涡度极大值区，槽后气流从绝对涡度小的区域流向涡度大的区域，称为负涡度平流，而在槽前则相反，成为正涡度平流。

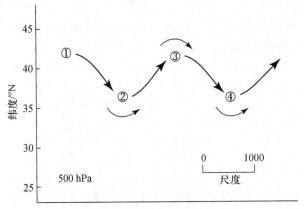

图 9.14 绝对涡度守恒导致大气长波的形成(Ahrens,2003)

因此,槽前是一个高层辐散和低层辐合区,具有正涡度平流和暖平流,可以推断空气上升有可能成云致雨,并导致气旋性风暴的发展。同时,当高层涡度极大值区向前移动时,沿锋面会形成波动,正涡度平流使气旋发展起来。即使没有锋面,与涡度极大值区相联系的有组织的云带和降水也会形成。另外,在槽后是高空辐合和低层辐散区,具有负涡度平流和冷平流,空气缓慢下沉,形成晴朗的地面反气旋天气。

9.3.3 气旋天气和输送带模型

从上面斜压不稳定和涡度的讨论中,我们基本上对锋面气旋的发展有了一个比较清晰的图像。一个锋面气旋得以发展,必须有高层波动气流的配合,即高层低压槽位于地面低压的西侧。当短波扰动了高层气流,就引起了不同的温度平流区,导致了高空槽的加深。高层辐散和辐合导致地面气旋和反气旋的形成。温度平流和涡度平流一起,使地面气旋气压降低,反气旋气压升高。辐合和辐散区中的空气下沉和上升运动,提供了风暴生长的能量。随高层气流的流动,地面气旋将向东北方向移动,而反气旋将向东南方向移动。在高空气流没有被短波扰动、或没有高空槽等存在的地方,上升和下沉运动提供的能量不足以使锋面气旋发展。

图 9.15 给出了高层西风气流波动与锋面气旋相关的空气水平、垂直运动及天气分布的位置配置。高空槽线位于地面气旋低压的西侧,地面气旋低压位于高空槽前下方。槽后的冷平流与下沉运动导致地面反气旋的发展,槽前的暖平流与上升运动导致地面气旋的发展。地面冷锋两侧有降水,接近暖锋的地方有阵性降水且降水区加宽。暖锋前有较宽的降水区,降水区前部沿锋面移动方向云层增厚。

图 9.16 给出了发展中锋面气旋的输送带模式,描述了沿三个主要输送带(干、暖和冷传输带)上升和下沉空气的运动情况。通过输送带中的上升和下沉空气的运动情况,可以更清楚地理解图 9.15 中的气旋天气配置。气流输送带中气流性质具有相似的特征,它对气旋的

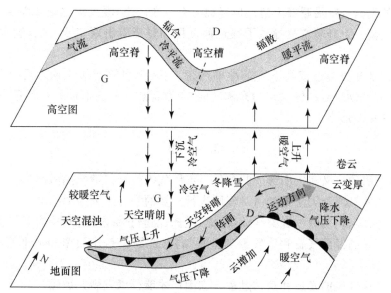

图 9.15 高层西风气流波动与锋面气旋相关的空气水平、
垂直运动及天气分布的位置配置,地面图上阴影区为雨区(Ahrens,2003)

发展扮演着不同的角色,也对应着不同的天气。

图 9.16 中高空槽后的干输送带分成两支,一支下沉,促成冷锋后反气旋发展,带来了晴朗天气,也使冷锋后的降水区边界清晰分明。如果它吹进风暴中,会产生晴空区,常会在云系中出现逗点形头部的形态。另一支随高空西风气流流动,导致暖锋前云系向下风方向伸长发展。

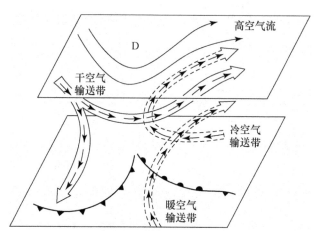

图9.16 发展中气旋的输送带模式(Kocin 和 Uccellini,1990)

暖区里的暖输送带沿暖锋上滑形成锋面云系。在高空,暖气流逐渐转向东或东北方向,平行于高空气流。上升暖空气导致了在地面低压和暖锋前出现多云天气,经常出现降水或降雪。

　　在暖锋前部和暖输送带的下方是冷输送带,它是来自海上缓慢向西运动的冷湿气流。在暖锋前,上升运动导致冷输送带抬升和转向,导致逗点云系的形成。这种逗点云系在卫星云图上是较常见的形态。

习　　题

　　1. 叙述气团的定义和气团形成的条件。不同气团的天气情况如何?

　　2. 贝吉龙的气团分类法是如何对气团进行分类的?可细分为哪些类?

　　3. 根据什么来识别锋?各类锋面(冷锋、暖锋、准静止锋和锢囚锋)的天气状况如何?

　　4. 简绘理想的锋面气旋和反气旋的垂直结构,并画出等压面图和水平流场示意图,并作简要说明。

　　5. 叙述锋面气旋的发展和消亡过程。它因何才能得以发展并加强?

　　6. 叙述锋面气旋控制下某地的天气状况。

　　7. 从涡度的概念说明大气长波的形成。

　　8. 从发展中气旋的输送带模式说明气旋的天气特征,并找一幅卫星云图加以比较。

第十章 雷暴和龙卷

春夏季节,有时风和日丽、蓝天白云的日子蕴含着剧烈而难以预报的天气,我们可以看到白云在短时间内壮大,云体雄伟而壮丽,接着闪电雷鸣,云下有很强的下沉气流,不久有阵雨甚至冰雹落下,有时云下有可怕的龙卷风出现。这就是雷暴和龙卷风的天气。

雷暴诞生于大气中,按照大气中流体力学和热力学的规则发展和变化,它带给人类局部性危害。因此需要研究它们,用飞机和雷达等设备探测它们,还可以在实验室用计算机模拟它们,最终要对它们的生成、发展和影响作出预测,甚至对降雹等天气进行人工干预。

对于研究它们的人来说,这种融合美学和科学为一体的雷暴具有无穷的魅力和欣赏价值。本章将介绍雷暴的形成和分类、雷暴天气中常见的闪电雷鸣现象以及有时伴随雷暴出现的龙卷风。

10.1 雷暴分类及形成

雷暴(有时称为电暴)指产生于积雨云中的总是发生闪电和雷鸣的局地风暴,经常伴有强阵风和大雨,有时伴有冰雹和龙卷风等天气现象。

雷暴的生命期短暂,很少超过 2 小时。强烈的对流上升气流是雷暴早期的特征,在降水过程中伴有强下沉气流预示雷暴的消亡。在中纬度,雷暴高度可以发展到 10 km 以上,在热带则发展得更高,因为只有稳定的平流层低层可以限制雷暴继续向上发展。

10.1.1 雷暴的分类

通常把只伴有阵雨的散落分布的雷暴称为普通雷暴(或称一般雷暴、气团雷暴),它是气团中空气对流产生的;而把能产生暴雨、大风、冰雹和龙卷风等严重的灾害性天气现象之一的雷暴称为强雷暴。普通雷暴和强雷暴统称为局地对流风暴,它们产生的天气称为局地对流天气。"局地"一词用以表征它与气旋和台风等较大尺度的风暴的区别。

成熟雷暴中上升气流和下沉气流组成一个对流单体。因此,根据对流单体的数目和强度可以将雷暴分为单体雷暴、多单体雷暴和超级单体雷暴。由一个(或多个)对流单体构成的雷暴系称为单体雷暴(或多单体雷暴);而超级单体是一个巨大的旋转雷暴,具有很强的上升气流。根据雷暴中风的垂直廓线的差异,可以确定雷暴类型,例如超级单体的风垂直分布是旋转的。多数普通雷暴和强雷暴是多单体雷暴,而超级单体雷暴是一种强雷暴。

此外,飑线和中尺度对流辐合体(MCC)是引起大范围暴雨的重要对流系统,它们都属于多单体雷暴。飑线由一列雷暴组成,有时它正好沿冷锋,但也可在暖空气前数百千米处形成。中纬度的锋前飑线雷暴是最大和最厉害的飑线类型,风暴列可伸展超过 1000 km,巨大的雷暴可在广大范围引起剧烈的天气变化。关于它的形成仍然是个争论的问题。中尺度对流辐合体则是指在适当的对流条件下,许多单体雷暴会偶然长大并组织成为一个范围广大的对流天气系统,它的云顶的卷云罩一般近于圆形,范围比单体雷暴大两个量级(10^2 倍)以上。中长度对流辐合体会带来大范围暴雨和洪水,是中国暴雨研究的主要对象。

10.1.2 雷暴的形成

雷暴是在条件性不稳定大气环境中,由暖湿空气的上升形成的,它实际是对流云即直展云族。导致空气上升的触发机制包括地面受热不均的热对流、地形效应(如山脉迎风坡抬升)引起的对流、沿锋面暖空气的抬升以及在低压系统中辐合导致的对流等。高层辐散、地面辐合和空气上升一起,提供了雷暴发展的有利条件。一般是多个因素一起作用时,会导致强雷暴的产生。

图 10.1 显示气块在上升运动时形成对流云的情况。从地面 G 点开始未饱和的气块上升,气块以干绝热过程上升直到抬升凝结高度(形成对流云的云底高度),气块温度随高度降低,减温率约为 $10℃ \cdot km^{-1}$;然后再以湿绝热过程上升,因为水汽凝结潜热的释放,气块减温率降低,到气块温度与环境温度相同时的 F 点,再往上,气块温度高于环境温度,气块可以自由上升,F 点所在高度称为自由对流高度(LFC);上升一直到气块路径曲线和环境曲线相交的 E 点,气块所受合力为零(E 点高度称为平衡高度或中性浮力高度;EL),再往上气块温度冷于环境温度,气块的上升运动受到限制。E 点基本代表对流云的云顶高度,但由于气块到 E 点时仍有上升速度,因此云顶比 E 点高度略高。

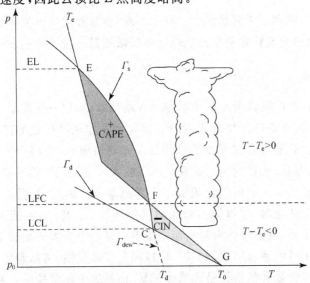

图 10.1　气块上升过程中形成对流云示意图

从 G 到 F 点，气块重力大于气压梯度力，因此合力（净浮力）为负，气块要克服负浮力上升，一旦越过 F 点，气块就受到正浮力作用而加速上升直到 E 点。为了克服负浮力的影响，气块上升必须获得外在能量，即需要触发机制提供气块动能。气块从 G 到 F 点需要的能量称为对流抑制能量（CIN），而从 F 到 E 点气块加速运动获得的能量称为对流有效势能（CAPE）。CIN 的大小决定对流能否发生，而 CAPE 的大小则决定对流发展的旺盛程度。显然，CIN 越小，对流越容易发生，CAPE 越大，对流发展越旺盛，雷暴发展越强。

气块从气压 p_1 上升到 p_2 时，浮力对单位质量气块作用的能量 ΔE 可表示为气块的垂直运动的动能的变化，即

$$\Delta E = R_d \cdot (\overline{T} - \overline{T_e}) \cdot (\ln p_1 - \ln p_2) = R_d \cdot A = \frac{1}{2} v_2^2 - \frac{1}{2} v_1^2 \tag{10.1.1}$$

式中，$\overline{T}$ 和 $\overline{T_e}$ 为气压 p_1 到 p_2 时，气块和环境的平均温度；v_1 和 v_2 为气块在气压 p_1 和 p_2 时的垂直速度；A 为气块路径曲线和环境温度曲线在气压 p_1 到 p_2 之间所包围的面积。显然，CIN$=-\Delta E$，CAPE$=\Delta E$。

因此，触发作用要给予气块一定的速度（对应 $v_1=\sqrt{2 \cdot \text{CIN}}$），至少使气块可以到达 F 点（对应 $v_2=0 \text{ m} \cdot \text{s}^{-1}$），这样以后气块就获得正能量而加速运动，如果在 F 点速度为零，到 E 点也就具有一定的上升速度，即 $v=\sqrt{2 \cdot \text{CAPE}}$。实际上，因为云中的下沉气流，气块的上升速度要减小。

这样，CIN 或 $v=\sqrt{2 \cdot \text{CIN}}$ 值的大小，决定了对流是否能够发生，而由 CAPE 或 $v=\sqrt{2 \cdot \text{CAPE}}$ 值的大小，可以预测对流，说明对流会多严重。

从图 10.1 可见，气块路径（气块沿干、湿绝热线运动）曲线和环境温度曲线（环境温度随高度的变化曲线）的分布，使得自由对流高度以上有正面积（对应 CAPE）、以下是负面积（对应是 CIN），这样大气的条件性不稳定称为潜在不稳定，因为需要外力作用作为触发机制，潜在的不稳定性才能转化为真实的不稳定。其中当正面积的值大于负面积的绝对值时，称为真潜不稳定，否则称为假潜不稳定。

10.2 普通雷暴和强雷暴

10.2.1 普通雷暴

根据 20 世纪 40 年代美国"雷暴"探测计划对孤立、分散的单块积云的观测，认为单个普通雷暴（气团雷暴）的生命期约为 1—2 小时，经历发展、成熟和消散三个阶段。第一阶段也称为积云期，当湿润空气上升，它就冷却凝结成单个积云或云群。如果研究单个雷暴单体，它的生命史的三个阶段的结构剖面如图 10.2 所示，称为 Byers-Braham 雷暴单体模式。因为 Byers 和 Braham 在 1949 年率先研究而命名。

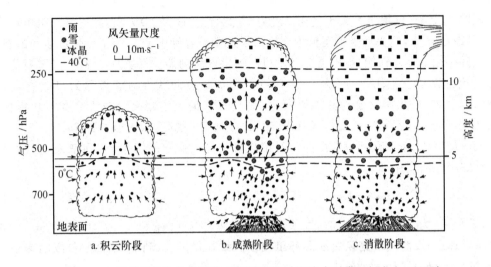

图 10.2　雷暴单体生命史模型，显示空气运动和降水形成(Chisholm,1973)

积云期是指从淡积云向浓积云发展的阶段。云顶呈现轮廓清晰的花椰菜状隆起，云下有潮湿空气进入云中，云内都是有组织的上升气流。随上升气流入云的水汽凝结而释放大量的潜热，导致云内温度高于环境温度，并使云内上升气流进一步增强，积云可以表现出大范围的垂直发展。在积云期，受上升气流影响，水滴和冰晶悬浮在云中，不会形成降水，也没有雷电现象。这一阶段在中纬度地区约历时 10—15 分钟。

成熟期是从浓积云向积雨云过渡的阶段。由于受对流层顶阻挡和高空气流的作用，云体顶部向四周延展而呈砧状，因为高空强风使云顶冰晶向水平扩展。云的前部和上部仍以上升气流为主，在降水粒子的拖曳下云内出现有组织的下沉气流。下沉气流的出现是雷暴成熟期开始的标志。一些风暴中，足够大的上升气流可以向上进入稳定大气，这种情形称为上冲。成熟期出现闪电、雷鸣和大雨(偶尔有小冰雹)。伴随降水的强、冷下沉气流导致地面强阵风，并在地面向四周扩散，形成与周围暖空气分界的阵风锋。成熟期约需 10—30 分钟，取决于地理条件和气团属性等。

消散期云中的下沉气流开始占主导作用。在云的低层，下沉气流阻碍了上升气流，并切断了风暴的能量供应。在雷暴成熟期后的 15—30 分钟内，雷暴逐渐消散。缺少了暖湿空气的支持，云滴不再形成。从云中只能降下小雨，并伴随微弱的下沉气流。风暴消亡后，低层云粒子快速蒸发消散。有时庞大云体崩溃后，留下了仅仅是作为云砧的卷云。

普通雷暴的发展一定需要潮湿空气在条件性不稳定大气中上升。使空气上升的因素包括加热不均的地面、锋面边界、山脉和海风的前缘等。这种方式生成的雷暴多数不是强雷暴，因而它们的生命周期通常以普通雷暴的方式出现。

10.2.2　强雷暴

按照美国气象界给出的定义，产生超过 50 节(约为 $25\,\mathrm{m\cdot s^{-1}}$)的大风、或者直径为 0.75

英寸(约为1.9 cm)的冰雹、或者产生一个龙卷风三种天气现象之一的任意雷暴称为强雷暴。像普通雷暴一样,它们在条件不稳定的潮湿大气中抬升形成。但是,强雷暴也在强的垂直风切的地方出现。风的垂直切变对于普通雷暴演变成持续性强雷暴有着特别重要的意义。

1. 风的垂直切变引起的强雷暴

当从地面到高空出现垂直风切变时(如图10.3),中层以上的干冷空气自云体后部吹进云内,与云内饱和空气混合,因水分蒸发进一步冷却而饱和下沉。相当大部分的下沉冷湿气流穿过云体向前流动,并与云下前方的暖湿空气辐合,形成阵风锋。有时,冷湿气流在阵风锋后上升形成慢慢绕水平轴旋转的滚轴云。暖湿空气沿锋抬升,使得强烈的上升气流呈现倾斜状态,有时在阵风锋前部边界上升凝结形成陆架云(也称弧状云),有时在阵风锋的前缘可强迫暖湿空气上升,产生新的雷暴。上升气流的倾斜使得降水不至于发生在上升气流里,从而不会削弱上升气流。而因下沉气流出现的阵风锋,使得上升气流加强。

低层被抬升的暖湿空气凝结释放能量,一部分在高空随盛行风的方向吹得很远,形成云砧。剧烈的上升气流可以使雹块在云中呆足够长的时间,继续增大。一旦大到一定程度,它们既可以随下沉气流从云底落下,也可能被强上升气流从云边甩出,甚至出现在云砧的底部。飞机偶尔可以在远离风暴数千米的晴空中遇上冰雹。另外,在云砧的下沉气流中可产生美丽的悬球状云。另一部分暖湿空气向云体后部倾斜上升并携带不断增大的水滴,最终这些水滴离开上升气流落向低层形成降水,因为雨滴的拖曳作用和部分降水的蒸发冷却作用,加强了云体内部的湿下沉气流。

因此,这种倾斜的湿下沉气流与上升气流之间形成了有组织的环流。冷空气到达地面像一个楔子,强迫暖湿空气上升进入雷暴系统,这样,下沉气流帮助维持并加强上升气流,反之亦然。拥有这种倾斜上升和下沉气流配置的强雷暴可以自然维持很长时间。

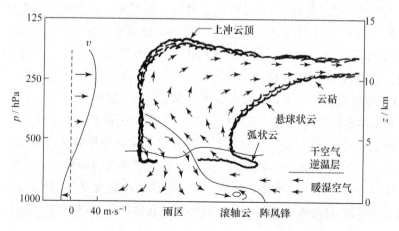

图10.3 有垂直风切变时的强雷暴的结构示意图

在强雷暴下方，下沉气流在局部撞击地面并呈放射状水平扩散，这种下沉气流叫下击暴流，其前缘就是前面叙述的阵风锋。下击暴流范围在 4 km 以内的叫微下击暴流。强的微下击暴流具有高毁坏性的强风，可吹倒树木，并造成低强度建筑物的毁坏。有时错把微下击暴流造成的损失，归于是龙卷风的责任。微下击暴流和伴随的风垂直切变，严重影响飞机起降和低空飞行。例如，在微下击暴流区，一旦飞机遇上强烈的下沉气流，飞机会忽然失重，在降落时会失去控制并加速冲向地面，并造成空难。因此，机场安置有多普勒雷达，用来探测微下击暴流和其他严重的天气灾害。

2. 超级单体

超级单体雷暴是一个旋转雷暴，比通常的单体更巨大（尺度可达 50 km）、更持久（可维持一小时以上，美国曾观测到寿命长达 7—8 小时），并带来更为强烈的天气，例如葡萄大小的冰雹、具有危害性的地面风和大而持续时间长的龙卷风。而且，超级单体具有一个近于稳定的、有高度组织的上升和下沉气流完美配合的环流，并与环境风的垂直切变有密切关系。

这时，高空风速往往很强，并导致强烈的风切；此外，风向也随高度变化，即从地面的南风转向到高空的西风。这种情形下，上升气流从风暴云右侧倾斜进入云体后，因风向的变化引起水平旋转，于是，气流便螺旋式上升进入云体。正是超级单体的这种旋转特性导致了龙卷风的形成。

超级单体中气流和降水轨迹的特点见图 10.4。图中显示了超级单体中气流和降水轨迹的水平和垂直剖面。环境相对于风暴的风随高度是变化的，在图中以风矢量表示，即标有 H、M 和 L 的风矢量分别对应于对流层内的高、中和低层风。在低层上升气流进入穹窿区，这是一个几乎是无云的空穴，因上升气流太强而形成。上升气流从风暴右侧进入，所以穹窿从风暴云右翼伸展到风暴云内，并在云中向上突出一段距离。高层形成降水雨滴的轨迹在图上以标有数字 1，2，…，6 的弯曲点线标出。降水在高层形成后，因为中高层风切变的影响，降水粒子会螺旋运动（图 10.4a），不会落到低层上升气流的穹窿区，否则会切断上升气流水汽的供应。这样超级单体会维持很长一段时间。穹窿上部有大量的降水物累积（图 10.4b），容易形成巨型雹。降水和冰雹在云体后部随下沉气流落下。

多数超级单体相对于高空盛行风向右前方运动，因为云体的前进方向近似看作是高空风和地面风的合成方向，也即高空风的右侧。移动中云体自身作新陈代谢的变化。当风暴移动时，低空有辐合上升气流，而高空有辐散气流，有利于新的雷暴单体的形成。因此，来自南方的地面强烈上升气流沿阵风锋不断抬升凝结形成新的雷暴单体，而云后的降水则在不断地使云的后部消散，这样整个云体在作自身的新陈代谢的同时，相对高空盛行风向右前方运动。

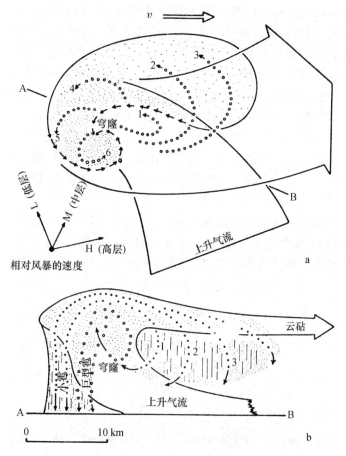

图 10.4 以速度 v 移动的稳定阶段的超级单体中气流和降水轨迹的水平和垂直剖面(Browning,1964)

10.3 雷暴的运动

有两种作用使得雷暴产生运动。一种是平移,即水平气流使云体移动;另一种是云体外围产生新云体而老云体逐渐消散,看起来云体似乎在移动,这种云体新陈代谢的现象称为雷暴云的传播。

雷暴的传播方向受风速、风向的垂直切变的影响。当风速随高度增大时,在云的前部低空会产生辐合,高空产生辐散。于是有利于在云的前部有上升运动发展,因而有新的雷暴单体产生。而在云的后部相反,有利用下沉运动发展,使原来的单体消散。总效果是云体向前传播。当有风向切变时,云体的传播方向近似为高空和地面风向的合成方向,即偏向高空盛行风的右侧。多数超级单体就是以传播形式向前运动的。

因为具有风速、风向的垂直切变,超级单体向高空盛行风的右侧传播。但是大多数雷暴受到高空盛行风的影响而平移并逐渐消散;一些只具有风速的垂直切变,则会沿高空盛行风风向传播,这时在云体前部增生新云,而后部又在消散,结果看来是云在前进。对于多单体雷暴来说,其中的单体雷暴会沿盛行风平移,但风暴系统本身则向风的右侧传播。

在雷暴成长过程中出现的地面阵风锋,会强迫来自东南方向的地面暖湿空气上升。这些上升空气之后凝结成云,在原来雷暴的右侧生成新的雷暴。因此,有时会生成排成一条线的雷暴,每一个处于不同的生命史阶段(图10.5),这种风暴系统就是多单体雷暴。受高空西南风控制,每个单体都向东北方向平移。新单体长大到成熟阶段,切断了原来母单体的水汽供应,所以逐渐消亡。总体情况是单个雷暴单体向东北方向平移,而整个雷暴系统略偏高层风的右侧传播。

因此,当高层风导引单体雷暴向东北平移时,下沉气流冲向它的右侧,强迫湿润空气上升而形成新单体。向东北平移的母单体,失去了水汽供应逐渐消失。这样,新单体在雷暴右侧形成,向东北平移的母单体慢慢消亡,整个多单体雷暴向大气环流的右边传播。

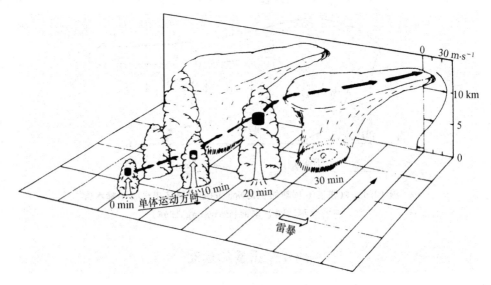

图 10.5 多单体雷暴系统图,显示整体东移(Chisholm 等,1972)

10.4 雷电现象

包括有闪电和雷鸣的雷电现象是成熟雷暴的重要特征。闪电是发生在正负电荷中心之间的长距离、短暂的强电流放电现象,放电过程中会产生巨大的火花,它可以发生在云中、不同云间、从云体到周围空气或到地面。大约1/3 的闪电发生在云体和地面之间。闪电过程中,空气被加热到高达3万度的高温,巨大的热量在短时间内导致空气快速膨胀,因而产生冲击波,变成隆隆的声波,称为雷鸣,它从闪光处向四周传播。

10.4.1 雷鸣

闪电以光的速度($c = 3 \times 10^8$ m·s^{-1})传播,所以一有闪电我们马上就能看到。但声音的传播速度较慢,所以在闪电过后片刻我们才能听到雷鸣。相对于地面的声速 c_s 主要与绝对温度 T 和风速 v 有关,

$$c_s = c_{s0} \cdot (T/T_0)^{1/2} + v \cdot \cos\theta \tag{10.4.1}$$

其中,θ 是风向和声音传播方向的夹角,$c_{s0} = 343.15$ m·s^{-1} 是在温度 $T_0 = 293$ K(即室温 20℃)时,平静大气中的声波相对地面的声速。因为雷暴降水等因素,云体下空气温度降低,因此雷鸣传播的平均速度约 $c_s = 330$ m·s^{-1}。

另外,声波在密度不均匀的大气中传播时,传播路径(声线)是弯曲的,即会弯向较冷空气一边,这种现象与光的折射现象中光线的弯曲类似。在夜间地面辐射降温,近地面会出现逆温层,它会使地面声波在向前传播时慢慢发生弯曲折回地面,也就是为什么在夜间声音传得远且清晰的缘故。唐代诗人张继《枫桥夜泊》写出的佳句:

> 姑苏城外寒山寺,夜半钟声到客船

不仅写出钟声连山也隔不住,也使枫桥和寒山寺名扬天下。

在一般情况下的对流层大气中,气温随高度降低,因此,从云中斜向下雷鸣的声线传播将会向上弯曲(如图 10.6)。雷鸣垂直向下传播的声线会到达云体附近的地面,而以一定角度向地面传播的声线,因空气下暖上冷而折射向上。在一定距离以外,人就无法听到雷鸣。能听到雷鸣的最远水平距离为

$$\Delta x_{\max} \simeq 2 \cdot (T \cdot \Delta z / \Gamma)^{1/2} \tag{10.4.2}$$

其中 T 是地面附近的大气绝对温度,Δz 是雷鸣声源的高度,Γ 是大气的减温率。

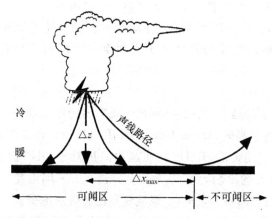

图 10.6 雷鸣的声线路径,图中也标出平静大气中在地面的可闻区与不可闻区

当闪击（指从云到地面，再从地到云的一次闪电过程）非常近的时候，雷鸣听起来像霹雳或破裂声。但当它们出现在远处时，经常是隆隆声，原因是由于从闪电的不同地方发射声波，而且，当声音遇到障碍物如山或建筑物时，会反弹回来，再传到观测者耳朵后，隆隆声会加强。

10.4.2 雷暴云的起电机制

显然出现闪电，雷暴首先要带电，而且正负电性相反的电荷必须存在于一个积雨云中的不同区域。云中电荷的产生和电荷在云中不同区域之间的分布，已经有许多理论来解释，但仍没有获得完全理解。雷暴云的起电机制是大气电学中困扰人们的重要问题之一。

一个世纪以来，有关云雾粒子正、负电荷形成机制的理论已提出不下十几种，而提出的正、负电荷的分离机制则基本相同，均为重力分离机制。这些理论，大多是在实验和观测的基础上提出来的，但由于雷雨云结构和起电机制的复杂性，每一种理论都难以完满地解释实测结果。近 20 年来，在积云数值模拟中引入各种起电机制，已逐渐成为研究雷雨云起电机制的重要手段。下面介绍两种具有代表性的起电理论：感应起电理论和温差起电理论。

1. 感应起电理论

观测和研究表明，晴天的低层大气中存在着垂直向下方向的静电场，即地表面带负电荷，大气相对于地面始终带正电荷。

因此，在雷暴形成过程中，在大气电场感应作用下，降水粒子（雨滴或冰粒）中出现电荷分离，即粒子上半部带负电，下半部带正电。当降水粒子在重力场中降落时，会出现两种情况：一种是降水粒子的下半部与中性云粒子（小云滴和小冰晶）相碰后又弹离，弹离的云粒子将带走降水粒子下部的部分正电荷，从而使降水粒子携带净负电荷。另一种是降水粒子的下半部沿途选择性地捕获大气负离子而带有净负电荷，云中大量正离子则受到降水粒子下半部所带正电荷的排斥而留在云中。第一种涉及粒子间碰撞称为碰撞弹离起电机制，第二种涉及降水粒子捕获离子称为选择捕获大气离子起电机制。

经过重力分离，较轻的大气正离子或带正电荷的云粒子随上升气流到达云体上部形成正电荷区，携带净负电荷的较重的降水粒子则因重力沉降而聚集在云体下部，形成负电荷区。

2. 温差起电理论

该起电机制的物理基础是 20 世纪 40 年代发现的冰的热电效应。冰的分子中有一小部分处于电离状态，且温度较高时，H^+ 和 OH^- 的浓度也较高。若冰的两端维持稳定的温差，则高温端的离子将向低温端扩散，且 H^+ 在冰晶中的扩散比 OH^- 快得多，结果使冷端具有相对多的 H^+，从而形成冰的冷端为正，热端为负。当具有不同温度的两块冰在一定条件下接触后再分离时，温度较低的将带正电荷，温度较高的将带负电荷。

云中存在两种温差起电机制，一种机制是，云中冰晶与下落的雹粒碰撞时因摩擦而增温。对雹粒，增温局限于与冰晶接触的尖突部分，这里相对升温较高；而冰晶表面细密光滑，有较大的接触面积,从而升温较低。结果可使雹粒带负电,冰晶带正电。另一种机制是,当云中较大的过冷水滴与下落的雹粒碰冻时,过冷水滴表面首先冻结而形成冰壳,随后内部冻结并释放冻结潜热,形成一内热外冷的径向温度梯度,致使外壳带正电,内部带负电。过冷水滴冻结的瞬间,因体积膨胀而使外壳破碎,这使得飞离的冰屑带正电,雹粒带负电。这两种机制,前者称为摩擦温差起电机制,后者称为碰冻温差起电机制。

经过重力分离,携带正电荷的较轻的冰晶和冰屑随上升气流到达云体上部,并在云体上部形成正电荷区;携带负电荷的雹粒则因重力沉降而聚集在云体下部形成负电荷区。

10.4.3 放电现象

由于不同电荷相互吸引,云下部的负电区会导致云下地面变得带正电。当雷暴移动时,这个地面正电区伴随云体,像影子一样移动。在突出的物体,如树、柱子和建筑物顶端,正电非常密集。一旦在云与地面之间建立了足够强的电场,带电粒子在其中被加速,而具有很大的动能。这些运动的粒子沿途碰撞中性粒子并使其成为离子,于是空气的绝缘性被打破并在空气中形成电离通道,引起大气中的放电过程,并伴随有发光和声音。

1. 电晕放电

电晕放电(或称尖端放电)现象常发生在有强雷暴云临近时,此时云下产生很强的大气电场。正电荷通过地物尖端(如天线和船桅杆等)向上运动,尖端附近大气电场比周围环境电场大几十甚至几百倍,致使尖端周围空气击穿电离而产生电晕放电。尖端放电不但发光,而且还常伴有噼啪的响声和围绕尖端发出蓝色或绿色的光晕。

这种放电,可以导致船桅杆顶部发出白光,称为圣爱尔摩火(St. Elmo's Fire),以巡逻水手中的圣徒名字命名。当看见圣爱尔摩火时,雷暴就在附近,闪电在不久就会出现。圣爱尔摩火也在输电线和飞机翅膀周围出现。

2. 云地闪电

这种闪电过程是将云内的负电荷输送到地面、地面的正电荷输送到云内的放电过程。绝大多数的云地放电过程是这种电荷输送方式。图 10.7 是根据高速摄影获得的最常见的云地闪电过程的示意图。闪电过程可分为梯级先导、回击、直窜先导、二次回击和直窜先导,甚至三次以上回击和直窜先导等放电阶段。

云地闪电从云内开始,沿某一路径,冲向云底再到地面的放电过程可分几步进行。每次放电通过约 50 m 的距离,然后停顿约 50 μs,接着再放电前进约 50 m 左右和停顿约 50 μs,不断重复向地面以梯级形式推进。这种梯级先导闪电非常迅速,通常人眼是分不清的。当梯级先导的末端接近地面时,沿着突出的物体从地面来的正离子流向上与之会合。会合后,大量电子流向地面,沿梯级先导路径,直径数厘米的较大较耀眼的回击闪电从地面向上冲到云中。这种先导和回击组成的一次放电过程称为闪击。人的眼睛没法分解闪击过程中的先导和回击,看到的只是一道连续的闪光。

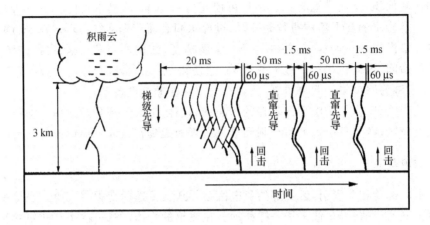

图 10.7 云地闪电发展过程示意图(盛裴轩等,2005)

在第一次闪击过后,空气中放电过程的离子通道建立了。尽管有时只有一次闪击,但多数情况下,是沿已建立的离子通道,在大约数十毫秒的间隔,先导—回击重复出现。这种后来的先导称为直窜先导。它向下进行得更快,因为现在路径上的电阻变小了。当先导闪电接近地面时,从地面到云中的第二次回击要比第一次弱。一般情况下,一次放电过程会有3—4次闪击,即包括3—4个先导,每个都伴随一次回闪。闪电过程非常短暂,人的眼睛很少能分清单个闪击,因而闪电看起来就是连续闪烁的样子。

10.4.4 闪电的防备与监测

富兰克林发明的避雷针,是放置在建筑物上的古老而重要的设备,是防止闪电击中建筑物。它是一根金属杆,尖的顶端高于建筑物,另一端深埋于地下。正电荷在避雷针顶端汇集,增大了通过顶端闪电的可能性,并沿金属杆向下进入地面,不会造成危害。

但对于人来说,如果你在露天被雷暴困住,就要找合适的避难所,也要防止被闪电击中。例如在野外要尽快找一低洼或沟渠的地方蹲下,不要在孤立的大树、高塔、电线杆下避雨等等。如果你乘坐汽车,则不用有任何担心。因为闪电沿汽车外面的金属车体快速运动,然后通过轮胎进入地面。

因为闪电对我们生活的影响,我们不仅要防备它,更重要的是观测、研究并控制它的出现。今天闪电已经可以用仪器测量定位,取代了多年来一直靠人眼观测的状况。科学家根据观测到的数据可以预知强闪电的发生,并更进一步获得了雷暴结构的图像。

遏制闪电可以减少闪电导致的火灾。在积雨云中播撒长约 10 cm 的薄铝片有可能较成功地阻止闪电的出现,这个想法是考虑到这些小片金属将产生许多电晕放电,阻止了云中产生闪电的电场增强。按照这一想法,自然界本来就有许多天然的遏制手段来防止闪电危害。例如,松树的长而尖的松针可作为一个微小的避雷针,稀释了电子浓度并遏制了巨大的闪击。

10.5 龙　　卷

龙卷(也称龙卷风)是雷暴的产物,是一种自雷暴云底部下垂的漏斗云接触到地面时带来的强烈天气现象,可以说它是雷暴巨大能量中的一小部分在很小的区域内集中释放的一种形式。多数龙卷的直径一般在 100—600 m 之间,有些直径几米,但也有上千米的龙卷。前进冷锋前面形成的龙卷常受西南气流控制,从西南方向向东北方向运动。多数龙卷只持续几分钟,平均路径长度数千米,因此龙卷往往带有突然性,破坏力更大。有的龙卷可运动数百千米,持续数小时。

龙卷可以在陆地和水面上生成,则分别称为陆龙卷和水龙卷。水龙卷也可以是在陆地上形成再移到水面上。水龙卷强度(旋转风速)比陆龙卷低,移动也慢。

美国是龙卷风出现最多的国家,我国也有龙卷风。南宋诗人陆游(1125—1210)便有一首《龙挂》诗,把龙卷风描绘的活灵活现：

　　成都六月天大风,发屋动地声势雄。
　　黑云崔嵬行风中,凛如鬼神塞虚空。
　　霹雳迸火射地红,上帝有命起伏龙。
　　龙尾不卷曳天东,壮哉雨点车轴同。
　　山摧江溢路不通,连根拔出千尺松。
　　未言为人作年丰,伟观一洗芥蒂胸。

龙卷形态可归纳为三大类,即轮廓分明的浓密龙卷、轮廓不清的松散龙卷和在龙卷周围的派生龙卷。

浓密龙卷是研究最多的龙卷类别,它有一个轮廓鲜明、浓密的底部,并有一个直径较小较长的漏斗管子。基本形态有绳状龙卷、象鼻子状龙卷和柱状龙卷。绳状龙卷在空中犹如一条绳子在飞舞,有时中间弯曲成蛇状龙卷。象鼻子龙卷是最常见、最典型的龙卷形状,这种龙卷漏斗稍有弯曲,向地面的一端渐渐变窄,向雷暴云的一端变宽,直至与云体合并。中国古代把龙卷风称为"羊角风",形状像一支从天上倒插下来的大羊角,应该是指象鼻子龙卷。柱状龙卷看上去上下一样粗,有时上面比下面更粗,但仍为圆柱般的形态,这种龙卷的破坏力最大。

10.5.1　生命史

大多数龙卷通过几个阶段演化。

尘旋阶段：龙卷环流的地面标志是向上的地面尘旋,同时有一短的漏斗从雷暴云下伸出。这一阶段的损害较轻。

组织阶段：龙卷增强,出现完整的向下延伸的漏斗。

成熟阶段：漏斗最宽并几乎垂直,破坏性最强。
收缩阶段：漏斗宽度减小,漏斗倾斜,在地面有较窄的破坏区。
衰亡阶段：通常发现龙卷伸展为绳子的样子,一般情况是在最终消失前,龙卷被极度扭曲。

这些是龙卷典型的发展过程,但是有少数龙卷其演化只经历组织阶段,一些甚至跳过成熟阶段直接进入衰亡阶段。但是,当龙卷进入成熟阶段时,它的环流经常是与地面接触,直到它消亡。

10.5.2 龙卷的风

龙卷是围绕一强低压快速旋转的风。在地面,龙卷的环流像一个漏斗状云或一旋转的沙尘和碎片组成的云。从高空观测,龙卷的主体逆时针旋转。顺时针旋转的也有,但很少见。龙卷水平尺度很小,地转偏向力可以忽略。因此,龙卷的风速 v 可根据旋衡风关系,即气压梯度力和离心力平衡给出：

$$-\frac{1}{\rho}\frac{\Delta p}{\Delta r} + \frac{v^2}{\Delta r} = 0 \tag{10.5.1}$$

式中,Δr 是龙卷风的半径;Δp 是龙卷中心到龙卷边缘 Δr 距离上的气压变化;ρ 是 Δr 距离上的空气平均密度。因此,气压变化为

$$\Delta p = \rho \cdot v^2 \tag{10.5.2}$$

因此,空气绕龙卷轴快速旋转,龙卷中心气压极度减小。近地面数十米厚的气层内,气流被从四面八方吸入龙卷涡旋底部,并随即变为绕轴心向上旋转的涡流。当龙卷经过建筑物时,建筑物内气压高于龙卷内部气压,建筑物顶部会被抬起,有时建筑物会发生爆裂。

龙卷因风(与气压相联系)会造成不同程度的破坏,需要对龙卷按风速强度等指标划分等级。目前有两套标准,一是欧洲龙卷和风暴研究组织(TORRO)制定的 T 尺度标准,将龙卷按强度划分为 11 级。另一套是 20 世纪 60 年代后期,美国芝加哥大学研究龙卷的权威 T. T. Fujita 根据龙卷风的风速强度和破坏程度制定的龙卷的 F 分级标准(见表 10.1)。

表 10.1 龙卷风 F 分类等级

龙卷风等级	龙卷风速/(m·s^{-1})	受灾程度
F0	18—32	轻度灾害：树枝折断,窗户破损
F1	33—50	中度灾害：树木折断,屋顶掀起,活动房屋倒塌
F2	51—70	较大灾害：树倒,车翻,低强度房屋被毁
F3	71—92	严重灾害：树连根拔起,木结构房屋被毁
F4	93—116	灾难性灾害：卷起房屋、树木和车辆到百米远处,钢结构建筑物高度损坏
F5	117—142	无法估量的灾害：掀起坚固的房屋,钢筋水泥等强化建筑物也会被撕成碎片

10.5.3 龙卷成因

已经知道龙卷伴随强雷暴而生成,当风暴变成超级单体时,雷暴产生龙卷的机会增加。但不是所有的强雷暴都能产生龙卷。尽管有很多解释龙卷成因的理论,但产生龙卷的每个细节和所有过程,现在仍然是人们讨论和研究的问题。至少可以认为,不同的形成机制可以导致形成不同的龙卷。

一种理论认为,从风暴中产生龙卷,上升气流一定要旋转。因为强雷暴可形成于强垂直风切的区域,导致了上升气流在风暴右后方(例如东行风暴的西南部)出现气旋式旋转。这些上升、旋转的气柱称为中气旋,它是一个低压涡旋,在超级单体风暴中它的直径可达10—15 km。它向下可伸出云底,形成云底缓慢旋转的墙云(wall cloud)。墙云的出现是风暴中将要出现龙卷的不祥征兆。

当空气从各个方向冲进低压涡旋,如果有足够水汽,这些空气扩展、冷却凝结为一个可见的云,即漏斗云。同时,中气旋垂直伸展和水平收缩(直径2—4 km),使得旋转的空气加速向上。漏斗云下的空气被吸入核心,快速冷却和凝结,漏斗云也就向下延伸直到地面,龙卷就出现了。在到达地面时,龙卷时常吹起泥土和碎片,使它看起来昏暗并令人敬畏。观测和研究显示,漏斗外缘的空气旋转向上,而龙卷的中心空气是向地面的低压下沉。当空气下沉时,加热引起云滴蒸发,导致中心处是无云的区域。

观测证实,并不是所有中气旋都产生龙卷。弱龙卷可以在没有中气旋时产生,也会在主要的上升气流中发展,甚至沿阵风锋出现。陆龙卷可以产生自普通雷暴或浓积云,它们与水龙卷类似。

另一种理论认为,边界层的风切(上部西风,下部东南风)导致出现接近南北方向伸展的水平旋转气流,从南看过去,气流绕水平轴顺时针旋转。这些由旋转气流组成的管子称为涡管。在雷暴发展过程中强上升气流作用,涡管被带进风暴中并断裂,成为两个垂直旋转的涡管,在一定条件下可以出现两个龙卷风,即一个是气旋式的,另一个是反气旋式的。这种理论不能说明有时出现的强龙卷是如何从这些弱的涡管中发展起来的。也有人认为,涡管被带进风暴后,南边的一个就成为可以滋生龙卷的中气旋。

10.5.4 龙卷监测

人们可以通过看和听来防备龙卷。观测雷暴低部旋转情况,这些旋转部位逐渐降低变成墙云。墙云是出现龙卷的征兆,从墙云中出现的小而快速旋转的漏斗伸向地面形成龙卷。此外,从几千米外可以听到多数龙卷的清晰的咆哮声,这是龙卷接触地面后发出的声音。

因为龙卷造成的灾害,必须有效地进行龙卷的监测。在美国,遥控飞机、多普勒雷达等先进设备已经被使用,通过计算机数据处理后,预测未来数小时的龙卷是否出现,并向公众发布龙卷预警。

多普勒雷达是根据多普勒效应来观测龙卷中雨滴的运动,由此窥视龙卷内部,揭示它的风场。物体在运动过程中发射某一频率的电磁波,如果运动方向与电磁波发射方向相同,前方仪器接收到的电磁波频率会变大(称为蓝移);反之频率就变小(称为红移)。这种现象称为多普勒效应(Doppler effect),因为多普勒(Doppler,1803—1853,奥地利)1842年对这个过程的解释而得名。对于多普勒雷达,它向龙卷发射电磁波,龙卷再将此电磁波反射回雷达接收机。发射和反射的电磁波频率因为龙卷相对雷达运动而不同,频率的变化由多普勒方程给出:

$$\Delta \nu = 2 \cdot v_r / \lambda \tag{10.5.3}$$

其中,v_r 是相对于雷达,物体运动的径向速度;λ 是雷达发射的电磁波的波长。据此可得到龙卷内部不同部位的雨滴运动状态。

此外多普勒雷达有助于区分其他严重天气现象,如阵风锋、微下击暴流和风切等,这些对飞机都是有危害的。随着越来越多的多普勒雷达的投入及其资料的分析使用,雷暴和龙卷的产生过程会了解得更清楚,更有效的预警系统会逐步建立,大自然带来的破坏和损失将会不断减少。

习　题

1. 如何判断气层是潜在不稳定?
2. 什么是CIN和CAPE,它们对雷暴的生成与发展有什么作用?
3. 绘图说明抬升凝结高度、自由对流高度和平衡高度。这三个高度的意义是什么?
4. 触发雷暴生成的空气抬升机制有哪些?
5. 什么是风切?为什么强的风切可以导致强雷暴?
6. 普通雷暴单体的结构及其影响下的天气与超级单体的主要差异有哪些?
7. 雷暴从西北方向移向当地,另有风速为 $10\ m \cdot s^{-1}$ 的从东南方向吹来的气流,地面附近温度为30℃,如果你看到闪电10 s后听到雷鸣,不考虑气流对声音传播速率的影响,雷鸣处距离你有多远?如果雷鸣处的垂直高度为2 km,大气减温率为干绝热减温率,在地面距离雷鸣声源正下方多远以外听不到雷鸣?
8. 能产生龙卷的风暴与一般风暴有何差异?
9. 说明在考虑龙卷风的受力平衡时,科氏力是可以忽略的。
10. 查阅相关资料,请说明如何防备雷暴和龙卷灾害。

第十一章 台　风

台风是具有超过 $32.7\,\mathrm{m\cdot s^{-1}}$（12级以上）的持续大风的气旋涡旋，是一种暖性低压，形成于西北太平洋洋面。同样是这种类型的风暴，在世界其他地区还有不同的叫法：在北大西洋和东北太平洋叫飓风；在印度和澳大利亚叫气旋。它们诞生于热带水域，并由充沛水汽滋养，会成为一个真正的凶恶的风暴：产生巨浪、暴雨和狂风，并给其影响的地区带来强烈的、灾难性的天气过程。它们是地球上力量最强大的巨人。

根据国际规定，所有生自热带水域的飓风型风暴通称为热带气旋。台风是热带气旋"家族"中强度级别最高的一种天气系统。

生成台风的天气与全球其他地区的天气明显不同：热带水域上风轻，大气中很厚的气层中水汽充沛；海表水较暖，在广大水域一般为 26.5℃ 或更高，而且海水在一定深度内也保持温暖。在热带、副热带的北大西洋和北太平洋海域，在夏季和早秋时期具有这样的条件，因此，台风季节一般从六月到九月。

11.1 剖析台风

从卫星云图上可以看到许多台风的典型结构（图11.1）。在天气图上以系统最外围近似圆形的等压线为准，台风风暴直径一般为 600～1000 km，最小只有 100 km，但最大的可达 2000 km。在中心近似圆形的晴空少云区是它的眼区（台风眼，或台风中心），眼的直径一般为 10～60 km。在眼区，相对来说天空少云，风平浪静，有时晴朗无云，显示为圆形的黑色区域。环绕眼区，云排成螺旋带（称为螺旋雨带），朝台风中心旋转。表面风逆时针向里吹向中心，风速增加。眼区外围的一圈环状的云区称为云墙或眼壁（eyewall），是绕台风中心的强雷暴环带，并向上伸展到海平面以上将近 15 km 的高度。最猛烈的天气现象（风和暴雨）发生在靠近台风眼的眼壁内侧。因此，台风是由台风眼、台风眼壁和外围的螺旋雨带组成。

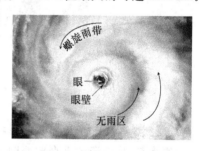

图 11.1　台风云图（TERRA 卫星 MODIS 监测图像，2003 年 6 月 18 日 10:16BJT，"苏迪罗"（Soudelor）台风）

假想从西向东（从中国大陆进入太平洋）旅行穿过风暴，当我们接近台风的时候，天空变成卷层云覆盖的阴天，气压开始慢慢降低，在接近中心时快速降低。风从北和西北方向吹来，越接近眼区风速越大。大风掀起巨浪，并伴随大雨。进入眼区时，气温上升，风速减慢，降水停止,天空放晴,头顶有中、高云。气压计读数现在最低,比风暴外围测量的气压低 50 hPa 左右。短暂的时间我们就进入眼壁的东边区域,这里我们碰上大雨和强南风。当远离眼壁时,气压上升,风减弱,大雨终止,最终天空开始放晴。

取一个正通过台风中心的垂直剖面模型(如图 11.2),可以解释我们旅行的所见。台风是由有组织的雷暴群组成的,雷暴是台风环流的一个有机部分。在表面附近,热带潮湿空气吹向台风中心。在眼的附近,这些空气上升并凝结生成巨大的雷暴,产生大雨。在雷暴的顶部附近,失去了太多的水汽的相对干的空气,开始吹离中心。这些高层辐散的空气,从眼区顺时针(反气旋)向外吹达数百千米。当气流达到风暴外围时,开始下沉和加热,导致晴朗天气。在眼壁的强雷暴区,大量潜热释放并加热大气,使高层气压轻微升高,导致了在眼区空气下沉。当空气下沉时,压缩加热增温。说明风暴中心是暖空气(暖心结构)和少雷暴的情况。图 11.3 显示的是 1964 年飓风"希尔达"相对平均热带大气的温度距平东西向剖面的垂直分布,增温最强的高度在 300~250 hPa(10~11 km),增温达 16℃。在暖中心两侧很狭窄的地带中,即在眼壁附近有很强的温度径向(沿半径)梯度。但在眼区,温度径向梯度则很小。在眼壁外,3 km 以下的温度距平也很小。

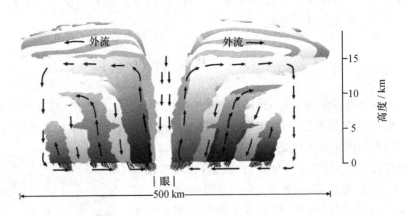

图 11.2 台风剖面的理想模型(Ahrens,2003)

在台风侵袭一个地方时,当地气象台站的气象记录,中心气压曲线总是显示出"陡降陡升"的特点,从气压的垂直剖面图上,总能看出像陡峭的"峡谷"一样的气压谷(图 11.4)。在台风外围气压向中心降低平缓,气压梯度较小。由于台风是暖心结构,根据静力学公式,气压梯度应随高度减小,至某一高度反向指向外,中心转为高压区。

从台风风场看(图 11.5),台风低空风场的水平结构大致可以分为三部分:从外到里,是台风外圈、台风中圈和台风内圈。台风外圈到台风中圈的最大风速带约数百千米,风力平均可达 15 m·s^{-1},相当于 7 级风,向内风速急剧增加,出现较大的降水。台风中圈出现最强烈的风雨,高耸的云墙,平均宽度可达 20 km,风速达到最大值。台风内圈即台风眼区,风速迅

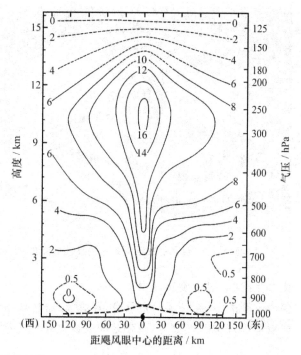

图 11.3 飓风"希尔达"(Hilda,1964)相对平均热带大气的温度距平(单位:℃)垂直分布图
(Hawkins 和 Rubsam,1968)

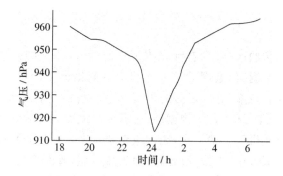

图 11.4 台风经过石浦站时的气压记录曲线,从谷中心到两侧差 1 h,
气压就相差约 30 hPa(北京大学气象教研室,1976)

速减小或静风,眼区大小形状常多变。风场的垂直结构也大致可以分为三层,分别是流入层、中层和流出层。流入层从地面向高空延伸大约 3 km,在这一层,气流由四周向中间呈气旋性辐合流入(也就是逆时针旋转流入)。中层从 3 km 高度延伸到大约 10 km 高度,这里的气流主要是旋转的,流入或流出的量很小。在中层以上到台风顶部,是流出层,气流在这里向外辐散。从台风眼到大约 200 km 的范围内,气流呈气旋性流出(逆时针旋转流出),在这

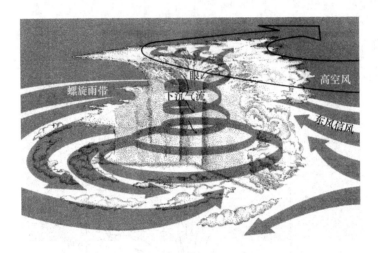

图 11.5 台风的三维空间流场及云系分布

个范围以外,呈反气旋性流出(顺时针旋转流出)。

另外,在台风中围绕云墙边缘,有一条环状下沉运动带;而在环状下沉运动带的外面是台风的外围对流带,即螺旋雨带中空气上升,雨带之间的区域空气下沉。

11.2 在热带洋面上诞生

11.2.1 热带天气

环形绕地球称为热带的区域,即在赤道附近南北纬 23.5 度的区域,天气与中纬度有很大的差异。因为热带一年温暖,温度的日变化和季节变化很小,天气也就没有四季的特征。热带季节的差异主要表现在降水上,可分为干湿季节。当热带辐合带(ITCZ)移到这一区域时,云和降水增多。在干季,降水是不规则的,一段时间大雨会持续几天,可能紧随其后的是极端干旱的一段时间。热带风一般从东、东北或东南吹来。热带海平面气压变化也很小。

在热带海域这样的天气中,太阳辐射对海面加热强烈,海面温度升高,海水蒸发,使水面的空气不稳定产生上升运动,因此可产生雷暴,周围空气从四面八方汇聚。由于地转偏向力的作用,这些汇聚的空气就成了逆时针转动的涡旋了,有时候,涡旋就会加强成长为台风。

热带辐合带(ITCZ)是一个低压带,赤道信风向这里辐合。有时候,当沿 ITCZ 形成一个波动时,一个低压区就会发展起来并加强为台风。有时候,从高纬度移到热带的锋面上产生的低压系统也可发展为台风。

此外,因为热带区域海平面气压变化非常小,在天气图上画等压线提供的信息很少。描绘气流的运动的流线可以代替等压线,它们可以显示表面空气在哪里辐合和辐散。有时,流线被赤道弱低压槽影响成为热带波或东风波。其波长约 2500 m,以 $20\sim40\ \text{km}\cdot\text{h}^{-1}$ 的速度从东向西运动。在槽东边,东南信风使气流辐合上升产生雷暴和阵雨。有时候,东风波中辐合区加强会成长为台风。

11.2.2 台风形成的必要条件

台风形成的必要条件至少必须有4个方面。

(1) 台风形成首先要求存在一个初始扰动,最常见的初始扰动场的就是辐合气流形成的涡旋、热带辐合带中的波动和东风波等。这些热带弱涡旋中心部位,气压低于周围地区,配合高层冷空气,于是涡旋周围湿空气流向中心,并因为大气不稳定上升凝结,释放大量凝结潜热,提供了涡旋继续增强的能源动力。

(2) 台风形成需要暖性洋面。台风内部气体分子之间的运动摩擦会消耗巨大的能量,必须靠广阔热带海洋上释放的潜热来提供。另外,台风中心气压低,导致中心水面上涌翻腾(类似涌升流),可影响表面之下 60 m 深处,因而需要洋面以下约 60 m 厚度的海水温度在 26.5℃以上。

(3) 科氏力效应有利于气旋性涡旋的生成。因为赤道附近科氏力小,因而一般在赤道附近南北纬各 5 度之内,观测不到台风。

如果台风与下垫面之间没有摩擦,空气辐合时角动量守恒,即

$$v \cdot r + 0.5 \cdot f_c \cdot r^2 = 常数 \tag{11.2.1}$$

其中,v 是距离台风中心半径 r 处的切向风速,f_c 是地转参数。因此,因为地转效应作用,即使在开始较大的半径 r_i 处气流没有旋转,当它们向台风中心辐合到较小半径 r_f 处时,就获得切向速度,气流就开始旋转,切向速度 v 为,

$$v = v_f = \frac{f_c}{2} \cdot \frac{r_i^2 - r_f^2}{r_f} \tag{11.2.2}$$

当气流继续向中心辐合并旋转时,离心力开始逐渐起作用,这时可用梯度风公式描述台风切向风速 v:

$$\frac{1}{\rho} \cdot \frac{\Delta p}{\Delta r} = f_c \cdot v + \frac{v^2}{r} \tag{11.2.3}$$

其中,ρ 是空气密度,$\Delta p/\Delta r$ 是径向气压梯度。上式中最后一项就是离心力。

旋转继续加强到一定程度,与增大的离心力相比,科氏力就可以忽略,这时就是向内的气压梯度力和向外的离心力达到平衡。使用旋衡风公式可得到距台风中心 100 km 之内的台风切向风速:

$$v = \left(\frac{r}{\rho} \cdot \frac{\Delta p}{\Delta r} \right)^{1/2} \tag{11.2.4}$$

在北半球的夏季,由南半球过来的空气在低纬度地区和热带地区的东风会合而形成热带辐合区。该地区不但有大尺度的抬升,而且也有相当的旋转,是形成台风的主要地区之一。

(4) 整个对流层风的垂直切变要小。对流层风速垂直切变的大小,决定着一个初始热带扰动中分散的对流释放的潜热能否集中在一个有限的空间之内。如果垂直切变小,上下层空气相对运动很小,则凝结释放的潜热始终加热一个有限范围内的气柱,使之很快增暖形成暖心结构,初始涡旋能迅速发展形成台风。反之,如果上下切变大,潜热将被很快输送出扰动区的上空,不能形成暖心结构,也不可能形成台风。

上述条件仅仅是必要条件,不是充分条件,在热带洋面上,满足以上条件的时间和海域很多,与之相比较而言,台风发生得很少。

11.3 生 命 史

11.3.1 台风的发展和消亡

台风形成过程中,按照中心附近地面最大风速,经历不同的时期。按照国际规定,从初始扰动形成开始,有轻微风环流的雷暴群称为热带低压(tropical depression),其最大风速 $10.8 \sim 17.1 \, \text{m} \cdot \text{s}^{-1}$ (6~7级)。当风速增加到 $17.2 \sim 24.4 \, \text{m} \cdot \text{s}^{-1}$ (8~9级),并且在地面图上中心周围有几条等压线时,热带低压变成热带风暴(tropical storm)。当等压线密集,且最大风速 $24.5 \sim 32.6 \, \text{m} \cdot \text{s}^{-1}$ (10~11级),热带风暴变成强热带风暴(severe tropical storm)。当风速超过 $32.7 \, \text{m} \cdot \text{s}^{-1}$ (12级以上)时,强热带风暴变为台风(typhoon)。

上述的从热带扰动起始发展到台风风力达12级的这段时间,就是台风的形成阶段。随后是台风的加深阶段,即台风继续加深,一直到中心气压达到最低,风力等级出现最大的这段时间。在这之后的一段时间内,中心气压不再加深,台风中心附近等压线密集的范围扩大,台风风力大于12级的范围也在扩大,这段时间是台风的维持(或成熟)阶段。在维持一段时间后,台风开始了它的衰亡阶段,台风因不同的原因逐渐减弱为强热带风暴、热带风暴和热带低压直至消亡。

如果台风停留在暖水面上,它如同一个漂浮的旋转的软木塞,可以维持很长时间。但是,大多数台风持续时间短于一周。大多数台风是在海上消失的。台风在海上消失的原因很多,其中有的是通过冷水区和失去供热源而逐渐减弱并消失;有的是由于台风移入强盛的副热带高压范围之内,下沉气流破坏了台风的环流,因而台风减弱消失;有的是因为有强冷空气从台风北部侵入,导致台风减弱填塞。有些台风北移进入西风带后,如有冷空气从台风西北部侵入,则台风有可能演变成温带锋面气旋。台风登陆后也会消失。台风登陆后,由于能量来源枯竭,加之地面摩擦辐合作用增强,使低层空气质量的辐合大大超过高层的辐散,导致中心气压上升,因而台风减弱消失。

根据以上热带气旋的生命历程,可按其强度进行分级。热带气旋强度一般以其中心海平面最低气压和中心海面最大风速为依据,但有时专指中心海平面最低气压,或者中心海面最大风速。表11.1是1969年萨菲尔和辛普森(Saffir 和 Simpson)两人以中心海平面最低气压为标准对飓风分级,同时给出了中心海面最大风速和飓风带来的风暴潮高度的具体数值。这种分级只适用于北美地区,世界其他地区有不同的分级标准。有飓风记录的最小的最低中心气压是 870 hPa,是发生在 1979 年 10 月的一次五级飓风。

表 11.1　萨菲尔-辛普森等级(Saffir-Simpson scale)

级别	海平面最低气压/hPa	海面最大风速/m·s^{-1}	风暴潮高度/m
一级飓风	≥980	32.7~42.5	1.2~1.6
二级飓风	965~979	42.6~49.1	1.7~2.5
三级飓风	945~964	49.2~58.0	2.6~3.9
四级飓风	920~944	58.1~69.1	4.0~5.5
五级飓风	<920	69.1 以上	>5.5

我国从 2006 年 5 月 15 日起执行新的国家标准《热带气旋等级》,增加了"强台风"和"超强台风"两个等级,见表 11.2。

表 11.2　中国热带气旋按风力等级的划分

级别	英文简写	低层中心附近最大平均风速/m·s^{-1}(风力等级)
热带低压	TD	10.8~17.1(6~7 级)
热带风暴	TS	17.2~24.4(8~9 级)
强热带风暴	STS	24.5~32.6(10~11 级)
台风	TY	32.7~36.9(12 级),37.0~41.4(13 级)
强台风	STY	41.5~46.1(14 级),46.2~50.9(15 级)
超强台风	SUPERTY	51.0~56.0(16 级),≥56.1(17 级)

我国台湾地区对台风形成和发展过程中的不同阶段的热带气旋有不同的命名,分为热带低压、轻度台风、中度台风和强烈台风。其中轻度台风包括热带风暴和强热带风暴,中度台风包括表 11.2 中的台风和强台风,强烈台风即超强台风。

11.3.2　台风路径

我国主要受西北太平洋形成的台风影响,这些台风受东风驾御,并以大约 5 m·s^{-1} 的速度,在一周左右向西或西北方向移动。有时它们绕副热带高压向极地方向移动,当它们移到足够北时,被西风气流捕获,使它们弯曲向北方或东北方移动。在中纬度,台风前进速度一般增加,有时超过 20 m·s^{-1}。台风的实际路径(由风暴的结构和风暴与环境的相互作用决定)变化显著。正常情况下,台风移动路径平滑、稳定。但少数风移动路径曲折多变,有停滞、打转,突然转向,移速突然变化,路径飘移不定等多种形式。这些奇怪的路径和不确定的转向,让预报人员感到诧异,例如:一个台风向陆地前进时,有时会忽然转向离去,使陆地区域免受某种灾难。

影响我国的台风有 3 种路径(见图 11.6):

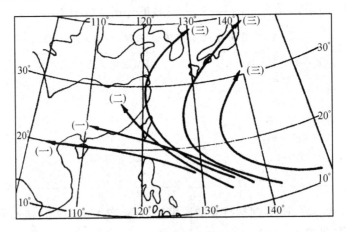

图 11.6 影响我国的台风路径

(1) 西移路径。台风从菲律宾以东一直向偏西方向移动,经南海在华南沿海、海南岛或越南一带登陆。它对我国华南沿海地区影响很大。

(2) 西北路径。台风从菲律宾以东向西北偏西方向移动,在我国台湾、福建一带登陆;或从菲律宾以东向西北方向移动,穿过琉球群岛,在浙江一带登陆。台风登陆后在我国消失。它对我国华东地区影响较大。

(3) 转向路径。台风从菲律宾以东向西北方向移动,到达我国东部海面或在我国沿海地面登陆,然后转向东北方向移去,路径呈抛物线状,对我国东部沿海地区及日本影响最大。

11.3.3 台风命名

台风是一个强烈的热带气旋。它好比水中的漩涡一样,是在热带洋面上绕着自己的中心急速旋转同时又向前移动的空气漩涡。在移动时像陀螺那样,人们有时把它比作"空气陀螺"。由于台风影响时常常伴有狂风暴雨,气象上给它取了一个与普通大风不同的名字——台风。

事实上,我国古代的史书和地方志中就有很多有关飓风和台风的描述。飓风一词也在我国古代文献中出现较早,南朝刘宋时期沈怀远在《南越志》中记载:"熙安多飓风。飓者,其四方之风也,一曰惧风,言怖惧也,常以六七月兴。"其中的飓风即台风(见图 11.7)。在《岭表录》中记载"夏秋之间,有晕如虹,谓之飓母,必有飓风",是最早关于台风天气预测的记载。《岭南杂记》中对飓风、台风的描述就更加详细:"……之气如虹如雾,有风无雨,名为飓母,夏至后必有北风,必有台信,风起而雨随之,越三四日,台即候来,少则昼夜,多则三日,或自南转北,或自北转南,阁夏时阳气司权,南方之气为北风摧郁,郁极而发,遂肆横激,其转而北也,因北风未透,南风即起，北风之郁，仍复衡决，必倏有西风，其台始定，然后行舟。土人谓正二三四月发者为飓，五六七八月发者为台。台甚于飓，而飓急于台。飓无常期，台经旬日。自九月至冬，多北风，偶或有台，亦骤如春飓。船在洋中遇飓可支，遇台难甚，盖飓散而台聚也。”

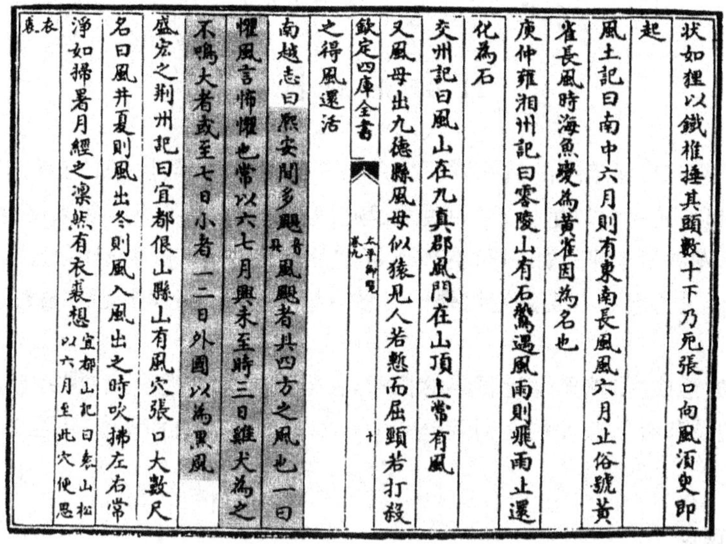
狀如貍以鐵椎搥其頭數十下乃死張口向風須臾即
起
風土記曰南中六月則有東南長風風六月止俗號黃
雀長風時海魚變為黃雀因為名也
庾仲雍湘州記曰零陵山有石鷰遇風雨則飛雨止還
化為石
交州記曰風山在九真郡風門在山頂上常有風
又風母出九德縣風母似猿見人若慙而屈頸若打殺
欽定四庫全書 太平御覽 卷九 十
之得風還活
南越志曰熙安間多颶（音具）颶者具四方之風也一曰
懼風言怖懼也常以六七月興未至時三日雞犬為之
不鳴大者或至七日小者一二日外國以為黑風
盛宏之荆州記曰宜都佷山縣山有風穴張口大數尺
名曰風井夏則風出冬則風入風出之時吹拂左右常
淨如拂箒月經之凜然有衣裘想（宜都山記曰佷山松以六月至此穴便思）
衣裘

图 11.7 《南越志》中记载的飓风，出自(宋)李昉(925—996)编纂的《太平御览》卷九

因此，在我国人们已经很早注意到台风或飓风，只是没有给予适当的编号或命名。后来当风力等级确立后，人们才开始对风力达 8 级以上的热带风暴、强热带风暴及台风给予编号或命名。

早期的命名不统一，例如 19 世纪初叶，一些西班牙语的加勒比海岛屿根据飓风登陆的圣历时间来命名；19 世纪末，澳大利亚预报员克里门兰格则用他讨厌的政客名字为台风命名；后来西方人根据飓风发生地的经纬度来区分，但当两个以上台风生成在同一海域会引起混乱。为了减少混乱，飓风以字母表中字母来区别。这个方法看起来也麻烦。所以从 1953 年开始，美国国家天气局开始使用女性名字命名台风，每年的名字以字母表排序命名。在遭到妇女界的反对后，东太平洋飓风的名字从 1978 年开始改用男女姓名交替使用的方法命名，在 1979 年开始，北大西洋飓风也开始这样命名。

在亚洲，长期以来，对于同一个台风，不同的国家有自己不同的命名。我们国家过去是给台风编号，例如 9608 号热带风暴即是 1996 年在西北太平洋海域生成的第 8 个热带气旋，当它发展成为强热带风暴时，就称为 9608 号强热带风暴，继续发展成为台风时，就称为 9608 号台风。当然，当它又衰减成热带风暴时，它又称为 9608 号热带风暴了。当热带气旋衰减为热带低压或变性为温带气旋时，则停止对其编号。

从 2000 年 1 月 1 日起，西北太平洋和南海热带气旋采用新的命名方法。这是由 1998

年12月在菲律宾马尼拉举行的台风委员会第31届委员会决定的,由包括柬埔寨、中国(包括中国香港、澳门和台湾)、朝鲜、日本、老挝、马来西亚、密克罗尼西亚联邦、菲律宾、韩国、泰国、美国和越南在内的12个成员国各起具有地方特色的名字10个组成命名表,循环使用,这些名字都有统一的中文译名或英文译名,以便于西北太平洋沿岸地区使用。

11.4 形成机制

从前面分析可知,无组织的雷暴群要发展为一个台风,高低层条件必须密切配合。当所有表面条件看起来适合台风生成时(如暖水、潮湿空气和辐合风等),如果高空的天气条件不适合,风暴也就发展不起来。如副高空气下沉加热产生逆温(信风逆温),当逆温强的时候,可抑制雷暴和台风的形成。当高空风强的时候,破坏了对流组织形态并使热量疏散,台风也不能形成。

对于台风的形成,虽然经过近百年的探索,科学界还没有完全达成共识。对于台风形成的理论,最典型的和有代表性的是对流理论(也称为第二类条件不稳定理论,简称CISK理论)和热机理论。

11.4.1 对流理论

对流理论认为,台风形成时,雷暴必须变得有组织,以便驱动系统的潜热能够被限制在一个有限的区域内。如果沿ITCZ或沿东风波,雷暴组织起来,而且信风逆温弱,那么台风诞生的舞台就可建立。如果高层空气不稳定,台风发展的可能性就会加强。这种不稳定可由从中纬度移向风暴区的高空冷槽引起。一旦这种形势建立,积雨云会快速发展并生长成巨大的雷暴云。

高层空气虽然开始时冷,但由于凝结过程释放的巨大潜热被迅速加热。当这股冷空气变成较暖的空气时,雷暴上部产生高压区。高层空气开始向外运动,远离发展的雷暴区。高层空气辐散伴随气层加热,使得表面气压下降,形成一个小的表面低压区。表面空气开始反时针旋转,并吹向低压区。当向里运动时,它的速度增加(角动量守恒)。风使海面变粗糙,增加了运动空气的摩擦阻力。这种增加的摩擦力导致气流辐合,并使风暴中心周围的空气上升。

上升的空气,从波浪起伏的洋面携带更多的水汽和热量,供给雷暴更多"燃料"并释放更多热量,这样导致表面气压降低更多。中心附近低压产生较大摩擦,导致辐合加强和更多的上升空气。上升空气产生更多的雷暴,释放更多的热量,使表面气压降得更低,风也更强。这样一个正反馈的连锁反应机制建立了,即空气上升导致中心气压降低,中心气压降低导致更多的空气上升,反复直到一个成熟的台风诞生。

只要高层流出多于地面流入,风暴就会加强,表面气压就会降低。由于系统内,气压受向上伸展的暖空气控制,风暴只会加强到一定程度。控制因子是水温和潜热释放。因此,当风暴完全成熟后,它将耗尽所有可供的能量,空气温度不再上升,气压将不再降低。当中心附近辐合空气超过顶部流出时,表面气压开始增加,风暴逐渐消失。

对流理论突出了积云对流的作用,抓住了水汽凝结释放潜热是台风发展的主要能源这一本质,因此它对热带气旋的发展过程做出了较为合理的解释。但是,对于低层原先存在的低压扰动是如何发生的,该理论没有给出解释,这是一个需要进一步研究的问题。

11.4.2 热机理论

热机从高温端 T_1 吸收热量,转变为功,在低温端 T_2 放热。做功效率以卡诺(Carnot,1796—1832,法国)效率 η 表示为

$$\eta = 1 - \frac{T_2}{T_1} \tag{11.4.1}$$

热机理论认为,台风系统像一个热机,它从海面吸收热量,转变为台风发展需要的功(动能或风),然后在台风顶部通过辐射冷却放热。从(11.4.1)式,台风形成、发展所需的能量取决于两个温度,即海面和顶部的绝对温度,台风的最大强度也是由洋面和云顶的温度差异决定的。洋面越暖,台风的最低气压就越低,而且风就越大。

在台风中,旋转涡旋从海面带感热和潜热进入上面空气中。水越暖、风越大,传输的感热和潜热就越多。因为,当空气向风暴中心运动时,靠近眼壁时风速增加,传输能量的速率增大。同样,大风导致蒸发率提高,传输效率也会增加。

在眼壁附近,暖湿空气上升,水汽凝结形成云。云中潜热的释放,导致眼壁区域气温比远离风暴中心同样高度处的气温高许多。这种形势导致高层形成水平气压梯度,促使空气向外运动,以积雨云的云砧形式吹离风暴中心。在风暴顶部,云向太空辐射红外能量。因此,在台风中,热量从海洋表面带来,转化为动能或风,在顶部通过辐射冷却散失。

11.5 台风灾害和预警

11.5.1 台风灾害

台风的灾害,主要表现在大风、风暴潮、暴雨、洪水、龙卷风和下击暴流等诸方面。当这些方面一起作用时,会带来极其严重的台风灾害,给人类的生命财产、生活和生产,以及国家经济发展带来严重损失。宋代陆游在《大风雨中作》已描绘了发生在宋绍熙五年(1194年)八月二十三日台风过境的惨状:

> 风如拔山怒,雨如决河倾。
> 屋漏不可支,窗户俱有声。
> 乌鸢坠地死,鸡犬噤不鸣。

老病无避处，起坐徒叹惊。
三年稼如云，一旦败垂成。
夫岂或使之，忧乃及躬耕。
邻曲无人色，妇子泪纵横。
且抽架上书，洪范推五行。

台风的大风，风力等级超过12级，能够毁坏结构不坚固的建筑或可移动的房屋。当影响我国的台风从东而来时，最大风速在它的北边（极地方向），台风北边经过的地方破坏性最强。原因是推动台风运动的风在北边要加到台风的旋转风上，而在南边（赤道方向）要从旋转风中扣除。这一原则也可用于向其他方向移动的台风。

台风向东海岸移动时，有一个指向海岸的海水传输。当风吹过开阔水域时，水表面以下的部分也要运动。如果假设表层水分为若干层，在北半球，每层水向上层的右边运动，这种水随高度的运动称为埃克曼螺线，导致表面风右边的水的传输称为埃克曼传输。因此，台风西侧的北风导致了向海岸方向的埃克曼传输，海岸地区被海水迅速淹没。

台风的大风也引起巨浪，有时高达 $10\sim15\,m$。这些浪从风暴向外移动，以涌浪的形式把风暴的能量传向远处的海滩。因此，台风到达数天前，就可以感到风暴的效应。

虽然台风的大风造成巨大灾害，但巨大的水波、狂浪和洪水会引起更大的破坏。洪水是由于风把水推到岸上，风暴的低压也助长了洪水。低压区使海表面上升形成高水位，一般气压下降 $1\,hPa$，海平面可上升约 $1\,cm$。这样在台风中，形成一个巨大的圆形的风暴涌，通常有 $50\sim100\,km$ 宽，它横扫台风登陆的沿海海岸。风暴涌、大风和向海岸的埃克曼传输，产生风暴潮（由于剧烈的大气扰动，如强风和气压骤变导致海水异常升降，使受其影响的海区的潮位大大地超过平常潮位的现象），可使海平面上升数米，淹没低海拔地区和摧毁海边的建筑物。当它们伴随正常的高潮汐时，风暴潮则特别具有破坏性。

台风的暴雨也是台风带来的灾害之一。台风本身带有充沛的水汽，特别是在台风眼周围的眼壁区，更是有暴雨和特大暴雨。螺旋雨带，会带来台风外围的阵雨。此外，如果台风与周围的天气系统结合，如西风带的高空槽、冷锋等相遇结合，会造成大范围的降雨。台风暴雨往往可使一些地区河水猛涨，山洪爆发，引起水库漫溢，甚至坍塌等，造成严重的洪水灾害。

台风中也会产生龙卷，眼壁周围的大雷暴也会产生下击暴流，这时在地面可以观测到细长条的严重灾害，加大了台风的危害性。这种细长条的灾害究竟是龙卷还是下击暴流引起，仍在讨论中。

11.5.2 台风预警

借助船舶报告、卫星、雷达、浮标和勘测飞机的帮助，台风的位置和强度都可获得，台风的运动路径能被仔细监测，甚至台风未来的变化也能预先确定。当西太平洋台风向我国移来,并预计在未来2~3天后对华东、华南沿海有阵风8级的影响时,气象部门要发布台风消息。当台风继续向我国沿海靠近,预计36小时内将对华东、华南沿海某地区有阵风8级的影响时,发布台风警报。台风在未来24小时前后对我国沿海有严重影响,风力在10级以上时,就要发布台风紧急警报。随台风警报时间的缩短,台风袭击某一地区的可能性加大。当地居民也保证有充足的时间,做好预防准备,有必要的话,最好撤出这一区域。

我国从2004年8日起,在台风来临前发布4种预警信号(见图11.8)。

发布蓝色预警信号是指,24小时内可能受热带低压影响,平均风力可达6级以上,或阵风7级以上;或者已经受热带低压影响,平均风力为6~7级或阵风7~8级并可能持续。此时电线呼啸有声,行人迎风行走感觉不便。

发布黄色预警信号是指,24小时内可能受热带风暴影响,平均风力可达8级以上或阵风9级以上;或者已经受热带风暴影响,平均风力为8~9级或阵风9~10级并可能持续。此时小树枝可能折断、房瓦掀起,行人行走阻力很大。

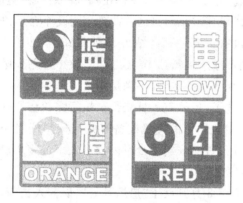

图11.8 台风预警信号(中国气象局,2004)

发布橙色预警信号是指,12小时内可能受强热带风暴影响,平均风力可达10级以上或阵风11级以上;或者已经受强热带风暴影响,平均风力为10~11级或阵风11~12级并可能持续。此时树木可被摧倒,出行危险性很大。

发布红色预警信号是指,6小时内可能受台风影响,平均风力可达12级以上;或者已经受台风影响,平均风力已达12级以上,并可能持续,大树可被摧倒。

随着新的台风预报模式的开发和对台风特性认识的增加,台风运动和强度的改进预报会成为可能。但是随着海滨地区人口密度的继续增加,台风导致的潜在的灾难性威胁在继续增加。即使凭借现代卫星观测技术,台风灾难仍可达到大的规模和程度。最典型的例子是2005年8月下旬登陆美国的"卡特里娜"飓风,造成美国南部的路易斯安那和密西西比州至少1300人死亡,逾千亿美元损失,是1928年以来影响美国最严重的飓风。

11.5.3 人工影响台风

人工影响台风,目的是利用人类制造的扰动,达到全面改造台风的目的。如用飞机在台风适当部位大量播撒碘化银等催化剂,使台风内部能量重新分布,以减弱台风的风速;在经常产生台风的洋面上铺上一层化学薄膜,以抑制海水蒸发,切断台风的能量供应,使台风不易生成、发展;利用卫星导引大气辐射,改变大气温度分布,减小台风内部的温度差异,也就减小了气压差,因而风速将会减弱。更大胆的想法是,用核爆炸改变台风路径。但这是一条不能尝试的途径,因为需要没有任何早期辐射和后期污染的核武器,还需要核爆炸足够大的当量。

美国进行人工影响台风的第一个计划是"卷云计划",并于1947年10月13日进行了第一次台风改造试验,用碘化银对台风进行催化。当时没有进行有效的试验记录,因此没有取得有用的结果。第二次试验是1960年制定的"狂飙风计划",希望通过改变台风中心附近能量的分布规律,达到使台风风速减小的目的。此计划对几个台风进行碘化银播撒,通过催化降水使风暴减弱,但最终没有得到一致的结果。到1983年,此计划宣告失败,黯然结束,这也使美国的台风研究计划不被重视长达10年之久。整个计划失败的重要原因在于,在热带海域生成的台风系统没有太多过冷水滴,不满足播云的基本要求。

虽然削弱台风试验失败了,但研究人员获得了执行穿越台风任务的气象侦察飞机,称为"飓风猎人"。这种现在仍然在使用的飞机配备有常规探测仪器和多种先进仪器,如多普勒雷达、下投式测风探空仪等。观测证实了台风内没有太多过冷水滴,此外还发现有的台风具有内、外眼墙的双眼墙结构。

我国台湾地区于2002年8月开展了"追风计划",研究人员借助侦查飞机飞行到台风周围上空,通过投掷GPS下投式测风探空仪获取台风环境大气资料。针对"追风计划"所得资料的评估结果显示,它可以将美国气象局、美国海军及日本气象厅全球预报模式24~72小时台风路径预报精度提高20%。

现阶段,世界上许多气象研究中心正在想法设法将台风观测资料输入复杂的数值模式中,把台风"搬"到实验室中进行研究,目标是获得准确的台风路径、台风强度和台风降雨的预报。遗憾的是,许多台风演变的突变过程和细致结构并没有被成功模拟出来,包括一些突变路径和已经发现的双眼墙结构。因而,要达到科学家提出的利用数值模式找到台风的软肋,并施加小的扰动影响(如播云和改变海面蒸发等),从而全面改造台风的目标,还有一段很长的路要走。目前,面对强大的台风,人们只能选择逃避。

习 题

1. 从温度、风和气压来说明北半球台风的空间结构。南半球的台风与北半球的有何不同?

2. 比较台风和中纬度锋面气旋的主要特征的差异。
3. 比较台风和龙卷风的平均尺度和强度,你认为哪个破坏力更强,为什么?
4. 热带的天气特征是什么?与中纬度的天气有何不同?热带天气中哪些条件适合台风生成?
5. 台风形成的4个必要条件是什么?列举一些初始扰动形成的例子。
6. 科幻小说中的超级台风,最大风速超过声速。请分析说明这样的超级台风不可能出现。
7. 简述台风的生命史。根据网络上提供的气象卫星图片,尽量找到一个比较全面的台风生命史的例子。
8. 简述台风形成的对流理论,它有哪些不足?
9. 台风的灾害体现在哪些方面?台风对人类有益处吗?
10. 影响我国的台风路径有哪些?请查阅文献书籍或网页,列举至少一个不同路径的台风。

第十二章　人类活动

人类活动深深地影响了地球环境,它使得大气环境发生了重要变化,这些变化包括有:全球性的空气污染,严重威胁人类的健康和生存环境;空中臭氧洞的出现,这有可能直接威胁人类的生存;全球性的酸雨,造成建筑物损坏和作物减产。还有些问题是区域性的,比如城市环境问题。这些问题都与气象有关。

为了使大气环境变好,人类也尝试预测和改造环境。这些活动中与气象有关的课题包括进行天气预报以及人工影响天气等。天气预报使我们对未来大气状况有一定的了解,以便更好地进行日常工作和活动。人工影响天气是指人们应用一定的技术方法,使某些局地的天气过程朝有利于人类的方向转化,达到趋利避害的目的。人工影响天气的部分内容已在前面若干章节中有介绍,这里不再赘述。

12.1　大气环境变化

环境有两重含义,一是指人以外的一切就是环境,二是指每个人都是他人环境的组成部分。因此,环境问题和我们每个人休戚相关,并需要我们去为保护环境而脚踏实地做一些力所能及的事情。大气环境是最重要的环境分系统之一,其中的环境变化如臭氧洞、酸雨和温室效应等问题是全球性的环境问题。

大气环境的研究涉及大气组分的特性、迁移和转化规律,以及它们与人类活动、天气过程和其他地球环境分系统(如海洋环境、生态环境等)之间的相互关系等。

12.1.1　空气污染

空气污染不是一个新的环境问题,但目前是发展中国家面临的重要问题。人类发明火以后,烟使通风条件差的山洞里生活的人窒息,污染问题就出现了。早期的空气污染的特征是"烟问题",主要原因是人类燃烧木料和煤炭所致。南宋诗人刘克庄(1187—1269)《清平乐》中写出了俯看地球污染的景象(或许当时没有现代的污染),抒发了对朝廷的不满:

　　　　身游银阙珠宫,俯看积气濛濛。

而英国作家莎士比亚(Shakespeare,1564—1616)写的戏剧《哈姆雷特》中,王子哈姆雷特说的也是同样的景象:

这个覆盖众生的苍穹，
这一顶壮丽的帐幕，
这个金黄色的火球点缀着的庄严的屋宇，
只是一大堆污浊的瘴气的集合。

到了近代，随工业化的提高，"烟问题"变得严重了。具有代表性的如英国伦敦的黄色"煤烟型"烟雾(smog)和美国洛杉矶蓝色"光化学烟雾"。目前，由于经济高速发展带来的中国的污染问题也越来越得到全球的讨论和重视。

1. 污染物类型和源地

空气污染物是指悬浮空中的固态、液态、气态物质，它们足以威胁人类与动植物健康、损害建筑、毒化环境。来源于自然源或人类活动，自然源包括风从地表带起的进入大气的尘和烟、火山喷发的灰尘和森林火灾等。

人类活动的源有固定源和移动源。前者如工厂、居室和办公建筑等；移动源有机车、轮船和飞机等。某些称为一次(原生)污染物，是直接排放入大气中的空气污染物，如燃烧和排气尾管排出的烟等。一次污染物和空气中的某些成分经过化学反应才成为的污染物，称二次(次生)污染物，如水汽和其他污染物等反应生成的污染物，如硝酸和硫酸等。表 12.1 列出了常见的污染物源地及相应产生的主要的一次污染物。

表 12.1 一次污染物和源地(Ahrens，2003)

	源地		污染物
自然	火山爆发 森林火灾 尘暴 海浪 植被 温泉		固态粒子(尘、灰)，气体(SO_2、CO_2) 烟、未燃的碳氢化合物、CO_2、氮氧化物、灰 悬浮固态粒子盐粒子 VOCs、花粉 含硫气体
人为影响	工业	造纸厂 火力发电厂 精炼厂	固态粒子、硫氧化物 灰、硫氧化物、氮氧化物、CO 碳氢化合物、硫氧化物、CO
	加工制造	硫酸 磷肥 钢铁 塑胶 油漆/涂料	SO_2、SO_3、H_2SO_4 固态粒子、气态氟化物 金属氧化物、烟、尘、有机和无机气体 气态树脂 丙烯醛、硫混合物
	个人	汽车 取暖和炊事	CO、氮氧化物、VOCs、固态粒子 CO、固态粒子

根据美国的统计，发达国家的一次污染物包括 CO(占 48%)、硫氧化物(占 16%)、氮氧

化物(占16%)、VOCs(挥发性的有机化合物,占15%)和固体物质(占5%)等5类。主要的污染源有:交通占46%、定点燃料燃烧占29%、工业过程占16%、混杂情况占7%、固体废弃物占2%等。其中以交通污染排放为祸首。

我国的污染情况不同于发达国家。因为我国的煤炭消费比例过大,燃煤设备燃烧效率过低,主要工厂能耗过高,因此我国的污染物主要来自固定源的燃料燃烧及工业排放,这方面比例高,造成的污染严重。我国的污染属于煤烟型污染,主要为烟尘和 SO_2,大中城市重于小城市,冬春季重于夏秋季。另外,我国的交通污染日趋严重,即一些大中城市的汽车尾气污染越来越严重。

在我国产生污染物的源地主要包括工业、农业、交通运输和日常生活四个方面。工业方面表现在:对自然资源的过量开采,造成多种化学元素超量循环;能源与水资源过度消耗;产生三废(废气、废液和废渣)。农业方面表现在:使用农药和化肥等工业品;农业废弃物及农家肥料等。交通运输主要是汽车、火车、飞机和船舶等汽(柴)油燃烧的排放物。生活方面排放三废,取暖和炊事燃煤是城市主要污染源之一。尤其是我国人口多,生活用煤比例大,设备陈旧效率低,低空排放多。生活污水(洗涤、粪便污水等)、城市垃圾也是污染源。

严重的污染使得我们必须对污染进行防治,基本途径有:改变燃料结构、成分,寻求和开发新能源;改进燃烧条件,尽量减少污染物的排放;进行合理的工业布局,大量植树和造林等;用化学方法进行防治,例如用化学物质作吸收剂除去污染气体,同时也得到一些可用产品。

2. 主要污染物及其对环境和人类的影响

主要污染物包括大气颗粒物、碳氧化物、硫氧化物、氮氧化物、挥发性有机化合物和臭氧等。

大气颗粒物(或称粉尘),是大气中分散的各种液态或固态粒子,基本上可分为降尘和飘尘。一般直径大于 $10\mu m$ 的粒子,会很快沉降,称为降尘。飘尘是直径小于 $10\mu m$ 的粒子,以气溶胶弥散相的形式长时间飘在空中。气溶胶是弥散相为固态或液态的粒子,弥散剂为空气的胶性系统,实际是悬浮大气中的固态或液态粒子与空气的混合体,处于相对稳定状态。因此,霾、许多烟雾、一些云和雾可以认为是气溶胶,而云滴足够大的云因不满足相对稳定状态,就不能称为气溶胶。

因为严重影响市区能见度,粉尘污染最显而易见。有些粒子是无害的,只会让人感觉不愉快。如尘埃、烟和花粉等。一些非常危险的物质包括石棉粉末、砷(砒霜)、微液滴如硫酸、油滴和杀虫剂等。$0.5\sim 5\mu m$ 直径大小的粒子危害最大,因为大于 $5\mu m$ 的粒子被鼻毛、呼吸道黏液排出,而小于 $0.5\mu m$ 的粒子则粘附于呼吸道表面随痰排出。$0.5\sim 5\mu m$ 大小的粒子直接到达肺细胞而沉积,并可能进入血液输送到全身,造成严重的呼吸道疾病。

从在气象上的作用看,很多悬浮粒子有吸湿性,成为云雾凝结核。水汽可在其上凝结,这些粒子就长大。这些粒子在大气中存在的时间,是随着粒子大小和降雨发生与否而变化。

长期积累的悬浮粒子(如平流层硫酸盐粒子),还可潜在地影响气候,使全球气温降低。

CO是城市空气主要污染物,是无色、无味、剧毒的气体,由含碳燃料的不完全燃烧和汽车尾气产生。在一次污染物中最丰富。另外,海洋中CO过饱和,也是CO的排放源。

少量的CO也是很危险的,因为它与红血球中的血红蛋白Hb的亲和力比O_2的亲和力大200~300倍,使血红蛋白失去携氧能力,妨碍氧的补给。

$$HbO_2 + CO \longrightarrow HbCO + O_2 \qquad (12.1.1)$$

若呼吸的空气中有太多的CO,身体会缺氧,也导致脑部缺氧,伴随头痛、疲劳、昏昏欲睡,甚至导致死亡。幸运的是,CO很快能被土壤微生物从大气吸收。

SO_2,无色有臭味气体,主要是由燃烧含硫化石燃料而来(如煤和石油),主要源地包括煤、石油燃烧、硫化物金属矿冶炼等。但是,它也可在火山喷发中自然进入大气,或从海洋飞沫中的硫酸盐粒子进入大气。呼入肺中,高浓度的SO_2可使呼吸问题加重,如哮喘、支气管炎和肺气肿。大量的SO_2会对某些植物如生菜、菠菜等造成伤害,有时在叶子上产生漂白的痕迹,减少了产量。

SO_2易在大气中固体颗粒物烟尘(含铁、铜或镁等)的催化下或雷电作用下,被氧化成二次污染物SO_3,在湿空气中,成为高腐蚀性的硫酸H_2SO_4,即

$$2SO_2 + O_2 \longrightarrow 2SO_3$$
$$SO_3 + H_2O \longrightarrow H_2SO_4 \qquad (12.1.2)$$

H_2SO_4随降雨落到地面,就会造成酸雨。英国在20世纪30年代起多次出现的伦敦烟雾(煤烟型烟雾),主要成分就是上述反应形成的硫酸雾。从工厂和家庭因燃煤排出的SO_2和烟尘等,在冬季气温较低、逆温、低风速和高湿度的大气条件下,形成组成为气溶胶颗粒物、SO_2和硫酸雾等的黄色烟雾。这种烟雾主要在工业化大城市产生,它会刺激人的呼吸道,甚至导致死亡。伦敦最严重的一次发生在1952年12月5—9日,近4000市民死亡。

氮氧化物,来自燃料高温燃烧时氧和氮的反应,主要来自发电厂和运输工具。两种主要的氮污染物是NO_2和NO,统称NO_x或氮氧化物。NO_2在大气中经常在光的照射下发生分解生成NO,臭氧又将NO重新氧化生成NO_2。因此NO和NO_2是可以相互转化,并趋于平衡。

NO_x进入大气后,逐渐转化为N_2O_3和N_2O_5,它们溶于水后即形成亚硝酸和硝酸。如果随雨水降落到地面,亦形成酸雨问题。

高浓度的氮氧化物会对心和肺有伤害,而且降低呼吸道器官的抵抗功能。氮氧化物能激发癌的扩散。其在产生对流层O_3中起主要作用,是导致光化学烟雾的重要因素。

挥发性有机化合物(VOCs),主要是碳氢化合物,单独的有机化合物由氢和碳组成。室温环境下是固、液和气态存在。已知有数千种这样的化合物存在,但甲烷(自然产生,对健康危害未知)是最丰富的,其他包括苯、醛和一些氟氯烃。VOCs主要来自工业过程和交通。

某些VOCs,如苯(一种工业溶剂)是致癌物质。尽管很多VOCs对人体无害,但一些会

与氮氧化物在阳光参与下发生反应,成为二次污染物,对人体健康有害。

O_3,有毒并有难闻气味,刺激眼睛和呼吸系统的黏液隔膜,会加重慢性疾病,如哮喘和支气管炎。O_3 还破坏橡胶,延缓树的生长,伤害农作物。

光化学烟雾的主要成分是 O_3,它是在太阳光照射下产生化学反应(光化学反应)形成的。主要反应为

$$NO_2 + h\nu \longrightarrow NO + O$$
$$O + O_2 + M \longrightarrow O_3 + M \tag{12.1.3}$$

虽然 NO 与 O_3 反应生成 NO_2,但研究表明,在有有机物存在时,NO 与活泼的有机物反应生成 NO_2,从而阻止了 NO 破坏 O_3,使 O_3 浓度增加。

光化学烟雾是由汽车排气引起的,开始于 20 世纪 50 年代汽车发达的大城市,主要是 O_3、PAN(硝酸过氧酰酯类)、醛类、NO_x 和碳氢化合物等组成的蓝色烟雾。发生在气温较高的夏秋季节,在白天大气逆温、低风速、低湿度和强日光下形成。它对眼睛和呼吸有刺激作用,严重可导致死亡。1952 年发生洛杉矶光化学烟雾污染事件,约 75% 的居民患上眼病,并有约 400 人死亡。

VOCs 由植物释放自然产生进入大气,城区产生的 NO_x 随风漂移,可在相对人少的地方与 VOCs 配合产生光化学烟雾。一些地方自然产生的有机物太多,减少对流层中 O_3 浓度是非常困难的。另外,因为 O_3 是二次污染物,只有同时减少 NO_x 和 VOCs 的排放,才能减少对流层中的 O_3。

然而,平流层臭氧是要我们去保护的。因为它吸收太阳紫外辐射,有效地保护了地球居民。小于 $0.3\,\mu m$ 的紫外辐射能量大会引起皮肤癌,小于 $0.26\,\mu m$ 的辐射损害 DNA 中的传递遗传信息的脱氧核糖核酸。平流层臭氧浓度的减少导致的后果还包括:眼睛白内障和太阳灼伤骤增;人的免疫系统受抑制;紫外辐射对农作物和动物有不利影响;海洋浮游植物生长减缓;平流层变冷导致气流方式改变,影响 O_3 的生成和损耗。

在另一分子参与下,O 和 O_2 在平流层自然混合生成 O_3,虽然在 25 km 以上形成,但由于向下混合过程,中纬度地区峰值浓度产生于 25 km 处。自然的臭氧生成和损耗是维持平衡的。

臭氧自然生成的反应为

$$O_2 + h\nu \longrightarrow O + O$$
$$O_2 + O + M \longrightarrow O_3 + M \tag{12.1.4}$$

臭氧自然消耗的反应式主要包括

$$O_3 + h\nu \longrightarrow O_2 + O$$
$$O_3 + O \longrightarrow 2O_2 \tag{12.1.5}$$
$$O_3 + O_3 \longrightarrow 3O_2$$

但是因为污染物质进入平流层后,使得 O_3 的自然平衡受到破坏。主要的污染气体是

NO_x 和有机物氟利昂（CFCs）。这些污染物可以逐渐扩散进入平流层或者通过对流层顶断裂处,也可以随雷暴突破平流层低层而进入。NO 对臭氧的破坏是循环反应：

$$NO + O_3 \longrightarrow NO_2 + O_2$$
$$NO_2 + O \longrightarrow NO + O_2$$
(12.1.6)

同样,CFCs 进入平流层中层,紫外能量使其分解成 Cl 原子,进而与 O_3 进行循环反应：

$$Cl + O_3 \longrightarrow ClO + O_2$$
$$ClO + O \longrightarrow Cl + O_2$$
(12.1.7)

估计 1 个 Cl 原子在被其他物质化合清除前,可破坏多于 10 万个臭氧分子。而溴化合物分解成的溴原子的破坏力更大,是氯化合物的 10 倍以上。

研究已经证实春季南极洲 O_3 剧烈减少,其元凶归结于上述污染物的破坏。这些污染物除了来自地面排放的致冷剂 CFCs 和 NO_x 等外,大型喷气飞机高空频繁飞行也会放出大量 NO_x,核爆炸也会将大量含 NO_x 的污染物送入平流层。平流层臭氧浓度季节性大幅度减少的情况,如同一个空洞,称为南极臭氧洞。瑞典隆德（Lund）大学科学家 Björn 教授在 1992 年向人们揭示了臭氧洞的致命危害：

> 地球保护层出现了漏洞,
> 这是走向死亡的先兆,
> 预示着最后的灾难即将到来——
> 所有生命都将灭亡。

为了保护平流层的 O_3,国际社会已多次商讨对策、签署公约,分阶段停止使用破坏 O_3 的化学物质的生产,并帮助第三世界发展不破坏 O_3 的代用物质。同时,有些物质（如 CFCs）也是温室气体,停止它们的生产也可改变气候变化。

美国加利福尼亚大学 Rowland 教授于 1974 年首先提出氟利昂等物质破坏大气平流层中 O_3 的理论,他与另外两名科学家由于阐明臭氧洞的成因和损耗而荣获 1995 年度诺贝尔化学奖。

3. 影响污染的因素

影响污染物分布与扩散的因素主要有：风、大气稳定度和地形的影响等。

风对污染有稀释的作用。当大量污染物释放入空气中时,风速大小决定了污染物与周围空气混合的快慢程度。当然,也可确定从它们的源地被传输多远的距离。强风使得污染物在吹向下游时大幅度扩散,大大降低污染物的浓度。如果没有风,污染物就不能有效扩散,浓度会不断变大。

大气稳定度决定空气上升的范围,不稳定大气产生垂直运动,而稳定大气限制空气上升运动。因此,烟尘在稳定大气中趋向水平扩散,而不稳定大气则可产生污染物的垂直混合,有利于污染物稀释。

在一天中,大气稳定度是变化的,这也影响污染物的分布与扩散（图 12.1）。早晨容易形成逆温,逆温层里烟囱排放的污染物就不能有效向上扩散,只能向周围水平扩展使周围大气污染,从地面看污染物扩散沿下风向成扇型分布(图 12.1a),在垂直方向伸展不大。因此,烟囱建越来越高。一方面,可以使烟囱高于逆温层顶,使得污染物直接排入逆温层上的不稳定大气中;另一方面,高烟囱比低的烟囱对污染物扩散更有效。日出后 2~3 小时内,地面附近变得不稳定,而大气上部依然是稳定气层,这样烟囱排入不稳定气层中污染物会沿下风向垂直向下混合,地面就受到熏烟型污染(图 12.1b)。如果地面持续受太阳辐射加热,逆温会逐渐消失,整层大气变得不稳定,空气中存在上升和下沉气流区,这时,烟囱排放的烟沿下风向,在垂直方向上成环链或波浪型扩散(图 12.1c)。当空气垂直充分混合后,大气趋于中性稳定度,烟云在水平和垂直方向均匀地弥散,这时烟囱排出的烟在下风向成稳定的锥型扩散分布(图 12.1d)。当夜晚降临,如果天空晴朗,低层开始辐射冷却变为逆温层,高层保持中性稳定度,这时高于低层浅薄逆温层的烟囱的污染物扩散只能向上,形成在逆温层上的屋脊型的污染物分布(图 12.1e)。因此,烟囱烟团分布的情况,可以为我们提供大气稳定度的线索。

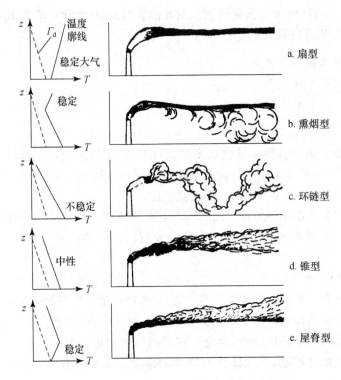

图 12.1　烟囱污染物扩散随大气稳定度的变化

地形也影响污染物的扩散。受山谷风影响,夜晚冷空气滑下山坡,从周围山坡将污染物带下,聚集到低的山谷或盆地。白天太阳加热可形成上坡谷风,携带污染物向上,如一个烟囱。海陆风环流也可使高层吹向海里的污染物,沿环流中的海风吹向海岸地区造成污染。

在城郊地区,因为夜晚城市比郊区热,形成从地面附近郊区到城市、高空从城市到郊区的热环流,造成郊区污染物会沿近地面吹向城市,使城市污染加重,造成严重的城市环境问题。

12.1.2 城市环境

城市是大量人口聚居的中心,工商业和交通运输繁忙,有大量的污染物被排放在大气中。城市的污染物浓度是郊区污染物浓度的数倍。因为悬浮粒子多,经常会产生霾,增加了形成雾的频率,也使能见度减小。同时,因为悬浮粒子可以充当凝结核,也使得城市云量和降水比郊区多,城市出现雷暴的频率也比郊区多。在适当的条件下,城市污染物很容易形成煤烟型烟雾或光化学烟雾,会造成严重的污染事件。

城市污染物中温室气体的排放加重了城市的热岛效应,而城市热岛可影响污染物的分布和扩散。100多年来,根据观测事实证明,城市气温比周围郊区高,这种暖的城市区域称为城市热岛。热岛强度是城市气温与郊区气温的差值,与城市规模、人口密度、能源消耗和建筑物密度等密切有关。热岛是由于工业和城市发展引起的,其中下垫面、人为放热和温室气体的排放是人类活动影响的主要方面。

在白天的城市郊区,大量太阳能量被用于蒸发植被和土壤里的水分。而在城市,太阳能量主要被城市建筑和柏油路面吸收,蒸发致冷少。因此相比较,白天城市的气温比乡村高。在夜晚,储存的太阳能被缓慢释放入城市空气中,而且在白天和夜晚汽车和工厂等都对城市加热,还有工业或居民的加热制冷设备。城市高大的建筑阻挡了红外辐射能量向大气高层的散失,大部分能量在建筑物之间进行交换,使在夜晚城市比冷的快的郊区温暖。总之,强热岛出现的条件为:较长的夜晚;冬季城市有更多的热产生;市区被高压控制,月明风清并且空气较湿润。

在晴朗宁静的夜晚,强热岛形成后,在城市会形成小的热低压区。因而形成从郊区吹向城市的风,称为郊区风。随空气的流动,郊区的污染会影响城市。而在高空从城市地区吹向郊区的的污染物,会影响下风向郊区区域的天气,一般是下风向区域降水增加。

12.1.3 酸雨

酸雨用来描述酸性污染物的湿沉降,与干沉降一起合称酸沉降。从工业区排放出来的、尤其是燃烧生成的污染物,如硫氧化物和氮氧化物,可向下风向传播数千米之遥。这些气体或颗粒物没有与水汽作用,直接落到地面,称为干沉降;而它们如果在云的形成中被清除,然后被雨雪带到地面,称为湿沉降。

描述降水的酸性强弱用 pH 值,其定义为溶液中氢离子浓度$[H^+]$的常用对数(以 10 为底)的负值,即

$$pH = -\lg[H^+] \tag{12.1.8}$$

纯水的 pH 值为 7,pH>7 时,溶液呈碱性;pH<7 时,溶液呈酸性,当然,pH 越小,酸性

越强。自然降水呈酸性,因为自然产生的 CO_2 溶解在降水中,使其变得轻微带些酸性,pH 值在 5.0～5.6 之间。因此,人们一般把未受人类活动影响的自然降水的 pH 值作为酸雨的判别标准,即 pH 值低于 5.6 的雨认为是酸雨。

硫氧化物或氮氧化物的气体分子或悬浮粒子,在阳光、水汽和其他气体的参与下,经过一系列复杂的化学反应,首先形成较小的硫酸滴(H_2SO_4)和硝酸滴(HNO_3)等酸性粒子。在一定的条件下,它们作为凝结核,可形成雾滴,造成酸雾;或可形成云滴并继续长大产生降水,就是酸雨。因为工业排放,世界上很多地区降水的酸性增加。污染物也可随盛行风或某种天气过程传输很远距离,影响其他区域甚至是其他国家的降水。因此,酸雨或者更广泛的酸沉降是一个世界性的政治问题,它没有国界。

对酸雨造成重要影响的物质还包括其他非酸性气溶胶粒子。如果气溶胶粒子中含有碱性物质,例如氧化钙(CaO),它被酸性溶液吸收后容易发生下列反应:

$$\begin{aligned} CaO + H_2O &\longrightarrow Ca(OH)_2 \\ Ca(OH)_2 + 2H^+ &\longrightarrow Ca^{2+} + 2H_2O \end{aligned} \quad (12.1.9)$$

因此 CaO 能部分地中和降水的酸性。北京地区降水酸性较低就是因为北方地区气溶胶粒子含 CaO 所致。

世界酸雨区主要有 3 个。其中欧洲酸雨区主要在北欧和西欧,北美酸雨区包括美国和加拿大,其中以美国的东北部和加拿大的东南部最为严重。目前,这两个酸雨区已基本得到控制,不再发展。第三个酸雨区是东亚酸雨区,主要在我国,大约从 20 世纪 80 年代初开始不断发展,到 90 年代中后期,在四川、湖南和江西等部分地区,雨水的年平均 pH 值在 4 以下。根据我国酸雨监测站的结果,酸雨区的酸化程度和范围仍在发展。

酸雨的危害是多方面的,它对人体健康、生态系统和建筑设施等都有直接或潜在的危害。例如可使慢性咽炎、支气管哮喘等发病率增加;使得建筑物、金属部件等受到损伤;农业减产;森林死亡;土质恶化和湖泊水酸化等等。鉴于此,我国已立法治理,采取限制排放和使用清洁能源等措施,有望在不远的将来,酸雨会得到控制。

12.2 天气预报

天气预报(weather forecast)就是对未来一定时期内某区域或某地点的天气状况作出定性或定量的估计和预告。天气预报的发布可使公众进行有效的预防,并规划未来的许多活动。用数学语言表述预报,就是给定某一开始时间($t=0$)的天气状况,求解关于大气温度、湿度、气压和风等大气要素变化的方程,得到未来某一时间 t 的天气状况,可以简单地写为

$$\begin{cases} \dfrac{\Delta B}{\Delta t} = A, \\ t = 0, B = B_0 \end{cases} \quad (12.2.1)$$

从理论上讲,只要获得了以上这个方程的解,就可以预测任一时刻 B(大气要素或与大气要素有关)的值。

1820 年,勃伦特斯(Brands,1777—1834,德国)绘制了世界上第一张地面天气图。从此,人们就尝试用地面天气图作为主要工具进行预报。1855 年,法国人莱伐尔(Leverrier,1811—1877)用天气图追索克里米亚战争时出现的风暴,也促使法国在 1856 年建立了正规的气象站网,开始了天气预报的业务工作,这是世界的首创。在 1860 年,英国开始用电话收集天气报告,绘成天气图进行预报和海岸风暴预警。

到 20 世纪 50 年代初,天气预报一直是以描述天气系统演变的天气学原理为基础。随着计算技术及探测技术的发展,除常规天气图方法结合数理统计方法制作预报外,又将气象雷达和卫星探测资料应用于预报业务,发展了数值预报方法。

1950 年,美国的查尼(Charney,1917—1981)等人第一次使用电子计算机制作数值天气预报成功。该方法通过确定大气质量、能量和动量的守恒原理来预报大气的物理过程,显著地提高天气形势预报的质量,从而促进天气预报的客观定量化。

到目前为止,天气预报根据预报时效(即提前多长时间作预报)主要有 5 种类型:临近预报(定义为对当前天气的详细描述以及用外推法所作的 2 小时以内天气预报)、甚短期预报(2~12 小时)、短期预报(12~48 小时)、中期预报(3~10 天)和长期预报(10 天以上)等。日常天气预报一般都是短期预报。

12.2.1 资料的获取与分析

天气预报是一项复杂而综合性的工作,一切都是从观测大气、获得准确的大气信息为开始,然后依据科学的方法分析,再依据科学的理论和实际经验,预测大气的未来变化。

大气信息是在联合国机构——世界气象组织(WMO)的协调下,有超过 130 个国家参与,通过全世界范围的气象观测网获得的。地面大气信息(即气象要素,主要有气温、气压、湿度、风向、风速、云、能见度、天气现象、地温、降水量、蒸发量、日照时数、积雪、辐射等),是由超过 10 000 个陆地站和数百只船舶提供的一天四次的观测数据,少数台站和大多数机场则每小时都可提供观测数据。高空大气信息,由探空仪、飞机和气象卫星提供。探空仪资料一般在 00:00 和 12:00 GMT 两个时次可用,这种发明于 1927 年的电子仪器被悬挂在氢气球下升入空中,一路上将测得的气象资料用无线电信号发回到地面接收站。气球的上升高度一般可达 30 km 以上。通过气球探空可以获得空中各个高度上的气压、气温、湿度以及风向、风速等数值。飞机和卫星观测可以遍及全天,可以覆盖人类活动很少的陆地和沙漠等区域。这些观测后的资料,一定要有可比性,因为要在国际间进行交换。

观测结束后,大气信息马上通过电子通讯手段(如专线电话、或卫星转发等)送往各个 WMO 成员国的资料中心,再送到世界气象中心(澳大利亚的墨尔本、俄罗斯的莫斯科和美国华盛顿)。然后,世界范围的气象信息通过电子手段,被传送到各成员国。中国气象局国家气象中心(NMC)负责天气预报的业务工作,作为气象业务(也包括预报业务)基础的气象观测资料,大体上在观测时刻后约4小时就可以从全世界收集到我国了。NMC根据接收到的全球大气信息,马上开始大量资料分析、天气图绘制、全球和地区天气预报的制作等工作。天气预报的信息通过电台和电视等媒体向公众和社会发布。

在获得全球大气信息后,接下来的工作是气象分析,按其本意是根据气象要素的观测值,求得它的空间三维(有时包含时间,就是四维)分布,制作大气的空间结构模型,或者建立气象场中存在的具有较大空间范围和一定生命史的天气系统结构,然后就可以使用通常的天气学概念进行天气预报。气象分析在过去通常指天气图分析,但随着数值预报的出现及其预报结果的广泛应用,分析的含义也扩大了,在今天,往往也包括获得格点值(GPV)的意义。

分析方法大致分为人工分析方法(主观分析)和使用电子计算机的客观分析方法两类。

(1) 主观分析的具体作业从绘制高空天气图的等高线、等温线等以及地面天气图的等压线开始。预报员(分析者)通过这种作业,以自身所具有的高、低压的立体构造和天气系统的概念模型作为基础,进一步检验低空气压系统和高空西风波动的立体构造,以使其典型气象要素(如温度、湿度)分布和急流等的三维构造没有矛盾。

(2) 客观分析则根据一定的数学原理和物理要求,加上某些满足这些原理和要求的约束条件以求得气象要素的三维空间分布,通常用计算机来进行处理。近年来,在通常的气象观测中又增加了气象卫星、飞机、雷达等多种气象观测资料,客观分析将有利于对这些资料进行综合处理。客观分析不但自动求出分析值,而且通常还为数值预报提供初值。

20世纪50年代中后期,所有的天气图表来自个人手工绘制和分析。气象学家然后根据天气图,使用某些与天气系统相联系的规则来预报天气。今天,现代计算机的应用,数值天气预报越来越重要了。

12.2.2 天气预报方法

1. 形势预报

这种预报以天气系统为对象,预报它们的生消、移动和强度的变化,它主要是依据天气图以及天气概念和模型,进行定性的、经验性的预报。主要有趋势法和相似法两种预报方法。由于天气形势与天气现象之间有密切的关系,因此根据形势预报,可以作出气象要素预报。这也是当前台站进行天气预报的主要预报方法,它包括形势预报和气象要素预报,称为天气学预报方法。

趋势法是根据前段时间天气系统的运动状态,来推断未来天气系统会移向哪里以及状态如何变化。最常用的是外推法,就是地面天气系统会在未来向同一方向、以同一速度向前运动。例如,一个冷锋以均速 $20\ km \cdot h^{-1}$ 向东南移动,并在你居住区西北方 $80\ km$ 处,使用这种预报方法,你可以推断和预报在未来4小时后锋面会经过你现在所处的区域。当然在适当情况下,可以考虑系统是沿曲线运动,就是曲线外推。这种外推法已被用来制作几分钟到几小时的预报,特别是临近预报。

相似法是另外一种形势预报方法。依据是目前天气图上存在的特征,非常像过去某段时间产生某种天气现象的特征,预报员就可以根据以前的天气事件进行当前的天气预报。但实际上,现在的天气过程不会与过去的天气过程完全一致,所以在用相似法进行预报时,还要分析当前天气系统的特征,过去的天气系统只作为一种参考。

相似法也可用来进行气象要素的预报,例如最高温度。假如北京在过去50年的某一天的平均最高温度是30℃,根据统计可以得到这天的最高温度与其他气象要素(如风、云量和湿度等)的相互关系。通过当前天气信息与这些相互关系的比较,可作出这天的最高温度的预报。

2. 统计预报

统计预报是用概率论和统计学中的一些方法,寻找天气现象之间的相互关系及其演变规律,并用于天气预报的一种定量方法。它用途广泛,可用作短、中和长期不同时效的天气预报。

统计预报中的模式输出量法(MOS),是日常天气预报的主要方法之一,非常类似相似法对气象要素的预报,只需要将模式输出量代替由相似法得到的当前天气信息。它在建立预报量(如最高温度)与预报因子(如风、云量和湿度等)的相互关系时,采用了同时的数值预报产品。这样,使用预报模式的输出结果(如风、云量和湿度等),根据建立的统计关系,就可预报最高温度。

概率预报常用于降水的预报,它始于20世纪20年代的美国。预报的概率表示在预报区域内任何随机的地点有多大的降水几率(可能性),几率范围从0%(不可能发生)到100%(肯定发生)。例如,当发布降水概率预报时,"降水概率70%"是表示在预报区内任何随机的地方有70%的降水可能。对于阵雨预报,这个百分率指特定地点阵雨的可能性。降水概率预报能确切反映降水的不确定性,因为分析未来天气是否发生降水时,总有一些不利于降水发生的因素存在,它们构成了降水的不确定性。表12.2给出了美国国家气象局对降水概率与降水可能性的关系。

表 12.2 持续降水与降水概率

降水概率/(%)	持续降水
20	无雨,一般为晴好天气
30~50	基本无雨,多云或阴天
60~70	基本有雨,阴天
≥80	有雨

3. 数值天气预报

数值天气预报方法是1922年理查森首先提出,其后逐渐应用于天气预报的业务工作中。它是以大型电子计算机为主要工具,因而也随着计算机以及计算数学理论和方法的发展而发展。

数值天气预报的原理是,建立描述大气温度、气压和水汽等将如何随时间变化的方程式(数学模式),将观测所得的气象要素(或称变量)作为大气某一时刻的状态(即方程式的初值),采用数值计算方法,计算出气象要素在未来时刻的分布,也就预报了大气未来的状态。实际上,模式不能完全代表真正的大气,但它近似地保留了大气活动的许多重要特征。

在进行数值天气预报时,预报区域在水平方向要划分为许多网格点(即格点),在空间垂直方向则划分许多层。为了进行数值求解,首先必须确定变量的初始状态。全球常规气象观测网、卫星、飞机和雷达的观测资料,经过客观分析,即可获得初始时刻的大气各层每个格点上的分析值。这种分析过程由高速计算机完成,然后绘制地面和高空图。气象学家根据天气状况的分析,订正可能出现的一些误差。

在进行数值求解时,根据大气的数学模式编制计算机程序,将初值(如温度、气压、水汽、风和空气密度等)代入方程式,放入计算机进行计算。因为每一个变量随时间变化,所以还要设置计算机计算的时间步长,例如10分钟。从初始时刻起,计算机会计算预报区域内,10分钟后每层各个格点的变量值。计算结果可以再次充当初值,使计算机重新解方程组,这样将预测第二个10分钟后的天气。这样重复求解过程,一直到未来希望的时间为止,一般是12、24或48小时,即短期预报。

随后,计算机打印这些信息,画出等压线或等高线来确定气压系统的未来位置。最后代表将来某一时间大气状态的天气图称为形势预报图,预报员就是使用这些图为工具来预报天气。此外,计算机利用虚拟现实的可视化技术,还可将计算结果以三维动画或立体图形式真实显现出来,更便于预报员对天气系统的演变有直观的了解和深入的认识。

但是,因为有许多预报模式,它们会给出不同的形势预报图。因此,预报员需要了解每个模式的特征,并要仔细研究所有的预报图,有时还要结合个人的实际经验,经过综合分析后,才能得到合理的预报。

12.2.3 预报的精度

气象预报是向社会提供的产品,对于产品来说就必须有质量管理。当前,天气预报还不是一门精确的科学,尽管科技的发展给天气预报带来了翻天覆地的变化,但还是难以避免误报的发生。虽然不是很完美,但天气预报至少已经做到12~24小时之间的预报一般非常准确;1~3天的预报也相当不错;超过7天,预报准确性就大大降低。图12.2显示了欧洲数值天气预报20多年来的预报水平的发展进步。我国的数值预报在2003年与欧洲相比,大致3天的预报水平可达80%,5天达60%,7天的达45%。

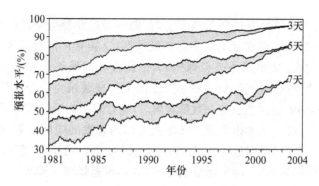

图 12.2 欧洲数值天气预报的发展,阴影区上部曲线
代表北半球,下部曲线代表南半球
(欧洲中期天气预报中心,ECMWF)

实际上,天气的组成包含多种尺度的运动,例如从小的湍流涡旋到行星尺度的大气长波。预报的准确性与尺度有很大关系,例如,预报云大概到 2~12 小时仍相当准确,锋面天气到 12~36 小时,而长波预报则要到数天。图 12.3 显示了预报准确的水平尺度范围。因此,在研究一个 5 天的预报时,就要在天气图上忽略小尺度的雷暴等活动,即使它们已经存在在预报的天气图上,很可能也是错误的。

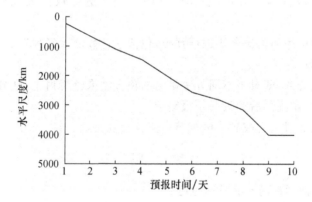

图 12.3 对不同预报时段,具有准确预报技能的水平尺度范围
(欧洲中期天气预报中心,ECMWF)

因此,这就涉及公众对天气预报的认识和预报精度或准确性的问题。例如,一个显而易见的问题就是降水概率的预报,并不是所有人都明白这个概念,因此当预报降水概率 90% 时,难免要抱怨为什么后来这里并没有降雨。

大气运动非常复杂,人们对大气本身的运动认识还很不足。虽然现代数值天气预报技术大大改进了天气预报,但它有其自身的缺陷,因而也会导致失败。数值模式不能代表真实的大气,它只是将实际大气理想化;而且,它无法详细说明影响大气的许多因子,如水、冰和局地地形与天气系统的相互作用等。在进行初值准备时,即使可以获得全球每天有数千观测站的资料,但仍有观测空白的区域,特别是海洋和高纬度地区,这样有可能会漏掉某些天气现象。在数值求解时,一方面,大多数模式不是全球模式,因此边界的误差会影响到其他格点;另一方面,采用了较大的格点和时间步长,对一些小尺度的大气现象难免就会在计算中漏掉,否则则会加大计算量;此外,初值的误差也会在数值求解时,随计算机的运算而逐渐放大。

对于预报的精度,这是一项很重要但还是没有明确答案的问题。要判断预报的准确性,需要一个客观评价标准,即根据这个标准来评判正确或错误的预报,那这个标准又是什么? 假设明天最低气温预报是 5 ℃,而实际显示是 6 ℃,预报是错误的吗? 如果预报一个城市降雪,而实际城市北部大雪而南部没有,这个预报正确还是错误? 因此,判断预报的精度,还没有一个客观的标准。

尽管天气预报不尽完美,但科学总是不断地向前发展,气象员在预报实践中,不断总结经验,天气预报的水平会不断提高。

12.2.4 气象部门如何进行预报

气象业务部门进行天气预报基本上有以下几个步骤:

首先,收集来自全球的常规地面气象资料,有时也要收集卫星和雷达等资料;

其次,要对资料进行客观分析,制作天气图并获取进行数值天气预报的气象要素初始值;

第三,使用各种可用的预报方法进行预报,包括多种数值天气预报、趋势预报、统计预报等,制作趋势预报图;

第四,进行天气会商,即对用不同方法做出的预报结果分析讨论,让各种意见充分发表,互相启发,达成一致,做出最后的天气预报结论;

第五,预报信息通过电台或制作电视节目向社会发布。

习 题

1. 臭氧洞是如何形成的? 有什么危害?
2. 什么是光化学烟雾? 简述其成因和危害。
3. 酸雨是怎样造成的? 酸雨的危害有哪些?
4. 为什么说酸雨、臭氧洞和温室效应是全球性的环境问题?
5. 防治大气污染有哪些途径?
6. 在一天中,烟囱污染物扩散随大气稳定度是如何变化的?
7. 什么是气象分析? 为什么需要气象分析?
8. 天气预报的主要方法有哪些?
9. 数值天气预报是如何实现的? 为什么这种预报有时会失败?

第十三章 气候变迁

经典的气候是指天气(以气象要素表征,例如气温、降水和气压)的长时期平均状况或极端状况。所谓长时期即旬、月、季、年、千年……的计算方式。但是近20多年的科学发展,使得经典气候的概念逐渐被现代气候概念取代。

现代气候是指由大气、海洋、冰雪、陆地表面和生物圈组成的系统缓慢变化的状态,这种状态由在任一特定时段内的系统平均统计特征(例如温度或降水)表征,并要考虑这些平均特征随时间的变化(变率)。这种系统称为全球气候系统,系统中各组成部分的相互作用以及对外部影响(强迫)的响应,决定了地球的气候。

气候变化是数十年或更长时段维持不变的气候要素(例如气温、气压和风)的长期统计特征的系统改变。这种变化可能的原因包括自然界的外部因素,例如太阳辐射的变化、或者地球轨道的缓慢变化等;也包括气候系统的内部过程或人类活动的影响等。气候变迁是在漫长的年代中,地球上有一定规律的气候变化。在地球历史上,曾经发生过三次大冰期,这三次大冰期之间的时间间隔大约为三亿年左右。在两次大冰期之间是间冰期。大冰期气候寒冷,间冰期气候则较温和。在间冰期里气候也是波浪式发展变化的。气候变迁的时间尺度,往往是几百年、几千年、几万年,甚至更长。

本章将介绍经典的气候分类,探讨现代气候概念下的气候变化、变化的原因以及未来气候的许多不确定因素。

13.1 全球气候的形成和分类

虽然我们不是经常去思考气候,但气候深深影响我们身边的几乎每一件事情:小到个人的衣食住行,例如我们都愿意选择在阳光明媚的山坡居住;大到文明社会的兴衰,例如文明会在宜人的气候条件下繁荣,而在严酷的气候条件下迁移或消亡。因此,人类已经认识到,气候是一种资源,必须要了解并比较各地气候的主要特点和形成规律,对气候进行分类,才能合理地开发和利用气候资源。

气候的形成受多种因素(称为气候控制因子)影响,从炎热的赤道丛林到寒冷的极区荒地,气候经历了错综复杂的变化。简单地说,包括了日照强度及其随地球纬度变化、海陆分布及特性(如山脉、冰雪覆盖和海拔高度等)、大气环流(盛行风、高低压位置等)和洋流、地球物理因子(如地球轨道变化等)以及人类活动影响等气候控制因子的共同作用,形成了丰富多彩的全球气候。能够影响气候而本身不受气候影响的因子称为外部因子,气候系统各成员之间的相互作用为内部因子。而外部因子又必须通过气候系统内部的相互作用,才能对气候产生影响。

气候控制因子的相互作用,就产生了不同的气候。一些区域的气候很相似或相近,就可划分为一个气候区。气候分类就是对地球气候进行全球性的区域划分,每个气候区都具有特定的气候类型,气候要素相对来说是相似的。

最早的气候分类是古希腊人作出的,每个半球按照太阳的高度分为三个带,即热带、温带和寒带气候区。热带区域处于太阳垂直照射的范围,即 23.5°N~23.5°S,这里日夜几乎等长,全年温暖;寒带就是北极圈和南极圈包围的极区范围,全年寒冷,冬季长时间是黑夜,而夏季太阳很低;夹在热带和寒带之间的是温带,有明显的冬、夏季节,因而也有热带和寒带的某些特征。这样的分类太简单,排除了降水,因而干、湿地方没有办法区分。苏潘(Supan,1847—1920,奥地利)在 19 世纪首次对这种分类进行了改进,他考虑了实际的地域特征,他确立的主要气候大类包括极地、温带、热带、大陆、海洋和山地气候。

今天多被使用的气候分类,主要是柯本(Köppen,1846—1940,德国)1918 年和桑斯威特(Thornthwaite,1899—1963,美国)1931 年的分类。柯本"气候地理系统"分类法是众多气候分类中最著名的一种,在 1923 和 1936 年曾作了大的修订补充,其根据是年、月平均温度和降水。在缺乏观测资料的地方,柯本依据不同气候的植物类型来确定。柯本确立的五个气候带,每个用一个大写字母代表,即

A:热带潮湿气候,最冷月平均温度≥18 ℃,全年炎热,没有真正的冬季。

B:干燥气候,全年降水稀少,蒸发和蒸腾潜力超过降水。

C:中纬度暖湿气候,最冷月平均温度低于 18 ℃,且高于 -3 ℃。具有温暖—炎热的夏季,相对温暖的冬季。

D:中纬度冷湿气候,最热月平均温度在 10 ℃以上,最冷月平均在 -3 ℃以下。具有温暖的夏季和寒冷的冬季。

E:极地气候,全年寒冷,最热月平均气温在 10 ℃以下。

每一个气候带包括若干气候型,它描述了特殊区域的气候特征。气候型的划分,通常是采用气温、降水量和其他要素的平均值及年变化特征作为指标。在资料缺乏的情况下,也使用自然地理资料,如洋流、地形地貌、土壤、水文和植被资料作参考。柯本分类系统确立了 10 种以上主要的气候型:A 包括热带雨林型、热带季风型和热带干湿型;B 包括干旱沙漠型和半干旱型;C 包括副热带湿润型、海洋型、夏干型和冬干型;D 包括大陆性湿润型、副极地型和冬干型;E 包括极地苔原型和极地冰原型气候。对气候型天气及地理分布等感兴趣的读者,可参考相关气候学书籍。

海拔至少在 2500 m 的山地的气候随高度变化大,不可能确定气候型,只用字母 H 表示,称为高地气候。当攀登高山时,一个人可在沿山坡相对短的距离内,经历许多气候带,并可能会看到不同气候带的典型植物类型。

柯本系统中,气候带或气候型之间存在一明显的边界。实际上,某一气候带或气候型是

逐渐转变为另一气候带或气候型的,两者之间的分界是渐变的过渡带,不能截然分开。因此,柯本分类受到的主要批评就来自它明显的边界。

19世纪以来许多的气候分类,仅仅是近代地球气候的平均状态。实际气候是在不断变化着的,围绕平衡状态必然会有气候的扰动存在,因此,气候分类只能作为人们认识、开发和利用气候资源的参考。

13.2 气候监测与重建

虽然在较早的气候分类中,已经用到了降水和温度等的气候资料,但对于整个气候系统的观测研究,在20世纪70年代才全面开始,并提出了气候监测的概念。气候监测就是对整个气候系统进行观测,并及时发现气候系统的变化。

气候监测的内容很丰富,它包括气象要素:温度、气压、降水、风、云和辐射等;重要微量气体:CO_2、O_3、CH_4、CFCs和H_2O等;气溶胶:对流层和平流层气溶胶;地表性质:植被指数、土壤温度和湿度、地表特征和雪盖等;海洋变量:海面温度、洋流、盐度和海冰等;地球物理变量:板块运动和重力等;非常规观测:太阳常数和太阳黑子等。

对古气候的研究就没那么幸运了,因为缺乏仪器观测记录,所以只能用代用资料(proxy data)了。代用资料是已知历史时期的生物或地质结构,从中可以提取过去气候的信息;也可以是史料,从中获得气候信息的证明。主要的代用资料包括:海洋湖泊沉积物、冰芯、树木年轮、珊瑚年层和史料记录等。

年代测量也是一个非常重要的问题,一般采用 ^{14}C(原子核中含有6个质子和8个中子)年代测定法。其中 ^{14}C 由宇宙射线轰击高层大气产生,并反应生成 CO_2。植物在光合作用中可吸收 CO_2,因而含有 ^{14}C。同样因吃植物,动物体内也存在 ^{14}C;CO_2 溶于水,水生动植物体内也存在 ^{14}C。生前动植物体内 $^{14}C/^{12}C$ 值应与大气中的一样,但死后,动植物就停止与大气交换,^{14}C 就因放射性衰变而减少,经过5700年减少额为原有量的一半(半衰期)。^{14}C 浓度 A(每克碳样本的 ^{14}C 原子数)随时间 t 的变化与浓度成正比,比例系数 k 称为速率系数,即

$$\frac{\Delta A}{\Delta t} = -k \cdot A \quad (13.2.1)$$

古生物遗体的年代,即动植物停止与大气交换 ^{14}C 的时间 t,通过下式可以获得:

$$t = \frac{1}{k} \cdot \ln \frac{A_0}{A_m} = \frac{t_{1/2}}{\ln 2} \cdot \ln \frac{A_0}{A_m} \quad (13.2.2)$$

其中,$k = \ln 2/t_{1/2}$,$t_{1/2}$ 是 ^{14}C 的半衰期,A_m 是仪测生物标本 ^{14}C 的浓度,A_0 是在交换平衡状态下,现代碳样本的 ^{14}C 浓度。这种计算时间的方法,前提是自古以来,大气中 ^{14}C 的含量不变。因此据此能确定古生物遗体的年代。

海洋或湖泊的沉积物,由钻空机获得和分析,它包含有从前生活在海洋或湖泊表面附近的海洋生物残骸的沉积物。因为某些生物要在适宜的温度下,并要求相对窄的温度范围才

能生存,沉积物中生物的分布和类型可显示海面水温或湖泊水温。残骸中生物碳酸钙壳(含氧原子)中的氧同位素比值 $^{18}O/^{16}O$,可以定量反映温度及冰川变化。海水中大部分的氧原子核由 8 个质子和 8 个中子组成,这样的氧原子原子量为 16。但有约千分之一的氧原子核会多含有 2 个中子,这样的氧原子的原子量为 18。在水的蒸发过程中,轻的水分子 $H_2^{16}O$ 较 $H_2^{18}O$ 更易于蒸发。在寒冷的冰期里,大陆冰盖扩展,大量的低 ^{16}O 含量的淡水被固定在冰盖中,大洋中的 ^{18}O 含量显著增高,因此同期海洋生物的壳中的 ^{18}O 含量也显著增高。以现代大洋中平均的氧同位素比值为标准,根据

$$\delta^{18}O = \frac{^{18}O/^{16}O - (^{18}O/^{16}O)_S}{(^{18}O/^{16}O)_S} \times 10^3 ‰ \tag{13.2.3}$$

不仅可以估计生物生存时期的温度,而且可以对全球冰川的变化进行推断。其中下标"S"表示标准值。根据这种方法,科学家重建了过去不同时期的地球海面温度。

冰芯,南极和格陵兰至今还保存着千米以上的冰盖,从中提取的垂直冰芯,可以提供过去温度变化的信息。在温度足够低的情况下,一年中降雪量多于融化雪的量,因而会造成连续的降雪积累,慢慢积压结晶成冰盖。因为冰是由 O 和 H 组成,通过检查氧同位素在冰芯中的比例,可以获得过去温度及温度出现的时间。一般来说,当雪下时空气越冷,融化蒸发越少,因此冰芯中 ^{16}O 浓度越高,$\delta^{18}O$ 也随之降低。在中高纬度,温度下降 1 ℃,$\delta^{18}O$ 降低 0.7‰。此外,冰芯中残留的古代气泡,经过分析后可以确定过去大气的组成及其变化(图 13.1 反映了南极东方站冰芯记录的过去 22 万年气温和大气 CO_2 的浓度变化);冰芯中显示层状结构的厚薄,反映每年的降水量的多寡;冰芯中的化学成分和微粒含量,记录了过去大气气溶胶和地球沙漠化的状况;冰芯中的火山灰则记录了火山活动的历史等等。

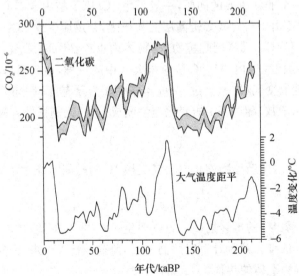

图 13.1 南极东方站冰芯记录的过去 22 万年气温和大气 CO_2 的浓度变化(IPCC,1994)

(kaBP:距今千年,即 thousand years before present)

树木年轮,树木生长受季节影响,春季的木质细胞大而颜色淡,秋季的木质细胞小而颜色深,这样每年的树木生长的状况显示为一淡一深组成的一圈年轮。年轮环的宽度与当年的降水和温度变化有关。当水分和日照充足,年轮较宽,反之较窄。树木年轮可提供时间分辨率为年或季的全球降水和温度的变化信息,是重建数百年尺度全球气候变化的最重要的代用资料之一。

珊瑚,海洋珊瑚生长也像树木年轮一样,其骨骼有不同的密度带,但它是受海水的温度和盐度影响。因为珊瑚一般多生活在岛屿的河流入海处,珊瑚骨骼中的盐度变化可反映岛屿的降水气候。珊瑚的年层宽度与海温和营养有关,根据其宽度可以确定海温变化。但要准确反映海温,需要分析珊瑚中的氧同位素。氧同位素比的相对差值 $\delta^{18}O$ 每减少 0.22‰,相当于海温上升 1℃。

史料,历史文献资料记录了十分丰富的、历史上的人类物质文化活动和自然环境状况,例如各种自然现象、物候的记载以及雨雪天气等的记录。从这种代用资料可以获取十分有价值的过去气候演变的证据,如我国研究人员据此研究出版了五百年旱涝图。我国历史文献丰富,有利于研究我国过去气候的演变。

除了以上介绍的这些代用资料外,其他的代用资料还有:土壤堆积物、植物孢粉、地质证据(冰川、化石等)、洞穴钟乳石碳酸钙层、考古证据(遗址、遗迹等)、物候变化资料等等。目前,根据所有这些代用资料信息等,科学家们重建了过去的气候。尽管如此,人类对过去气候的认识仍然不完全,但仍然能使我们基本上了解过去气候的变化。

13.3 变化的气候

根据气候重建的结果显示,在地球历史上的多数时间,全球气温要比现在高,在这多数时间期间,极区无冰,但被几个大冰期打断(见图13.2)。地质证据显示,大约 650 MaBP(MaBP:距今百万年,即 million years before present 的缩写)有一次震旦纪大冰期,270 MaBP有石碳—二叠纪大冰期,以及最后开始于 2.4 MaBP 的第四纪大冰期。大冰期之间约隔 300 Ma,为大间冰期。大冰期中又可分为若干冰期(冰川前进、气候变冷)与间冰期(冰川退却,气候回暖)旋迴。

第三纪(65~2.4 MaBP)中,在约 55 MaBP,地球进入一个较长的降温趋势。到约 2 MaBP,北半球的陆地冰川出现,标志着第四纪(2.4 MaBP 以来)大冰期更新世的开始。更新世中每10~20万年就出现1次冰期、间冰期旋迴(即冷暖旋迴)。冰期时期全球平均温度可以比现在低 10℃ 以上,间冰期则与目前温度一致或偏暖。

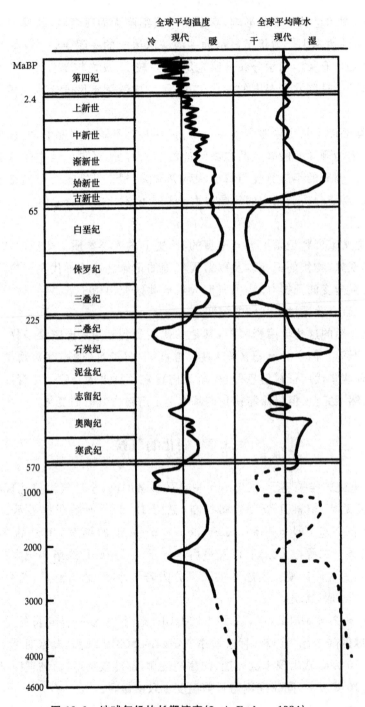

图 13.2 地球气候的长期演变(L. A. Frakes, 1984)

大约 18 kaBP,冰期达到最盛(见图 13.3)、海面比现在低很多,露出大片陆地和白令陆桥,使人和动物从亚洲向北美迁徙。约 14 kaBP,冰盖开始融化,冰川开始后退,表面温度慢慢回升。在 13 kaBP 前后出现了幅度高达 4 ℃ 以上的忽然增温事件,称为博林-阿尔露德(Bölling-Alleröd)期。然后,大约 12.7 kaBP,平均温度开始下降,并在 11 kaBP 前后,温度大幅下降,使气候回到了冰期环境。此次强变冷事件,根据丹麦哥本哈根北部阿尔露德剖面黏土层中所发现的八瓣仙女木花粉而命名为新仙女木事件(Younger Dryas)。在这次事件持续 1000 年以后,到 10 kaBP 进入冰后期,即第四纪中的全新世。

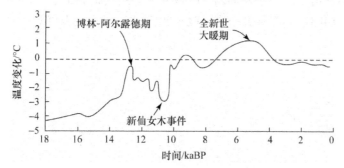

图 13.3　过去 18 000 年的平均气温变化(Ahrens,2003)
因从不同代用资料获得,因此只能给出过去温度变化的大概趋势

在此之后,气候回暖,大陆冰川后退。在大约 5～7 kaBP 形成冰后期中的最暖时期,称为全新世大暖期(Holocene Maximum)。因为这段时期促进了植物生长,也称为气候适宜期(climate optimum)。到 5 kaBP,又开始了冷的趋势,高山冰川出现,但没有大陆冰川。

大约 1 kaBP 以后,尽管全球温度相对变冷(见图 13.4),但在北半球部分地区仍经历了一段相对温暖的时期,大致发生在 10—13 世纪期间,称为中世纪暖期(Medieval Warm Period)或中世纪气候适宜期。这个时期英格兰盛产葡萄,夏季气候干暖;北欧海盗殖民冰岛和格陵兰岛。

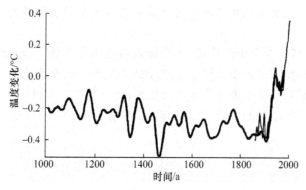

图 13.4　相对于 1961—1990 年期间的平均温度所得到的过去千年的温度变化(IPCC,2001)
粗线表示用气候代用资料获得的结果,细线为直接测量结果

13 世纪后,温度降低的现象在全球非常普遍,在多种历史和古气候记录中都有体现。例如,1653 年(顺治十年),大雪平地丈余,淮河封冻;1670 年(康熙九年),东部沿海大雪 20 日不止,平地冰厚数寸,海水拥冰至岸,成堤十数里。1816 年,欧洲出现饥荒,一年中没有夏天。尽管 13 世纪末期气候就开始降温恶化,但最冷的一段时期约出现于公元 1550—1850 年之间,称为小冰期(Little Ice Age)。

小冰期之后,从 19 世纪末全球逐渐回暖(见图 13.5),在 20 世纪 40 年代变暖达到高峰,以后 25 年间气温略有下降。这期间,在 1969 年冬,中国渤海出现几十年罕见的封冻现象。从 70 年代末到 80 年代初,气候又一次变暖。90 年代已经是近百年最暖的 10 年。

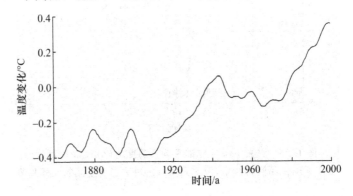

图 13.5 过去百年的全球平均气温的变化(IPCC, 2001)

这是根据 1961—2000 年陆地气温和海面温度相对于这段时期的平均温度作出的

13.4 气候变化的可能原因

前面已经提到形成气候的因子有两类,这两类也是造成气候变化的因子,即内部因子和外部因子。内部因子主要指气候系统内部各成员之间复杂的反馈作用,而气候系统对外部因子没有反馈作用。

所谓反馈,就是将一个系统的输出,作为输入再送到系统输入端,从而对系统的行为进行调节和控制。如果反馈过程使系统已经出现的异常进一步增强,就称为正反馈;而负反馈过程则使气候异常减弱。正反馈使系统失去控制,而负反馈则可以控制系统的发展。

外部因子包括太阳辐射的变化、地球运动的变化、大陆漂移和火山活动和人类活动的影响等。

13.4.1 反馈过程

气候变化是因为维持气候系统的平衡关系发生了变化,这种变化通过维持气候系统状态的气候过程的变异来实现,即通过水、热、物质和动能的输送,控制着海陆表面和大气的相互作用,在气候系统中引起一系列的反馈过程,其中水汽、冰雪、云和海洋反馈过程对气候变化最为重要。

水汽—温室效应反馈是最重要的一种反馈。大气中的水汽作为温室气体之一有效地保持了地球表面的温度,如果气候缓慢变暖,会使更多的水汽从海洋和陆面上蒸发出来,从而增强了温室效应,使气温增加更多,因此水汽反馈是正反馈。如果不抑制,海水将会蒸发完,出现失控的温室效应。气候系统中有许多抑制和平衡办法来抵消这种反馈的变化。例如温度升高,正比于绝对温度的 4 次方的红外辐射也增强,因此减慢了温度的升高。

冰雪—反射率反馈是双向性的正反馈。当温度升高时,冰雪覆盖减少,地表反射率减小,吸收的太阳辐射增加,因而温度进一步升高;当温度降低时,冰雪覆盖增多,地表反射率增大,吸收的太阳辐射减少,因而温度进一步降低,两种情况都是正反馈。同样,温度降低的冰雪正反馈,如果无限制发展下去,会产生失控冰期。但其他机制可以调节降温的大小,抵消了这种反馈的变化。

云—地面温度反馈可能是正反馈,也可能是负反馈。一方面,云可以反射掉入射的部分太阳能,减少了地气系统可能获得的有效能量,使地球变冷,称为阳伞效应;另一方面,云具有温室气体的作用,通过吸收其地球下垫面的红外辐射,同时自身也放出红外辐射,从而减少了地气系统向空气损失的能量,称为被毯效应。一般来讲,高云由冰晶组成,可以使太阳辐射通过,但其温度低向太空辐射的红外能量少,因而具有被毯效应,使系统增温。低云由水滴组成,反射太阳辐射多,而且云顶相对较暖,它们辐射从地球吸收的很多能量,因而常导致降温。例如,气候变暖时,地面温度升高,水蒸发增多,低云增多,反射增强,地面吸热减少,于是变暖减慢,此时云反馈是负反馈。研究表明,总体来说,目前云对我们星球有净的冷却效果。若无云,则大气会变暖。云量和云的结构等对气候变化的影响是复杂而敏感的,地面温度通过反馈作用使云的状态发生变化的机制,还未完全弄懂,仍然是继续探讨的问题之一。

海洋—CO_2 反馈作用对气候变化存在着不确定性。如果气候变暖海水升温,将促使海上的浮游植物生长,并吸收大气中的 CO_2,从而减少了温室气体,减缓了气候变暖,这是负反馈。同时,因为海水升温,使得海水能容纳的 CO_2 含量减少,使得温室气体 CO_2 增多,又促进了气候变暖,这是正反馈。此外,海洋具有极大的热容量,可以通过有效地调节热量的收支和传输,减缓气候变暖。

总之,气候系统内部各成员之间、气候要素之间的相互作用和反馈过程很多,没有一个是独立的,不能孤立考虑一个而忽略其他过程,这样就造成了气候变化的复杂性。

13.4.2 太阳辐射的变化

太阳是极其普通的恒星,处于星体演化的中年阶段,安详稳定,因此过去认为太阳辐射输出(包括光辐射及粒子辐射)变化小。但经过卫星观测及对过去太阳的研究,发现太阳辐射输出从地球形成以来就没有停止过变化。人们了解最多的只是近 5000 年的太阳活动情况。

太阳活动是太阳表面上一切扰动现象的总称,主要包括黑子、耀斑、日珥和日冕等,一般用黑子活动代表太阳活动。一些现象可以间接反映太阳活动,例如,太阳活动强时,可能因为强磁场使宇宙射线偏离了地球,因此 ^{14}C 含量低,反之则 ^{14}C 含量高。

太阳活动增强时,太阳辐射以及其中的紫外辐射也增强,加速了平流层臭氧的形成并使平流层升温,然后臭氧增加引起温室效应,进一步使平流层升温,此后热流传递到对流层,因此使地面温度升高,气候偏暖;反之,太阳活动减弱期气候偏冷。据估计,太阳辐射变化 1%,地面平均温度可变化约 1 ℃。例如,发生在 10—13 世纪期间的中世纪暖期,就可能与太阳活动的一个增强期——中世纪极大期(1120—1280 年)有关,太阳辐射输出可能比现在高;小冰期(1550—1850 年)就可能与太阳活动的一个极弱期——蒙德尔极小期(1640—1710年)对应,太阳辐射输出可能比现在低。

研究也发现,太阳黑子活动在 $10^1\sim10^2$ 年的时间尺度上存在显著的周期变化,从而也导致气候的周期变化。这些周期包括 11 年的沃尔夫周期、20~30 年的海尔周期和 80~90 年的世纪周期等。利用地质考古还可追溯到远古时期的太阳活动,例如德国 Zechstein 的二叠纪含岩盐等的纹层中就发现有显著的 11、22 和 95 年等的周期,证明自前寒武纪冰期以来,太阳活动的周期性与现代没有显著不同。

此外,太阳自转具有 27.5 天的周期,其转动的太阳磁场,可能对高层大气环流有影响,进而也会影响到气候变化。

总之,太阳输出的波动引起时间尺度几十年至上百年的气候变化。今天,已经有许多联系太阳变化引起气候变化的理论,但仍需很多年的实测资料去验证,或许将来我们能完全明白太阳活动和地球气候变化的关系。

13.4.3 地球运动的变化

对更新世气候变化的解释应该是气候变迁研究中最成功的例子。早在 20 世纪 30 年代,天文学家米兰柯维奇(Milankovitch,1879—1958,南斯拉夫)就提出用地球轨道要素的一些周期变化来解释第四纪冰期、间冰期的交替。当地球围绕太阳运动时,3 种不同的周期运动,引起了日地距离的变化、地球接受太阳辐射的季节变化及地理分布变化,从而联合影响了到达地球的太阳能量的变化,也就导致了气候变化。

第一个周期约 100 000 年完成,涉及地球绕日轨道形状的变化。太阳位于椭圆的一个焦点上,令 a 和 b 分别表示椭圆的半长轴和半短轴,地球轨道的偏心率定义为两焦点之间的距离与椭圆半长轴之比,它反映了轨道偏离正圆的程度。偏心率为

$$e=\frac{\sqrt{a^2-b^2}}{a} \quad (13.4.1)$$

地球轨道偏心率在 0.0005~0.0607 变化,且具有约 100 000 年的特征周期,即从最小偏

心率近圆轨道变到最大偏心率椭圆轨道,需要 50 000 年的时间。目前偏心率是 0.0167,正朝向大偏心率椭圆轨道变化。目前地球离太阳 1 月近,7 月远,距离相差约 3%,能导致约 7% 的大气顶的能量变化。当达到最大偏心率轨道时,近日点和远日点距离相差约 9%,而这两点所接收到的太阳辐射能量差异可达 20%,与目前的 7% 相比,影响是巨大的。由于北半球夏季在远日点,偏心率减小时虽然太阳辐射强度下降但夏季增长,有利于冰川融化。据分析,第四纪的冰期多处于偏心率减小时期,而间冰期多处于在偏心率增大时期。

第二个周期约 41 000 年完成,与地球自转轴的倾斜角度变化有关。倾斜角度以地球自转轴与地球绕日椭圆轨道平面的垂线的夹角表示,称为地轴倾角。地轴倾角的变化不会影响到达地球的太阳辐射总量,但可影响太阳辐射的季节分配和地理分布。地轴倾角的变化范围为 22°~24.5°,具有约 41 000 年的变化周期。地球运动时的这一变化,好像船的左右摇摆。地轴倾角小的时候,中高纬度季节差异就小,冬暖夏凉。冬天空气中水汽容量增加,极地可能降更多的雪。夏季因为凉爽,融化的雪会较少。因此,地轴倾角小的时期有利于高纬冰川形成,反之冬寒夏热将有利于冰川融化。目前地轴倾角是 23.5°,正朝向倾角变小的方向发展。

第三个周期约 21 000 年。地球自转时,就像一个旋转的陀螺。地轴会绕垂直轴(与地球绕日轨道面垂直的轴)转动,转动一圈需要约 21 000 年的时间。目前,北半球冬季时,地球离太阳近,夏季远;而在约 10 500 年前,北半球冬季地球离太阳远,夏季近;21 000 年前的状态与目前类似。因此,当北半球冬季时,地球离太阳近冬暖夏凉,有利于高纬冰川形成;夏季地球离太阳近冬寒夏热,将有利于冰川融化。对于南半球则相反。

当所有周期一起考虑时,北半球目前正趋向于变冷的状态。

20 世纪 50 年代,从深海沉积物、珊瑚以及黄土沉积等过去气候变化的记录中,发现了地球运动变化的上述几个特征周期,反映了第四纪气候变化与地球运动周期变化的相关性,才使得米兰柯维奇的理论被广泛接受,米兰柯维奇本人在有生之年也目睹自己的理论得到证实。如,过去 800 000 年,冰川扩张每 100 000 年有一峰值,与地球轨道偏心率有关,它控制着气候变化的强烈程度。在这种大趋势下,发生小的冰川进退的时间间隔为 41 000 年和 21 000 年。

米兰柯维奇的理论不能解释为什么冰期出现在第四纪,而没有发生在上新世或中新世等其他时期。另外,它也解释不了为什么地球轨道参数变化引起的气候变化比地球实际气候变化要小得多。因而,一定是其他原因一起与地球运动的变化,导致冰期的产生和气候的变化。

13.4.4 板块运动与火山活动

在地质史上,地表已经历了重大的调整。大陆漂移理论就是研究板块运动所引起的地表调整、大陆和河床变化的理论。它由德国气候学家韦格纳提出,他也提出因冰水饱和水汽压不同导致冰晶生长的理论。现代的海陆分布是由约 200 MaBP 的大板块——超级大陆和超级海洋分裂形成的。地球数百万年的气候变化,与板块碰撞、分离和平移运动有关。今天在热带非洲发现数百万年前经历的冰河期特征,是板块移过来的。同样,热带植物化石也被发现出现在极地冰层中。北宋的王安石(1021—1086)在一首《九井》的诗中,就道出沧海桑田的变化:

> 山川在理有崩竭,丘壑自古相盈虚。
> 谁能保此千秋后,天柱不折泉常倾。

一般认为,当在中、高纬度有巨大陆地时,最容易形成冰川。陆地上的冰雪反射太阳辐射,并因为冰雪—反射率反馈机制加大了这种降温。陆地的不同排列会影响洋流的路径,从而改变低纬度到高纬度能量的传输和中高纬度的气候。如果陆地阻挡了暖洋流向高纬度的流动,高纬度冬天可导致更低的温度。

大洋板块之间的碰撞会在接触带上形成一系列岛弧带,岛弧带上火山频繁,这是大陆形成的一种方式,如日本列岛。海洋板块与大陆板块碰撞时,一般在大陆的边缘会形成链状火山带,最终成为高大山系,如秘鲁海岸的山系。这两种碰撞情况下的火山喷发,使大量 H_2O、CO_2 和少量的其他气体进入大气,增强了温室效应,引起全球温度升高。大陆板块之间的碰撞使两大陆连接,并形成高大山脉和高原,如印度板块与欧亚大陆板块碰撞形成的青藏高原。对于大气环流来说,板块碰撞形成的火山带可扰乱上面的空气流动。同样,产生在两陆地相碰时的山带和高原也显著地影响全球环流形势,因此,也影响整个半球的气候。

板块之间的分离,也会造成气候变化。例如,当大洋板块分离时,热的地幔物质从断裂处涌出,冷凝成新的大洋岩石圈,导致大洋板块增生,同时使海平面相对大陆上升。断裂处形成海脊,有强烈的海底火山活动,同样可释放大量的 CO_2 进入大气,增强了温室效应,引起全球温度升高。

此外,海平面高意味着裸露陆地少,可以推测大概有很少的岩石化学侵蚀过程发生。岩石侵蚀过程是 H_2O 和 CO_2 的作用使岩石分解,即从大气清除 CO_2,侵蚀物质一般随流水搬运到海洋沉积。但当全球温度升高,使侵蚀过程增强,CO_2 便以较快速率被清除。数百万年后,当大洋板块分离速度慢下来后,火山活动减少,海脊的变化使海平面相对陆地降低,更多的岩石参加了化学腐蚀过程,从空气中清除 CO_2,使温室效应减弱,全球温度降低。但同时,低温减慢了化学腐蚀和 CO_2 的清除,使降温得到了抑制。

火山喷发除了喷出温室气体,使温室效应得到加强外,它喷出的含硫气体,可以形成平流层气溶胶,使地表温度降低。这些含硫气体在太阳光存在时,与水汽结合生成硫酸盐粒子,进入平流层后可存在数年。这些气溶胶粒子对太阳和地球辐射的吸收,使平流层变热,对太阳辐射的反射使到达地面的太阳能量减少,因而使温室效应减弱。单个火山爆发对气候的影响一般约 1~2 年,但火山活动集中或沉寂时期,会影响 10~100 年的气候变化。例如,1991 年 6 月菲律宾皮纳图博(Pinatubo)火山爆发,造成了 1992—1993 年期间,全球平均气温降低了约 0.5℃以上。而 20 世纪 20—40 年代时火山活动沉寂期,有人认为这段时期气温上升与此有关。

13.4.5 人类活动对气候的影响

人类活动对气候变化的影响是多方面的。例如,由于矿物燃料燃烧和砍伐森林等原因,大气中的 CO_2 含量迅速增加造成温室效应加剧;其他微量气体如 CH_4、N_2O 和氟利昂等的增加,又加速了这一过程。过度排放造成了大气污染,并导致平流层臭氧层受到破坏。过度放牧、破坏自然植被和原始森林,改变了地表状况。这些都直接或间接地改变了气候系统的状况,导致了气候变化。

自工业革命以来,由于工业的发展和现代化程度的发展,人类活动造成的大气中温室气体的含量明显增加。CO_2 是最重要的一种温室气体,在 2001 年,它的年平均浓度为 374 ppm(体积比,10^{-6}),过去每年其增长速度为 1.5 ppm,按此增长速度,到 21 世纪末其浓度将达到 500 ppm 以上。其他温室气体,如 CH_4、N_2O、CFCs 等在过去一个世纪也增加了,这些气体的效应与 CO_2 作用大致相当。如果温室气体按过去的排放速度继续增加,并考虑影响气候的其他关系,通过数值气候模式对气候变化进行预测,到 2100 年,地球表面平均气温将比 1990 年气温升高 1.4~5.8℃。

人类活动造成污染物的大量排放,这些污染物气溶胶粒子可减弱到达地面的太阳光总量,因而会引起白天地面降温。某些气溶胶粒子选择吸收和辐射红外能量返回地面,在夜晚对地面有加热效应。总的人为排放气溶胶引起的净效应是表面降温。

高反射的硫酸盐气溶胶对气候可造成显著的影响。自从工业革命以来,来自含硫矿物燃烧进入大气的主要是 SO_2 气体,然后转化为微小的硫酸盐液滴或粒子,通常在大气中停留几天。在北半球工业发达的地方,污染严重,硫酸盐液滴或粒子相对较多,因而它们对气候的反应最明显,它们可以减弱到达地面的太阳辐射,从而减缓温室效应。此外,硫酸盐粒子还可充当云凝结核。当它们进入云中时,会与其他凝结核共享云中的水汽,产生更多小的云滴,将反射更多的太阳光,减少了到达地面的太阳辐射。目前,硫污染严重的区域,例如美国,与世界其他地方相比变暖程序小。就整个半球来说,北半球就比南半球在过去几十年变暖小。

除了对流层中硫酸盐气溶胶外,还有其他气溶胶,例如燃料燃烧生成的有机物气溶胶;由于人类活动造成沙漠化与干旱化,被大风刮起的尘埃粒子气溶胶等。气溶胶对气候系统变化的影响,在总效果上仍然没有完全理解。

13.5 未来气候的可能变化

从 20 世纪初到现在的近百年中,全球平均气温已经上升了约 0.6℃(见图 13.5)。研究证实,这种增温是因为温室气体、气溶胶以及太阳辐射等因素引起的,数值模式的模拟结果与实际观测的结果非常匹配,其中温室气体浓度的增加是主要因素。

对未来全球气候的变化,也主要是采用数值模式进行预测。最新的数值模式,包括了一些重要的关系,例如海气相互作用和 CO_2 从大气清除过程等。气温升高后,水汽—温室效应正反馈作用,将进一步加速气温升高。各种模式的预测综合结果是,到 2100 年,全球平均气温将比 1990 年升高 1.4～5.8℃(见图 13.6)。即使最低升高 1.4℃ 的气温变化,也是 20 世纪气温变化的 2 倍以上。

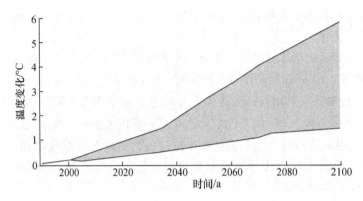

图 13.6　21 世纪全球年平均气温变化的模式预测(IPCC,2001)

模式研究表明,如果全球气温升高,那么必然导致蒸发增多,因为蒸发的增加必须与降雨平衡,因此全球范围降水增多,特别是冬季高纬度地区;同时大气环流的位置可能发生改变,使得一些地方降水减少,导致严重的水资源匮乏问题。目前,对降水预测的研究都是十分初步的,还有许多工作要做。全球气温升高后的另一个结果是海面上升(冰川、极冰融化)和海洋扩张。根据目前预测的升温结果,到 2100 年,海面平均上升约 10～90 cm。海面上升不仅淹没海拔低的海滨陆地和岛屿,而且也会对沿海生态系统造成灾难性的影响。

此外,气候变暖对农业、林业等也会造成影响。因为气候的改变,物种就有适应问题。不适应气候的物种就会受到昆虫和疾病的侵害,不仅造成农业和牧业的减产以及树木蓄积量的减少,而且也会使生物物种灭绝的速度加快。气候变暖还对人和动物的健康造成影响。

尽管利用数值模式预测未来气温升高,但一些不确定性依然是值得考虑的。例如,海洋—CO_2 反馈作用、云—地面温度反馈作用等都对气候变化存在着不确定性。气候预测模式不可能准确地把未来极地冰盖融化导致的海平面上升、温室气体的源和汇、气溶胶等的变化的因素考虑进去,因为这些因素不会按照模式设计的方案进行变化。气候预测模式也没有完全考虑气候系统的各种复杂的相互作用以及反馈过程,所以它还不能准确代表复杂的气候系统。另外,在目前重视环境问题的情况下,未来的人类活动也会逐步得到限制。或许,考虑了这些不确定性和各种因素后,模式预测的未来变暖不会那么高,或者不会发生。

或许,如米兰柯维奇理论预言,北半球将趋向于变冷的状态,进入冰期。我们已经知道过去气候已发生了变化,但在未来这种变化有多大和多快?模式预测的结果还远不是我们满意的答案。

虽然将来地球变暖的强度和速率不确定,但减少温室气体和污染物的排放是有益的,这可以减少酸雨、霾和减少平流层臭氧的损失。即使温室气体引起的变暖比今天模式预测来得小,这些做法也将使未来的人类受益。

习 题

1. 现代的气候概念是什么?气候系统包括哪些部分?
2. 什么是正反馈和负反馈过程?与人的健康或人的身体有关的正、负反馈过程各举一例。
3. 气候系统有哪些重要的反馈过程?哪些具有不确定性?
4. 如何进行气候重建?主要使用了哪些资料和技术?
5. 过去的100年(20世纪)气候是如何变化的?
6. 小冰期在哪个时候发生?导致小冰期发生的可能原因是什么?
7. 影响气候变化的因子主要有哪些?
8. 如何获得未来气候的变化?未来全球变暖可能造成哪些影响?
9. 全球变暖在哪些方面对地球有益?
10. 考古发现一木雕,用仪器测量获得其 ^{14}C 衰减变化为每克碳每分钟平均有12次计数值,而现代一棵活着的树则为15次计数值。请确定木雕制作的时间。

第十四章 大气光象

光是一种重要的自然现象,它不仅可以被认为是光子,而且也可被认为是电磁波,也就是说,光具有波粒二象性。这两种情况下它们通过某一路径的传播就是光线。这些光线与大气分子、大气中的水滴或冰晶等作用,可以在天空中产生壮丽的光学现象。

光线在均匀介质中(例如空气或水)沿直线传播,但在两种介质的交界面上发生反射(光线弹回)或折射(光线弯曲)。例如,液态水滴折射和反射太阳光可以产生彩虹;固体冰晶折射太阳光可以产生晕、幻日等现象。光的散射(光线射向四面八方)和衍射(光线绕过物体)也可以产生光学现象,例如大气分子对太阳光的散射可以产生蔚蓝色的天空,而云滴的衍射则产生华和宝光等光象。

这些大气中的美景是大自然给予我们眼睛和心灵的盛宴。一些现象也许我们每天都能看到,但一些也许我们一生只能看到一次。本章的目标就是:探索这些光象如何形成,并了解它们出现的地方,然后到大自然去找寻并欣赏这些美景。

14.1 光学物理基础

14.1.1 眼睛对光的响应

光来自发光物体,即光源。太阳是最重要的可见光光源,作为人类眼睛能够感受的可见光,是波长 $0.4 \sim 0.76\,\mu m$ 的电磁波,占太阳辐射 50% 左右。太阳光进入大气后被大气中的物质吸收、反射或散射。物体表面与之作用取决于它们的属性:颜色、密度、组成以及照射它的光的波长。

我们所以能够看到客观世界中斑驳陆离、瞬息万变的景象,是因为眼睛接收到物体发射、反射或散射的光。我们眼睛视网膜中的神经末梢有两类细胞:杆细胞和圆锥细胞。它们都不能感应到小于 $0.4\,\mu m$ 和大于 $0.76\,\mu m$ 的电磁波。杆细胞能够感应到所有波长的可见光,让我们有能力区分明和暗。如果人只有杆细胞,那么只能区分黑白二色。圆锥细胞可以感应专门的可见光波长,然后经神经系统发送一个刺激信号到脑部,我们就可感受到不同的颜色了。如果圆锥细胞失去或出现故障,就是色盲。某一确定波长的光,称为单色光。大致说来,波长和颜色的对应关系见表14.1。由于颜色随波长是连续变化的,表中各种颜色的分界线带有人为约定的性质。

表 14.1　可见光中颜色与波长的对应关系

颜色	紫	靛	蓝	绿	黄	橙	红
波长/μm	0.40~0.43	0.43~0.45	0.45~0.50	0.50~0.57	0.57~0.60	0.60~0.63	0.63~0.76

我们能够看到白光,是由于所有波长的光以几乎相同的辐射强度刺激圆锥细胞。例如,我们看到中午的太阳呈现白色,是由于太阳辐射中强度最大的可见光区中,所有波长的辐射几乎以相同的强度到达我们眼睛里的圆锥细胞。根据黑体辐射的维恩位移定律,比太阳冷的星,其辐射能量最大值会向长波偏移,因此我们会看到较红的颜色;比太阳热的星,则其辐射能量最大值偏向短波,我们会看到稍蓝的颜色。

眼睛对不同颜色光的响应是不一样的,也就是对不同颜色的敏感性不一样。图 14.1 给出了眼睛对近似于在有月照的晴空下,接近水平方向的光谱光视效率。图中最大值作了归一化处理。可以看到人眼对黄绿光(0.5~0.6 μm)最敏感,在 0.4 μm 和 0.76 μm 两端迅速减小。当光照增强时,光视效率极值向短波偏移。我们看到的光实际是各种颜色的光对于眼睛光视效率的加权平均,而不是简单的叠加。

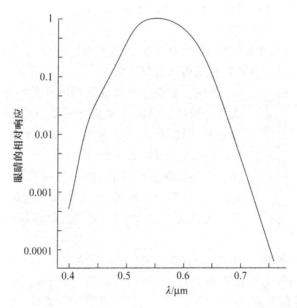

图 14.1　眼睛对近似于在有月照的晴空下,接近水平方向的归一化光谱光视效率(Walsh,1953)

当物体热到很高的温度就会发光,我们能够看到物体。但是,不发光物体我们也能看到,而且还能看到颜色。例如,我们能够看到书,是因为书反射周围的光到我们的眼睛。如果把书放到一个黑屋子里,我们就看不到书。事实上,书也在放射长波辐射,但我们眼睛不能感受到这些辐射。此外,我们看到物体是有颜色的,是因为该物体吸收了其他颜色的光,而将某种颜色的光反射到我们眼睛中。一些物体表面吸收所有波长的光,但没有反射,因而就没有可见光辐射刺激我们的杆细胞和圆锥细胞,这些表面就显示黑色。因此,当我们能看到物体或看到物体呈现某种颜色,就一定有光源并因为物体对光的反射等原因,有光到达我们的眼睛。

严格地说,我们看到的都是散射光。即使直接来自太阳等光源的光,也是来自空间介质(如大气分子等)的前向散射的光。所有液体和固体物质在它们的表面所呈现的"反射"性质,是组成这些物质的紧密结合在一起的原子和分子"散射"的一种特殊表现。折射则是前向散射光波与入射光波在特定方向上的相干叠加。如果没有衍射和折射的说法,衍射和折射光仍可以通过散射理论(米散射)获得精确计算。我们观测到的现象依赖于物质的组成和分布,而不是用来定量描述的某种近似理论。

14.1.2 光的传播

下面仍采用传统的习惯说法,即光在介质中传播的主要物理过程包括:反射(reflection)、折射(refraction)、衍射(diffraction)和散射(scattering)。

1. 几何光学

光的直线传播定律指出,光在均匀介质中沿直线传播。当光从一均匀介质传播到另一均匀介质中时,在两介质交界面发生反射和折射现象。

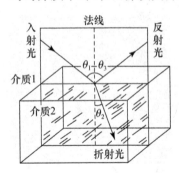

图 14.2 光的反射与折射

如图 14.2,不同性质的两种介质的分界面是平面,当单色入射光线以一定的角度从介质 1 投射到分界面时,光线分解为两束,即反射线和折射线。入射线与分界面的法线(即垂线)构成的平面称为入射面,显然,反射线和折射线都在入射面内。分界面法线与入射线、反射线和折射线所构成的夹角 θ_1、θ_3 和 θ_2 称为入射角、反射角和折射角。

光的反射定律指出,光的入射角等于光的反射角,即

$$\theta_1 = \theta_3 \qquad (14.1.1)$$

显然,反射角与光的波长无关。

光的折射定律,也称为斯涅耳(Snell,1580—1626,荷兰)定律指出,折射角 θ_2 与入射角 θ_1 的正弦之比与入射角无关,是一个与介质和光的波长有关的常数,即

$$\frac{\sin\theta_1}{\sin\theta_2} = \frac{c_1}{c_2} = \frac{n_2}{n_1} \qquad (14.1.2)$$

其中,介质折射率(refractive index) $n_i (i=1,2)$ 与光在此介质中的传播速度 $c_i (i=1,2)$ 和真空光速 c 的关系为 $n_i \equiv c/c_i (i=1,2)$。相对于真空的不同颜色的光在大气、水和冰中的折射率见表 14.2。

表 14.2　相对真空的折射率

单色光		折射率		
波长/μm	颜色	空气 （一个大气压,15 ℃）	水 （15 ℃）	冰
0.4	紫	1.000 281 7	1.345	1.320
0.5	绿—蓝	1.000 278 1	1.339	1.314
0.6	橙—黄	1.000 276 3	1.333	1.310
0.7	红	1.000 275 3	1.329	1.307

这三个定律是实验定律,只有在空间障碍物以及反射和折射界面的尺度远大于光的波长时成立。接近光波长时,就发生散射和衍射现象。

当一束可见光而不是单色光通过两介质的交界面（例如从空气到水中）时,根据斯涅耳定律,紫光的折射角要小于红光折射角,即紫光偏折最大而红光最小,于是不同颜色的光因为折射角不同被分解出来。这种因折射率（或光传播速度）与波长有关,光在不同介质传播过程中出现的颜色分解现象就是光的色散。1672年,牛顿（Newton,1642—1727,英国）通过棱镜分光实验最先发现光的色散现象（见图 14.3）,并确定了光的7种颜色。牛顿的过人之处是识别出了大多数人无法区分的紫色和靛色。

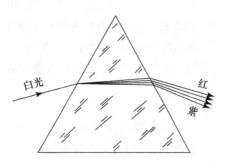

图 14.3　棱镜的色散现象

2. 光的衍射

当光在传播过程遇到障碍物的尺度,大致为光波长的 $10\sim 10^3$ 倍时,光的几何折射和反射变得不明显,光的衍射效应明显起来。

粗略地说,当光波遇到障碍物时,它将偏离直线传播,这种现象称为光的衍射。实际上,通过障碍物后的光（即光的衍射图案）是未被障碍物阻挡的光波与障碍物边界波之间的干涉,即因为光波的叠加而引起光强度重新分布的现象。当波峰叠加时,光波加强,就是相长干涉,产生亮光;当波峰与波谷相遇,光波削弱,这是相消干涉,产生暗光。如光照射圆屏或圆孔,在接收屏上可以看到可以明暗相间的光环;其中在圆屏几何阴影中部出现亮斑;小孔衍射中心既可能是暗斑,也可能是亮斑。圆屏或圆孔线度越小,衍射效应越强,则衍射图样越加扩展。另外,衍射不仅使较大物体的几何阴影失去了清晰的轮廓,而且在边缘附近还出现了一系列明暗相间的条纹。

对于同样大小的圆孔和圆屏衍射,除几何像点外,其图样完全相同,这是巴比涅原理（Babinet,1794—1872,法国）。这样得到圆孔的衍射特征,也就知道了圆屏的衍射。

在大气中传播的日光或月光遇到小云滴（小雨滴或小冰晶）等障碍物时,会绕过这些障碍物而产生衍射,这种衍射属于夫琅禾费(Fraunhofer,1787—1826,德国)衍射,即光源和接收屏都距离衍射屏无穷远,相当于平行光产生的衍射。

3. 光的散射

如果光线遇到的粒子尺度与光波长相当、或者小于光的波长,那么光的散射现象非常明显。简单地说,光的散射是光线射到粒子上时,光会由粒子射向四面八方。本质上,光辐射照射到粒子上时,粒子被激发成正负电荷中心分离的电偶极子,电偶极子的振动向粒子周围发射散射辐射。按照粒子尺度直径 d 与光波长 λ 的相对大小关系,即引入尺度参数 $a=\pi d/\lambda$,将可见光的散射分为瑞利散射和米散射。

瑞利散射(Rayleigh scattering)也称分子散射,其发生条件是 $a<0.1$,即 $d<0.032 \cdot \lambda$。大气中空气分子尺度为 $0.0001 \sim 0.001 \mu m$,它远小于光的波长($0.4 \sim 0.76 \mu m$),因此空气分子对光的散射属于瑞利散射。瑞利给出空间某点散射电场 E_s 正比于散射粒子体积 V 和入射电场 E_i,与这点到粒子距离 r 成反比,后者是能量守恒要求的结果。为使这种关系(即等式两边单位相同)成立,还要求与某种长度的平方成反比,这里只能考虑光的波长 λ 了。根据电磁学理论,电场的平方就是在给定方向上单位时间内的散射辐射 I_λ:

$$I_\lambda = E_s^2 \sim \left(\frac{E_i \cdot V}{r \cdot \lambda^2}\right)^2 \sim \frac{d^6}{r^2} \cdot \frac{1}{\lambda^4} \tag{14.1.3}$$

散射辐射与波长 4 次方的反比关系是瑞利(Rayleigh,1842—1919,英国)1871 年提出的理论的直接结果,这个理论忽略了与散射有关的物质的折射率,它与波长有关。因此,考虑折射率因素,瑞利散射辐射不是完全与波长 4 次方成反比关系。

米散射(Mie scattering)发生的条件 $0.1<a<50$,即 d 的范围是 $0.032 \cdot \lambda \sim 16 \cdot \lambda$。大气中气溶胶、烟雾和云滴等的尺度是 $0.01 \sim 10 \mu m$,它们相对于可见光就是米散射。定义散射截面 σ_s 表示一个粒子的散射能力,即相当于此截面积中,粒子从辐射场中截获的能量,然后散射到包括入射方向在内的其他方向。散射效率因子 Q_s 是粒子的散射截面与粒子几何截面之比。根据米散射理论,对于球形水滴粒子,散射效率因子 Q_s 随尺度参数 a 的变化见图 14.4,图中散射效率因子随尺度数的增大呈波动变化,且振幅越来越小,最终趋近于 2。

散射系数也是一个非常重要的物理量,它与分子平均散射截面 σ_s 和单位体积粒子数 N 的关系为 $\beta=N \cdot \sigma_s$。其倒数可以认为是散射的平均自由程,即光子被散射前必须走过的平均距离。

按照瑞利散射定律,小粒子是选择散射体,散射能力与光波波长 4 次方成反比。大粒子的散射就完全不同。例如,大粒子(如云滴)是非选择散射体,散射不依赖于可见光波长。在云滴和小粒子之间的粒子(如尺度 $0.8 \mu m$),其对长波光波的散射就比短波段光波强(见散射效率因子图 14.4)。日光或月光通过由这种中间尺度粒子组成的气层时,会只有蓝光或绿光透过来,因此会看到蓝太阳或蓝月亮。

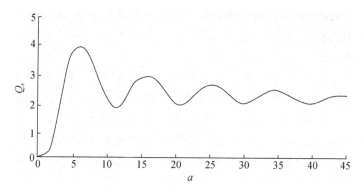

图 14.4　非吸收球形粒子散射效率因子 Q_s 随尺度参数 a 的变化
（折射率取 1.33）(Hobbs, 2000)

因为粒子向四面八方散射能量,因此,知道散射的能量分布是很有必要的。对于球形粒子,散射光的三维空间对应于入射光方向是对称的。图 14.5 给出了一些例子,分别是小粒子散射(分子散射)、$a=1.6$ 和 $a>6$ 时粒子的散射光过对称轴的截面分布,其他截面与此完全相同。小粒子总是倾向于前后、上下和左右对称地散射,实际上这是瑞利散射的图像。当粒子尺度很小,米散射理论就退化为瑞利理论,因此,瑞利理论是米理论的特例,此时散射系数服从波长 4 次方反比散射定律。当粒子变大时,散射能量越来越集中于前向,并且散射图像也越来越复杂。对于大粒子的散射,米散射也可描述几何光学现象,但因用米散射处理问题的复杂性,所以直接使用几何光学三定律来处理问题了。

简单地说,大粒子的前向散射,是组成粒子的分子散射波与向前传播的入射波的叠加,因而这个方向散射最强。实际中我们经常发现与之对应的一些现象,例如,我们可以看到我们眼睛与太阳之间飞过的一群小鸟,但当鸟群飞过之后,就不大容易再发现它们;在室内,我们可以看到窗玻璃上凝结的露珠,但当我们从室外再看窗玻璃就不易发现它们。

Lorenz(1890) 和 Mie(1808) 分别独立地推导了球形大粒子散射的理论,因此也称为洛伦兹-米散射(Lorenz-Mie scattering)

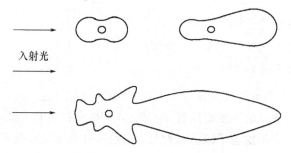

图 14.5　不同尺度粒子的散射方向性图(McCartney, 1976)

比较瑞利散射与米散射,有助于理解分子与粒子散射的差异,这些差异导致了不同的视觉现象。除了散射的空间分布、散射与光波波长的关系外,还有一个显著的差异是分子与粒子散射能力的差异。

现来讨论一个孤立水分子和水滴粒子散射能力的差异。按照物理上的理解,一个孤立水分子的散射是因为入射光的激发而引起,其散射光是非相干的,处理问题时不用考虑光的波动性质;而由许多水分子组成的水滴,其中每个水分子的散射场由入射光和其他水分子的散射电场激发,这些散射光是相干(相长干涉或相消干涉)的,因此在处理问题时要考虑光的波动性质。无论是相干还是非相干情况,其总散射场都是组成粒子的每个分子散射场的总和。

前面已经提到,一个尺度小于光波波长的粒子其散射能力与其尺度的 6 次方成正比。这样,一个直径 0.03 μm 的液滴,其散射能力要比孤立的水分子强约 10^{12} 倍。这个液滴大致包含 10^7 个水分子,因此,液滴中每个水分子的散射能力比孤立的水分子增加了 10^5 倍,显示了分子间相互合作创造的惊人奇迹。尽管这样,当液滴直径增大时,瑞利散射定律不能适用。当液滴粒子尺度接近或大于光波波长时,组成液滴粒子的水分子的散射光不再是相长干涉。粒子的散射能力不再与其尺度的 6 次方成正比,反而随尺度的增加而降低。例如,一个雨滴(尺度 10^3 μm)中的单个水分子的散射能力要比云滴(尺度 10 μm)的小 100 倍。这如同人类社会一样,超过一定的限度,合作也会失常。因此,数十米厚的云就可使阳光无法透过,而包含水汽分子的大气或雨天却要透明得多。

14.2 大气分子引起的光学现象

14.2.1 天色

在天气晴朗的白天,天空是蓝色的。两千多年前,希腊闻名的哲学家亚里士多德在它的著作《气象汇论》中提到许多大气光象,但就是没有涉及蓝天;相比之下,庄子可能认识到蓝天只是表面现象,在《庄子·逍遥游》就提到了天的真正颜色是什么的问题,并指出从上望下,应当和从下望上有同样的景观:

  天之苍苍,其正色邪?其远无所至极邪?
  其视下也,亦若是则已矣。

早期科学家对蓝色天空的认识有很大差异,例如有人认为蓝色天空是由蓝色大海的反射而成;牛顿认为是空气中的小水珠反射太阳光,克劳修斯认为是光线在很多小水泡上反射引起。即使当瑞利 1871 年发现了散射辐射与入射波长 4 次方成反比的规律,他也不能肯定是哪种粒子,所以直到 1899 年他才用此理论给出蓝色天空的正确解释。虽然古代中国人早就认为空间由气组成,《列子·天瑞》中有"天,积气耳,亡(无)处亡气",但气的组成就不知道了。

现在已经知道,引起天空蓝色的粒子是大气分子(即 O_2、N_2 和 CO_2 等分子)。空气分子是选择散射体,可见光中对短波的散射比长波有效。散射光中紫靛蓝光的比例大于黄橙红光,因而前三种从空气中所有方向到达我们的眼睛。人眼对蓝光的光视效率大,也就是人眼对蓝光相对敏感,因此总体效应是蓝天。

值得注意的是,天空是蓝色不是绝对的蓝色。实际上,天光仍然是各种光的组成,只是蓝光占主导地位而已。任何光源的光都可以看成是白光和称为主波长的单一波长光的合成,而主波长的光在合成光中占有的相对比例就是光源的纯度。根据瑞利散射定律,散射的主波长是 $0.475\,\mu m$,如果认为是蓝光区域 $0.45\sim0.50\,\mu m$ 的平均,那么散射蓝光的纯度大约 43%,这是天光中蓝光的上限,实际的天空中蓝光的纯度要低些。

天空的颜色和亮度也是随位置变化的,天顶方向蓝色最强,而在地平线附近天空比天顶亮度高但蓝色纯度低。这种现象的原因需要借助于光学厚度和多次散射来说明。入射辐射经一个粒子散射即一次散射,散射光再作为入射辐射经第二粒子散射为二次散射,依此类推,经过多个粒子的散射就是多次散射。光学厚度 τ 表示散射路径中有多少散射自由程,因此它是一个没有单位的量。空气中两点 1 和 2 之间,任意路径的光学厚度可以表示为

$$\tau = \sum \beta_i \cdot \Delta s_i \tag{14.2.1}$$

其中,路径长度分成许多小的间隔 $\Delta s_i (i=1,2,3,\cdots)$,分别对应不同的平均散射系数 $\beta_i (i=1,2,3,\cdots)$。用 τ_n 表示当地垂直方向(地球径向)的光学厚度,称为垂直光学厚度,它随可见光波长的变化见图 14.6,图 14.7 则是不同天顶角(路径与当地垂直方向的夹角)下,传输路径光学厚度与垂直光学厚度的比值的变化。

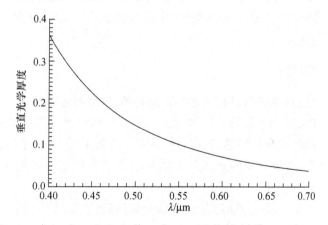

图 14.6　分子大气中垂直光学厚度随可见
光波长的变化(Penndorf, 1957)

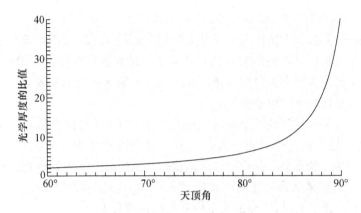

图 14.7　分子大气中光学厚度随天顶角的变化(Bohren, 2006)

因为 τ_n 小于 1,因此一个光子从大气外界沿径向进入大气,多次散射的可能性很小。而沿切向路径(天顶角为 90°),光学厚度达到 35 倍以上,因而出现光子的多次散射。这样出现蓝天不仅要求分子散射,还需要大气光学厚度小。如果光学厚度大,则蓝天的纯度降低,甚至是完全不同的天色。

如果我们从地面垂直而上,因为大气密度不断减小,直至太空大气接近真空,因此可以看到不同的天色景观。我们开始在地面看到蓝色的天空,大约数千米的高度天空蓝色的纯度加深,到万米以上高度天空变成暗紫色,再往上数万米高度,大气变得很稀薄,因为散射少,天空成为黑灰色。最后,当我们完全进入外太空时,空中几乎没有大气分子的散射,我们会看到天空中除了点缀的明亮的太阳和星星外,周围是一片漆黑,这才是天的真正颜色。此时,如果你回头向下看,披着大气分子散射所形成的蓝色外衣的地球正在你的脚下,你看到了"黑天蓝地"的奇异景象。中国古文中的《千字文》,篇首即是"天地玄黄",即天是玄(黑色)的,地是黄的,这就不奇怪了。

14.2.2　空气光与空间透视

空气光(airlight)是观测者与目标物之间观测角锥(以观测者为顶点,目标物表面为底面的锥体)路径上,所有大气分子和粒子的散射光。当我们观测地平附近的目标物时,因为空气光的存在,即使目标物本身是黑色,我们也能看到。也就是说,一个锥体的光亮度,观测者认为是目标物的亮度。如果沿观测方向大气均匀,且目标物距观测者的距离为 r,空气光亮度近似为

$$L = GL_0(1-\mathrm{e}^{-\tau}) = GL_0(1-\mathrm{e}^{-\beta r}) \tag{14.2.2}$$

其中 G 是考虑锥体的订正,β 是散射系数,L_0 是地平光亮度。当观测者接近目标物时,$r=0$,物体光亮度为零。当 r 增加,L 也增加,极限情况是 GL_0,即考虑锥体情况下的地平光亮度。

如果光学厚度 $\tau \ll 1$,则得到 $L \approx GL_0\tau$。在分子大气中,光学厚度服从瑞利散射的与波长

4次方成反比的定律,这样远方黑色物体在视觉上偏向蓝色。黑色物体随距离的颜色和亮度的变化称为空间透视(aerial perspective),据此可以估计远处目标物的距离。我们经常可以看到远处连续几道山的景象,沿着视线,远处山脉呈现偏蓝的色彩,每道山脊都比其前面的亮一些,最远的山脊则完全融于地平线附近天空的亮度之中而不能分辨。

地平附近天空颜色是白色的,则有两方面的原因,一是因散射使得更多的波长短的光到达观测者,二是波长长的光在视线路径上因散射较弱更容易透射到观测者,两种过程相互补偿,结果就导致了白色。

14.2.3 日出与日落

如果忽略大气的多次散射,在地平线附近人与太阳之间的光线路径上,直射太阳光中的短波部分将优先被散射掉,而长波部分会透射到人眼中。太阳光的亮度可以近似表示为

$$L = L_0 \cdot e^{-\tau} \tag{14.2.3}$$

其中 L 观测太阳方向的亮度,L_0 是大气上界太阳光亮度。

考虑分子大气的散射,则因为光学厚度服从瑞利散射定律,则太阳光经过透射后偏向红色一端。看到太阳的颜色依据光学厚度的大小,可能是黄色或橙色。只有当大气中有气溶胶粒子,例如火山爆发后出现的烟尘,加大了光学厚度,太阳才可能是红色的。"苍山如海,残阳如血"的悲壮之美是对这种现象的一种诠释(毛泽东《忆秦娥·娄山关》)。

在日出之前或日落之后的一段时间里,尽管地面已经不受太阳直射光的照射,但天空依旧明亮,这时天空的发光现象称为曙光或暮光,统称为曙暮光(twilight)。这种现象是因为高层大气受太阳直射光照射,天空依然有散射光存在。曙暮光时间的长短依赖季节和纬度,例如,中纬度夏天曙光或暮光时间大约 30 分钟,而到高纬度增加,甚至出现整夜的曙暮光,曙光开始的时刻和暮光结束的时刻相衔接,极地会出现白夜现象。

在发生曙暮光或太阳在地平附近时,天顶天空的颜色偏向蓝色,这是因臭氧分子的吸收引起。臭氧分子对太阳辐射的吸收峰值位于 $0.6~\mu m$,吸收波段为 $0.45\sim0.7~\mu m$,那么太阳在地平线附近或以下时,高层大气中臭氧在较长的光线路径上吸收辐射中长波部分。

14.2.4 地面蜃景

蜃景(mirage)是地面上物体光线的折射引起的现象,即观测者除看到目标物本身外,还能看到一个甚至多个反射的像。宋代沈括(1031—1095)在《梦溪笔谈》中有"登州海中时有云气如宫室台观,城堞人物,车马冠盖,历历可睹",得名海市;我国神话中说"蜃乃蛟龙之属,能吐气为楼",得名蜃楼,故蜃景也称为海市蜃楼。古人无法解释这种现象,只好设想是一种神异的生物的创作。

蜃景是因为地面附近折射率的剧烈变化而产生的现象。大气折射率垂直梯度 $\Delta n/\Delta z$,与气压 p、绝对温度 T 的垂直梯度 $\Delta p/\Delta z$、$\Delta T/\Delta z$ 的关系近似为

$$\frac{\Delta n}{\Delta z} \sim \frac{1}{p}\frac{\Delta p}{\Delta z} - \frac{1}{T}\frac{\Delta T}{\Delta z} \tag{14.2.4}$$

在对流层内,按平均状况来看,大气的折射率梯度主要决定于垂直气压梯度。但在离地面数米高度范围内,减温率可以远远偏离平均状态,而气压几乎没有变化,这样减温率决定了折射率的梯度,也就决定了蜃景的生成。

上现蜃景(superior mirage)是在地面(或高空)存在强逆温条件下发生的,这时空气密度随高度剧烈减小,蜃景出现于远方物体的上方。从光的折射定律知,来自地面物体的光线将向折射率大的空间区域(靠近地面)弯曲,观测时沿射来光线的反向直线看去,则给人的感觉物体好像在空中,即上现蜃景(见图 14.8)。易形成强烈逆温的江河、湖泊、海面或沙漠上空,常常出现上现蜃景。

下现蜃景(inferior mirage)是因贴近地面的大气过热,使空气密度比位于其上的空气密度小得多而引起的。这时大气折射率随高度变大,因此来自物体的光线将向上弯曲,观测者将看到物体的倒像,即下现蜃景(见图 14.8)。这种情况下,大气很容易产生对流,破坏已形成的温度随高度分布。因此,下现蜃景多出现在大气热对流不太旺盛的上午,持续时间较短,而且不太稳定,往往因大气对流而忽隐忽现。下现蜃景多出现在沙漠上或夏季炎热的柏油路面上。

如果温度递减率是常数,则只能观测到一个蜃景影像。实际上,地面附近温度递减率随高度是变化的,这种变化会使看到的蜃景放大或缩小、抬高或降低,甚至出现多重蜃景。

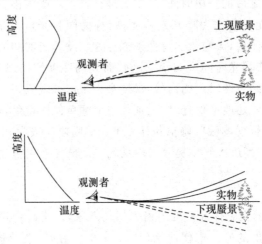

图 14.8 蜃景形成原理示意图

14.2.5 天文折射现象

一般情况下,大气折射率随高度的变化主要取决于气压变化,因而折射率随高度是减小的。星体(如太阳)的光线射向地面时,不会沿直线传播,会弯向地面。因此,太阳或其他星体在实际已沉入地平线后若干时间内,人们仍然能够看到。同样,在它们升出地平线之前某些时候,人们也已经看到了它们。这种原因也使白昼增长。

因为折射的关系,太阳或月亮在地平线附近看起来被垂直压缩了。一般情况下,地平附近太阳的下边缘因折射而升高 $35'$,而上边缘升高 $28'$,所以太阳在垂直方向压扁了 $7'$。这样太阳变形为椭圆形状,其水平和垂直方向尺度比(长短轴)稍大于 1.2。我们通常不太注意太阳形状的变化,这是因为根植于我们心中的太阳就是圆的!

当考虑到折射率梯度在地面附近水平方向不仅随气压梯度变化,也随减温率而变化时,太阳的形状则不会是椭圆形。图 14.9 显示了地平线近似三角形形状的太阳,图中锯齿状边缘的形成则是因为折射率的水平变化引起。

图 14.9 地平线上接近三角形形状的太阳(Bohren,2006)

大气折射造成的另一种现象是绿闪(green flash),是日出或日落时,太阳的上边缘部分的短暂的绿色闪光现象。当太阳在地平线时,各种颜色的光因折射率不同而出现不同弯曲(见表 14.2),红光要比紫光弯曲小。每一种颜色对应一个日盘,除了上边缘是紫或蓝色、下边缘是红色外,日盘中间大部分互相重叠仍然是白色。考虑到大气散射系数随波长变短而增大,所以在太阳西没的瞬间,光谱中通常只剩下太阳光中波长较长的绿光了。这种绿闪现象只有在大气特别透明的情况下才能看到,而且持续时间极短,在低纬度只有几分之一秒,而在高纬度可达数秒。

最后一种和折射有关的大气光学现象是星光闪烁(scintillation)和远处目标物的震颤现象,它们与光线在大气非均匀结构上的折射有关。谚语"星星眨眼,离雨不远",就说明空气不稳定,水平和垂直方向上空气密度在不断变化,预示天气可能转坏。而"夜里星光明,明早依样晴"刚好相反,预示晴好天气。

14.3 水滴和冰晶引起的光学现象

14.3.1 华

华是当天空中有薄的云层存在时,围绕日月的色彩内紫外红有序排列的光环。华可以有好几圈,当中的亮斑称为华盖。华是我们面向太阳或月亮时看到的,其形成可用光的衍射理论来解释。

根据夫琅禾费圆孔衍射特征,太阳或月亮平行光(波长 λ)被直径为 d 的云滴衍射后,围绕太阳或月亮会出现明暗相间的光环,这就是华。亮环亮度极大值分别对应 $d \cdot \sin\theta/\lambda =$ 1.635,2.679,3.699,…。其中 θ 是距离太阳中心的角距离(角半径)。因为衍射角 θ 与光波长有关,红光衍射角要大于紫光,这样看离太阳中心较近的粒子时,其衍射光为波长较短的光,看离太阳中心远的粒子的衍射光则为波长较长的光,因而我们就看到了内紫外红的彩色光环。

如果红光和紫光径衍射产生的第一极大值重合,则云滴尺度小的对紫光起作用,而云滴尺度大的对红光起作用,这时不能看到彩色的华。在这两种尺度之间的云滴,经衍射就不会使各色光重合,从而形成华。因此通过计算分析可知,云滴尺度分布不能分布太宽,即需要窄谱分布才能形成华。

在第一极大值处,角半径随波长的变化为

$$\frac{\Delta\theta}{\Delta\lambda} \approx \frac{1.635}{d} \tag{14.3.1}$$

这个关系式可以大致确定形成光环时对应的滴尺度。考虑第一亮环角宽度至少要大于太阳视直径 $0.5°$,光线从太阳直径两端射来,因此 $\Delta\theta = 0.5°$,$\Delta\lambda$ 则对应可见光波段的宽度。这样,根据上式估算云滴直径不能大于 $60\ \mu m$。

根据上述讨论,形成华需要衍射体(如云滴)尺度均一并满足一定的大小尺度,因此华并不是经常可以观测到的现象。虹彩云(iridescent cloud)却经常观测到,可以认为是扭曲了的华,是因为没有华形成的条件,却通过云滴衍射形成了彩色的云。这种云在古代中国被称为"五色云",五色云现则意味着天下太平,皇帝和臣子们是要祝贺一番的。

在很冷的云中(低于 $-40\ ℃$)存在的针状冰晶等,也可形成华,形成原因可依据夫琅禾费单缝衍射理论分析。如果在确定的冷的高云中看到华,就可以断定是冰晶华。

气象上常常利用亮环或暗环的角半径大小,估计云滴或冰晶的尺度。另外,环的变化是地方性天气变化的预兆,例如,当环的半径变小,表示云滴在变大,未来有降水的可能。气象谚语"大华晴,小华雨",说的就是这个道理。

此外,在无云或少云的夜晚,常常看到围绕月亮周围出现一条光环,呈现单一颜色。这种现象是由于月光透过空气时,受到分子、气溶胶等粒子散射后,剩余的月光衍射后形成的。

例如,当空气中水汽、悬浮物很多时,波长短的光线被散射掉只剩下波长较长的红光,因此可看到红色光环。光环的出现可以说明虽然当时天气晴好,但已蕴涵着天气变化的有利因素。

14.3.2 晕

当我们继续向太阳或月亮方向望去时,我们还会看到晕族类光学现象。

空中如有薄云存在,而且这种云主要由冰晶组成,由于冰晶对日光或月光的折射和反射,就会引起一系列光学现象,统称为晕(halo)。晕在冰晶云中形成,所以晕只能在卷云、卷层云和卷积云中出现。冰晶有很多不同的形状,最有代表性的形状是六角片状和六角柱状的冰晶,其他形式的冰晶则可以看成是这两种基本形式的结合。因此可以把冰晶看作是棱角分别为 60°、90° 和 120° 的三种棱镜。图 14.10 给出了大气晕族在天空出现的位置和形状,其中常见的是 22°晕、46°晕和近幻日(sundog,也叫日狗)现象。

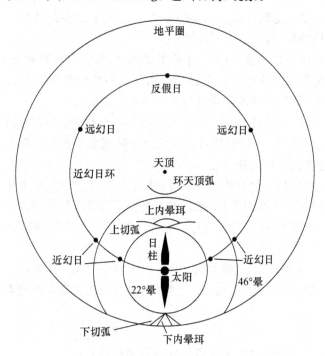

图 14.10　各种晕在天空出现的位置和近似的形状(Lynch, 1978)

最常见的是 22°晕,它是太阳或月亮周围的一个内红外紫的圆环,以日月为中心的角半径为 22°,晕圈宽度约为 1°20′。这种晕是由于日光或月光经随机取向、横向排列的柱状冰晶的相间侧面折射而形成的,冰晶的柱体直径小于 20 μm,相间晶面构成顶角为 60°的棱镜。

有时还可以看到 46°晕,角半径为 46°,圆环颜色排列与 22°晕相同,晕圈宽度约为 2°42′。它是光线从横向排列的六角柱体侧面射入,从顶部射出,出来的折射光线形成的。冰晶顶部面和侧面形成 90°的棱镜,冰晶的柱体直径大约为 $15\sim25~\mu m$。

直径大于 $30~\mu m$ 的六角片状冰晶存在时,它们在空气中近于水平走向,并会缓慢下落。这些冰晶的相间侧面组成一个 60°的棱镜,从地平线射来的太阳光经棱镜折射,造成在太阳地平纬圈离太阳 22°处出现两个光斑,这就是近幻日,其着色现象和 22°晕相同。靠向太阳的一侧是红色,并且纯度最高,然后逐渐远离太阳时,近幻日退色为白色。其原因是红光折射率最小,形成幻日靠近太阳;而不是红光的其他两种颜色的光,入射角不同(太阳光不是严格的平行光)有可能会造成折射角相同,两种光加到了一起,减弱了颜色纯度。当太阳不在地平面时,光线折射线所在的平面与冰晶的侧面不垂直,相应棱镜的顶角要变小,这时折射角要大一些,因此近幻日总是在 22°晕的外边形成。

其他晕的现象还很多,但出现的机会较少,一般现象也可以用冰晶的折射和反射来解释。各种形形色色的冰晶配上不同的阳光入射角度,便产生了各种不同的光晕现象。在解释一部分现象时还需要考虑到冰晶在空中的振动。当然,只有在最佳情形下,才会出现大部分晕的现象,通常只看到一两种就了不起了。

各种晕弧或晕珥跟日柱结合,可产生十字架的形状,据说这对欧洲把基督教确立为西方主流宗教的过程中起了重要作用。也有记载登山家在一些同伴跌落山谷后,愕然看到天空云中出现数个十字架,好像遇难的同伴是受上帝召唤而去似的。

我国古代记载有"白虹贯日"的现象,古人视作人间将要发生异常事情的预兆。如《唐雎不辱使命》:"聂政之刺韩傀也,白虹贯日。"实际上这种现象是横贯太阳中心的幻日环,这种情景非常少见,只是冰晶所玩的花样之一。

传说中还有帝尧时代的"十日并出",幸好有神射手后羿射落九个太阳,否则天下不成了蒸笼? 其实这种现象也是冰晶的杰作,幻日点以及光弧和晕珥等的亮点,在数百乃至数千年都难遇的最佳情况下,看到十个亮点是有可能的。加上古人迷信,难免有"十日并出"的神化了。

我国有"日晕风,月晕雨"的气象谚语,诗经也有"础润而雨,日晕而风"的记载。说明晕是风雨的前兆,因为晕常见于卷云、卷积云,这些云的出现往往预示锋面系统即将到来。

14.3.3 虹

虹多见于雨后,我国唐代诗人雍陶曾这样描绘雨后的虹:

　　晚虹斜日塞天昏,一半山川带雨痕。

这两句诗描绘了夕阳照射雨后天空出现彩虹的景象。

确切地说,当我们背对太阳,而在面前有大量的远比形成华的云滴大得多的大水滴(雨滴)存在于空中,阳光光线经雨滴折射、雨滴内部几次反射、然后再折射进入我们眼中,就形成虹。内部反射一次,两次,三次,……,这样形成的虹叫主虹(primary rainbow,一般称为虹),副虹(secondary rainbow,一般称为霓),三级虹(tertiary rainbow)……三级虹或更高级的虹形成时,光线在云滴内部反射过程中,不少光线都沿着折射方向穿出水滴而去,内反射的次数愈多,余下的光流就愈弱,因此多级虹很难观测到,有时副虹也观测不到。

具体分析光线在球形雨滴中的折射、内部一次反射、再次折射情况就会发现,从雨滴不同部位入射的太阳平行光在射出水滴时大部分是发散的,只有从水滴某一适当部位入射的一束光线在射出水滴时仍然保持平行,构成虹的正是这部分光线。霓也是类似的情况。

因为光线在折射时的色散,虹是圆心位于对日点上鲜艳夺目的彩色圆弧带,颜色排列为内紫外红,角半径约为 42°。如果太阳光是严格平行的话,虹的宽度应为 $1°44'$。实际太阳光的张角为 $32'$,因此虹的宽度约为 $2°$。霓与虹同圆心,但色彩排列和虹相反,在亮度上比虹暗很多,其角半径约为 51°。在虹和霓之间是亚历山大暗带(Alexander's dark band,公元三世纪希腊哲学家亚历山大描述过这种现象,故名),根据几何光学分析,没有散射光线会进入这个区域。在主虹之内或副虹之外,有时可以观测到附属虹(supernumerary bow),色彩不很清楚。附属虹的形成不能用几何光学解释,它是一种光线干涉现象,并与雨滴大小有关。

根据几何光学分析,不同大小的球形雨滴可以产生同样的虹。实际上,雨滴在下落过程中不是严格的球形,雨滴越大变形越大。所以,光线在虹的上部存在的变形雨滴中折射和反射出来后,会导致虹的上部变形。而在虹的垂直部分,因为是小雨滴使虹的变形不大。另外,因为不同大小的雨滴散射的光强弱不同,所以实际上虹的色彩和亮度不是很均匀。

实际看到的虹,包括没有颜色的雾虹和云虹,以及上面介绍的色彩鲜明的雨虹。

古代中国对虹的理解令人诧异,例如认为是"天地之淫气"。还有传说"虹能吸水",连朱熹(1130—1200,南宋)和沈括也深信不疑。大概在水旁容易见到虹,如春夏园林喷水浇灌的水龙头旁。

天气谚语"东虹日,西虹雨",意思说午后虹见于东方,天气晴朗;早晨虹见于西方,那不久就要下雨了。虹出现之处已经有雨,且受到天气系统的影响。天气系统一般自西向东移动,且随着中午和午后的来到,大气变得更不稳定,因此可以断言"西虹"出现后当地不久会有雨。午后出现"东虹",雨区已移到当地以东,故是晴兆。

14.3.4 彩环和宝光

我们继续背对太阳,在飞机上看飞机在阳光下投射到云中的影子,常会看到围绕飞机影子有一圈圈的彩色光环,称为彩环(glory),或者称为对华(anticorona),因为它像是围绕对日点的华。虽然彩环与华有共同的特征,但差异是明显的。除了观测方向不同外,非球形的冰晶可形成华,但形成彩环需要球形云滴。此外,因为光衰减的关系,彩环中可以见到比华更多的彩色环。

当你背对太阳,看你前面的云层或雾层时,也可看到同样的现象。明亮的光环围绕在你头的影子的周围,这种情况下的现象称为布肯宝光(Brocken bow),在我国有峨眉宝光,前者是因为经常发生在德国布肯山区而得名,后者是我国峨眉山上发生而得名。这种现象俗称佛光,在很多山上都能看到。在峨眉山,看到佛光的地方峨眉金顶被称为舍生崖,因为看到佛光的人以为是佛祖在召唤,因此沿人与佛光之间隐隐约约的云丝形成的光路,被看成走向佛光处。其实宋代由神仙道家而参禅的张紫阳真人(984—1082,北宋)早已说过:

项后有光犹是幻,云生足下未为仙。

上述现象形成的原因可以简略叙述如下。当光线射向小云滴时,它沿云滴边缘折射射入,在云滴中后部某一点发生全反射(没有折射),然后光线在云滴上入射点的对称点处紧贴云滴表面折射射出。从云滴边缘射出的这些衍射光线,就会产生上述的彩环或宝光。彩色环带则是由于不同颜色的光线以不同的角度离开云滴而形成。

有时会看到草地宝光或称露面宝光(heiligen Schein,德语名),在晴朗早晨有露珠的草地上,当你背对太阳,你会看到围绕头部影子是明亮的区域。这是因为当平行光线射向露珠时,露珠如同人的眼睛使光线聚焦于视网膜上一点一样,它使光线聚焦,这一点相当于光源,使光线再逆着太阳光方向,几乎沿相同路径反射回来。与此类似的例子是,夜晚某些动物(如虎、豹等)的眼睛在有光照射下闪闪发光,但如果偏离照射光线一定的角度,也就看不到闪亮的眼睛了。因为露珠形状的关系,反射光线多少有些扩散,因此我们会看到头部影子周围的一片明亮区域。

14.4 气溶胶与云雾

14.4.1 霞

当旭日东升或夕阳西下时,天边常会出现五彩缤纷的色彩,这就是霞(sunglow)。按出现时间分别称为朝霞(sunrise glow)和晚霞(sunset glow)。按出现的位置与太阳的关系分为反射霞和透射霞,反射霞出现在太阳相对的位置上,而透射霞出现在太阳相同位置上。当天边有云时,云也会染上颜色。从地平线向上,颜色顺序按从红到紫排列,有时个别彩色可能不明显。

霞的形成和天空蓝色的道理一样,是由于空气分子的散射作用而造成的。日出和日落前后,阳光被较厚的近似水平的大气层分子散射,紫色和蓝色的光就减弱得最多,在地平线上空几乎只有波长较长的黄、橙、红色光了。这些光线再经地平线上空的尘埃等气溶胶粒子、云粒子等散射后,那里的天空和云看起来也就带上了绮丽的色彩。

霞的色彩与大气悬浮粒子的尺度有关,可依据米散射理论(图 14.4)去具体分析,因此霞就不一定是红霞了,甚至出现蓝霞或绿霞。霞的不同色彩的出现,则反映了悬浮物气溶胶粒子的大小分布不同。

谚语"早霞不出门,晚霞行千里"里说的是反射霞,早霞出现在有云的西方,预示未来天气系统东移;晚霞出现在东方,说明西方无云,西边晴好的天气也将随时间逐渐移来。

14.4.2 日月颜色

前面已经提到,在分子大气中,日出、日落时的太阳一般是黄色或橙色。当空气中有比气体分子略大的悬浮小粒子时,才可看到橘红色太阳。因为小粒子的散射比大气分子更强,黄色光也被散射掉。粒子再增大,则只有最长的红光可通过大气,我们可看到红太阳。

当粒子增大到大于光波长时,粒子对红光的散射就比蓝光强(图 14.4),这时红光被散射掉,只剩下蓝光透过来,因此可看到蓝太阳或蓝月亮。这种现象非常少见,因此英语中就有成语"Once in a blue moon",是"千载难逢"的意思。通常形成这种现象的粒子半径大于 $1\mu m$,一般由火山喷发或者森林大火生成。1950 年曾经在北美洲的东部地区出现过,当时在加拿大发生了一场大规模的森林大火。在 1991 年,菲律宾皮纳图博火山发生大规模喷发,期间喷出的大量火山灰在全球大气层中广泛传播,当时在世界各地也曾经出现过有关蓝色月亮的报道。因为目前的污染,蓝月亮已经不再是千载难逢了。

在历法年鉴中"蓝月亮"是同一月份中出现的第二次满月,月亮并非真正呈现蓝色。这种情况平均每过 32 个月出现,至本书出版时,最近一次发生在 2007 年 6 月 30 日。

14.4.3 霾和曙暮辉

霾的粒子,如烟灰、盐粒等悬浮空中时,天空变为白色,因为这些粒子相对波长足够大,其对光的散射与波长无关,即在所有波长散射光强度几乎相同,因而最后综合效应是白色,能见度下降。如湿度够大,可溶性粒子(凝结核)将吸收水分长大,因而变成轻雾粒子,散射增强,能见度降得更低。当继续形成雾时,天空就变得暗淡,因为雾滴不仅散射太阳光而且也吸收光线。因此,天空颜色和能见度的变化,可暗示我们有多少物质和多大的粒子悬浮在空中。例如,南宋著名诗人吴文英(1212—1272,南宋)在《过秦楼》中,描写了烟雾的不同颜色:

藻国凄迷,麹澜澄映,怨入粉烟蓝雾。

霾粒子可散射上升日出、下沉日落时的太阳光,我们可看到明亮的光束,叫曙暮辉(crepuscular ray)。我们通常看到的太阳通过云缝隙射出的光束是相似的现象,如果云下有尘、小水滴和霾,散射光可使光束及附近区域更亮。因为光从云中射向下面,好像太阳沿光线搭成的梯子正要迈向水面,或已经沿梯而上登临云中。因此,在英国这种现象也称为"雅各的梯子"(Jacob's ladder),即天梯之意。它出自《旧约》—创世记(Genesis)中的记载,雅各为争夺长子继承权被迫出走,在路上梦见天堂和地球之间有一个梯子。他的 12 个儿子后来成为以色列 12 个部落的祖先。

14.4.4 云

在考虑云的问题时,首先需要说明的问题是,如果云足够薄,云粒子之间可以认为没有彼此进行辐射照射,可以不考虑多次散射;如果云足够厚,多次散射就不可忽略,而且云在整体上的散射与单个云滴完全不同,它的后向半球空间的反射光多于前向半球空间的透射光。决定多次散射程度的主要物理量就是光学厚度。

在均匀特性的云中,沿垂直方向某一路径厚度 h 的云的光学厚度为 βh,其中 β 是云的散射系数,可以表示为

$$\beta = 3f\frac{\langle d^2 \rangle}{\langle d^3 \rangle} \approx 3f\frac{1}{\langle d \rangle} \tag{14.4.1}$$

这个式子是从散射系数与散射截面的关系得到的,并考虑了典型云滴的尺度远大于可见光波长,云滴的散射截面与其截面积有近似的正比关系。式中三角括号表示云滴直径 d 相对滴谱分布的平均值。f 是云中水物质(液态或固态)体积占云总体积的百分比,一般情况下这个值约 10^{-6} 或更小。虽然 f 很小,但云的光学厚度很大。而且云滴的散射要比空气分子的散射强的多。

从这个式子分析,典型云滴情况下,1 m 厚度的云的光学厚度等效于整个分子大气的光学厚度。实际上一般光学厚度为 10 的云(例如:100 m 的实际厚度)就可以让我们看不清太阳的圆盘。另外,对于相同的水含量(即 fh),光学厚度反比于水粒子的平均直径。因此,雨柱的光学厚度要远小于云雾的光学厚度,很薄的云雾就可以阻挡我们的视线。此外,β 与入射光波长关系不大,因此云在整体上一般不会有色彩出现。

云的光学厚度的大小影响了我们从地面看到的云的亮度。一般薄云可以使天空亮度增加,而厚云则使天空变得阴暗。研究发现,当云的光学厚度增加时,云的亮度迅速增大。光学厚度在增大到约 3 以后,云的亮度开始逐渐减弱。当云非常厚时,天空看起来会很暗。因为当云厚时,只有很少的散射光会通过云层。当云中有较大云滴时,它们的对光的吸收比散射强,就更加使穿过云层的光线减少。当云中大云滴继续长大,云层变得越来越黑时,一般就预示要下雨了。

背景亮度对观测云的亮度有很大影响,例如,如果其他条件一样,在水平天空背景的云就比垂直天空的显得暗一些。其他一些特殊情况,如有时日落后低云没有受太阳光照射,在曙暮光天空下就显得非常非常暗,而受太阳照射的高云就明亮得多。

因为大气的散射作用,天空的云的颜色会偏向红色或蓝色。水平天空的云的亮度是空气光和云光经大气透射过来的光的总和,即

$$L = L_0 G(1 - e^{-\tau}) + L_0 G_c e^{-\tau} \tag{14.4.2}$$

其中,G_c 是考虑以太阳表面为底面,云为顶点的锥体的辐射订正。如果 $G > G_c$,观测亮度偏蓝;如果 $G < G_c$,则偏红。这样,远方地平线的明亮的云,看起来偏红;暗淡的云则看起来偏蓝。如果观测路径上的阳光被云遮蔽,则空气光的贡献可以忽略。这时,即使太阳高高挂在天空,远处地平线上的云看起来也可能是红色的。

14.5 大气能见度

最后谈一下大气能见度(atmospheric visibility)的问题,即在气象观测中,如何确定透过大气看目标物是否清楚,以及隔多远还可以把目标物从它的背景上分辨出来等问题。

就人眼来讲,来自目标物的亮度 $L(\lambda)$ 并非全部被眼睛接收,眼睛感受目标物的亮度为

$$B = \sum_{i=1}^{n} K(\lambda_i) \cdot L(\lambda_i) \cdot \Delta\lambda \tag{14.5.1}$$

其中,$K(\lambda)$ 是眼睛的光视效率,上式求和的范围是可见光波段 $0.4 \sim 0.76\ \mu m$,在这一波段分成 n 个相同的间隔宽度为 $\Delta\lambda$,对应的中心波长分别为 $\lambda_i (i=1,2,3,\cdots)$。

定义光亮度对比 C(contrast),表示目标物和背景的亮度 B_o 和 B_b 差异的相对比值,即

$$C = \frac{|B_o - B_b|}{B_b} = e^{-\langle\tau\rangle} = e^{-\langle\beta d\rangle} \tag{14.5.2}$$

其中,τ 是目标物到观测者光线路径上的光学厚度,β 是散射系数,d 是目标物到观测者之间的距离。$\langle\tau\rangle$ 和 $\langle\beta d\rangle$ 表示 τ 和 βd 的平均值。当 C 减小时,目标与背景越来越接近,我们也就越来越难分辨目标物。当减小到某个 C 值,我们不能把目标物从背景中分辨出来,这个对比值称为对比感阈(contrast threshold),其平均值为 0.02。这样在水平光路,散射系数 β 为常数情况下,计算出的气象能见距(即能见度)为

$$d = \frac{1}{\beta} \cdot \ln\frac{1}{C} = \frac{3.91}{\beta} \tag{14.5.3}$$

在纯空气分子情况下,散射系数 $\beta = 0.0141\ \text{km}^{-1}$,不考虑地球曲率并以水平天空为背景,可以分辨出黑色物体的水平能见距为 277 km,这可以认为是能见度的最大距离。

在我国气象常规台站的观测中,白天能见度是指视力正常(对比感阈为 0.05)的人,在当时天气条件下,能够从天空背景中看到和辨认的目标物(黑色、大小适中)的最大水平距离。这时,能见度和散射系数的关系为

$$d = \frac{1}{\beta} \cdot \ln\frac{1}{0.05} = \frac{2.99}{\beta} \tag{14.5.4}$$

习 题

1. 说明分子散射与粒子散射的主要差异。
2. 空气分子、爱根核、霾粒子、雾滴、云滴和雨滴的平均半径(单位 μm)分别为 10^{-4}、10^{-2}、0.1、1、10 和 10^3。它们对于 $0.5\ \mu m$ 的可见光的散射属于瑞利散射、米散射或几何光学散射中的哪种?
3. 说明在对流层内,在平均状况下,大气的折射率梯度主要决定于气压梯度。
4. 华、22°晕和彩环都是圆环形光学现象,它们在特征和形成原因上有何不同?

5. 透过薄云观测到月亮周围的华,其中黄色光环的角半径为5°,如果黄光的波长为0.58 μm,请问云滴半径有多大?如果华环由明亮清晰变得模糊,说明云滴谱发生了什么变化?"大华晴,小华雨"的谚语有根据吗?

6. 峨眉宝光和露面宝光有何差异?

7. 如果能见度定义为入射光强度减小到2%时通过的距离,求纯分子大气的能见度。

8. 尽可能多地列举你了解到的一些光学现象,并说明可以预示未来什么样的天气。

9. 列表说明大气分子、水滴和冰晶,通过反射、折射、衍射和散射分别可以引起什么光学现象。

10. 核战争过后,大量尘埃和烟雾弥漫空中。假设地球上可能唯一存在的生物是蟑螂,它会欣赏到哪些大气光学现象?

参 考 文 献

[1] 盛裴轩等.大气物理学.北京：北京大学出版社,2005.
[2] 张霭琛.现代气象观测,北京：北京大学出版社,2006.
[3] 北京大学地球物理系气象教研室.天气分析和预报.北京：科学出版社,1976.
[4] 徐玉貌等.大气科学概论.南京：南京大学出版社,2000.
[5] 朱乾根等.天气学原理和方法.北京：气象出版社,2003.
[6] 周淑贞等.气象学与气候学(第三版),北京：高等教育出版社,2001.
[7] 王绍武等.现代气候学概论,北京：气象出版社,2005.
[8] 严光华等.气象与农谚.北京：气象出版社,2000.
[9] 中国气象局.地面气象观测规范.北京：气象出版社,2003.
[10] 王宝贯.天与地.台北：牛顿出版公司,1996.
[11] 美国国家海洋和大气局,美国宇航局和美国空军部.标准大气(1976).任现森,钱志民译.北京：科学出版社,1982.
[12] Stull R,ed. Meteorology for scientists and engineers. New York：Brooks/Cole,Thomson Learning, 2000.
[13] Bohren C F and B A Albrecht,ed. Atmospheric Thermodynamics. Oxford University Press, 1998.
[14] Ahrens C D,ed. Meteorology Today,An Introduction to Weather,Climate,and the Environment. St. Paul(Minnesota USA)：West Publishing Co. , 1982.
[15] Ahrens C D,ed. Meteorology Today,An Introduction to Weather,Climate,and the Environment(Seventh Edition). New York：Brooks/Cole,Thomson Learning, 2003.
[16] Rogers R R and M K Yau,ed. A Short Course in Cloud Physics(Third Edition). Burlington(Massachusetts USA)：Elsevier Science, 1996.
[17] Zdunkowski W and A Bott,ed. Thermodynamics of the Atmosphere. Cambridge University Press, 2004.
[18] Bohren C F and E E Clothiaux,ed. Fundamentals of Atmospheric Radiation. Weinheim(Germany)：WILEY-VCH Verlag GmbH & Co. KgaA, 2006.
[19] Hobbs P V,ed. Introduction to Atmospheric Chemistry. Cambridge University Press, 2000.
[20] Andrew E D and E A Parson,ed. The Science and Politics of Global Climate Change. Cambridge Unversity Press, 2006.
[21] Bonan G,ed. Ecological Climatology. Cambridge Unversity Press, 2002.
[22] Pruppacher H R and J D Klett, ed. Microphysics of Clouds and Precipitation. Dordrecht(Netherlands)：Kluwer Academic Publishers, 2000.

附　　录

常用物理常数

量	数值
真空中光速	$2.997\,924\,58 \times 10^8$ m·s^{-1}；
普朗克(Planck)常数	$6.626\,068\,76 \times 10^{-34}$ J·s
玻尔兹曼(Boltzmann)常数	$1.380\,650\,3 \times 10^{-23}$ J·K^{-1}
斯蒂芬-玻尔兹曼(Stefan-Boltzmann)常数	$5.670\,400 \times 10^{-8}$ W·m^{-2}·K^{-4}
维恩位移定律常数	$2.897\,768\,6 \times 10^{-3}$ m·K
阿伏伽德罗(Avogadro)数	$6.022\,141\,99 \times 10^{23}$ mol^{-1}
摩尔气体常数	$8.314\,472$ J·mol^{-1}·K^{-1}
声速(1 atm, 288.15 K)	340.294 m·s^{-1}
太阳半径	6.96×10^5 km
日地距离(平均)	1.496×10^8 km
近日点时	1.47×10^8 km
远日点时	1.52×10^8 km
地球半径(平均)	6370.949 km
(赤道)	6378.077 km
(极地)	6356.577 km
地球自转角速度	$7.292\,116 \times 10^{-5}$ rad·s^{-1}
标准重力加速度	$9.806\,65$ m·s^{-2}
科氏参数(纬度45°)	1.03×10^{-4} J·s^{-1}
标准大气压	1013.25 hPa
干空气平均摩尔质量(90 km 以下)	28.9644 kg·kmol^{-1}
干空气气体常数	287.05 J·kg^{-1}·K^{-1}
干空气比定压热容(定压比热)	1004.07 J·kg^{-1}·K^{-1}
干空气比定容热容(定容比热)	717 J·kg^{-1}·K^{-1}
空气密度(1 atm, 273.15 K)	1.293 kg·m^{-3}
(1 atm, 288.15 K)	1.225 kg·m^{-3}
液水密度(0 ℃)	1.000×10^3 kg·m^{-3}
冰的密度	0.917×10^3 kg·m^{-3}
水汽气体常数	461.5 J·kg^{-1}·K^{-1}
水汽比定压热容(定压比热)	1850 J·kg^{-1}·K^{-1}

续表

量	数值
水汽比定容热容(定容比热)	$1390\,\text{J}\cdot\text{kg}^{-1}\cdot\text{K}^{-1}$
液水比热容(比热)	$4218\,\text{J}\cdot\text{kg}^{-1}\cdot\text{K}^{-1}$
冰的比热容(比热)	$2106\,\text{J}\cdot\text{kg}^{-1}\cdot\text{K}^{-1}$
水的汽化潜热(0 ℃)	$2501\,\text{J}\cdot\text{g}^{-1}$
(100 ℃)	$2250\,\text{J}\cdot\text{g}^{-1}$
水的熔解潜热(0 ℃)	$334\,\text{J}\cdot\text{g}^{-1}$
水的升华潜热(0 ℃)	$2835\,\text{J}\cdot\text{g}^{-1}$